Die Alb und ihre Fossilien

Karl Beurlen
Horst Gall
Gerhard Schairer

Die Alb und ihre Fossilien

Geologie und Paläontologie
der Schwaben- und Frankenalb

Ein Wegweiser
für den Liebhaber

Mit 265 Fossilzeichnungen, 38 Schwarzweißfotos
und 19 Farbfotos sowie 1 Kartenskizze
und 4 Tabellen

Kosmos
Gesellschaft der Naturfreunde
Franckh'sche Verlagshandlung
Stuttgart

Schutzumschlag von Edgar Dambacher unter Verwendung eines
Farbdias von H. G. Hinrichs. Das Foto zeigt einen Aufschluß im
Weißjura bei Hülben, Schwäbische Alb. Den eingeblendeten Am-
monit Perisphinctes fotografierte P. Kohlhaupt.
Zeichnungen der Fossiltafeln von K. Beurlen (23) und G. Schairer
(2). Schwarzweißfotos M. Dressler. Farbfotos K. Beurlen (4), G.
Lichter (5), G. Schairer (2), H. Gall (4), W. Jung (1), K. W. Barthel
(1) und D. Müller (1). Kartenskizze H. Frank nach Vorlage von H.
Gall

Die abgebildeten Fossilien (Fotos) stammen aus der Bayerischen
Staatssammlung für Paläontologie und historische Geologie, München

CIP-Kurztitelaufnahme der Deutschen Bibliothek

Beurlen, Karl
Die Alb und ihre Fossilien : Geologie u.
Paläontologie d. Schwaben- u. Frankenalb ; e.
Wegweiser für d. Liebhaber / Beurlen-Gall-
Schairer. – 1. Aufl. – Stuttgart : Franckh, 1978.
    ISBN 3-440-04554-4
NE: Gall, Horst:; Schairer, Gerhard:;
Beurlen-Gall-Schairer, . . .

Franckh'sche Verlagshandlung, W. Keller & Co., Stuttgart / 1978
Printed in Germany / Imprimé en Allemagne / LH 10 Fi
ISBN 3-440-04554-4
Gesamtherstellung: Konrad Triltsch, Graphischer Betrieb, Würz-
burg

Die Alb und ihre Fossilien

Vorwort

Bereits 1908 erschien die dritte Auflage des „Geognostischen Wegweisers durch Württemberg" von TH. ENGEL. Sie ist seit vielen Jahren völlig vergriffen. Das gilt auch für die wesentlich gedrängtere
Darstellung „Die Schwabenalb und ihr geologischer Aufbau", die
ebenfalls TH. ENGEL zum Verfasser hatte. Sie war vom Schwäbischen Albverein herausgegeben und erlebte noch 1928 eine vierte,
von K. BEURLEN bearbeitete Auflage. Beide Werke waren hervorra-
gende Einführungen in die Geologie und Paläontologie des süddeutschen Schichtstufenlandes, in erster Linie also des Schwäbischen Jura. Und sie waren das nicht nur für den Fachmann, sondern
vor allem auch für den Liebhaber-Geologen und Sammler.
Der von M. SCHUSTER herausgegebene „Abriß der Geologie von
Bayern r. d. Rh." (1923 – 1929) ist gedacht als Erläuterung zu einer
geologischen Übersichtskarte Bayerns. Einen gedrängten Überblick
über die Geologie des Fränkischen Jura und des bayerischen Anteils
am süddeutschen Schichtstufenland geben die 4. (1927) und 6. Abteilung (1928) dieses Werkes.
In den letzten Jahrzehnten ist das Interesse für die Geologie, für
Fossilien und das Werden der Landschaft in breiten Kreisen neu er-
wacht. Immer wieder wurde angeregt, den ENGELschen Wegweiser
neu aufzulegen. Doch ein einfacher Neudruck der letzten Auflage,
ähnlich etwa dem Neudruck des FRAASschen Petrefaktensammlers,
hätte den Zweck des Buches nicht erfüllen können. Es hätten zunächst einmal die Fossillisten auf den Stand der heutigen Terminologie gebracht werden müssen. Darüber hinaus aber wären vor allem
auch die im ganzen Text verstreuten Angaben über Aufschlüsse und
Vorkommen, bei denen sich in den vergangenen Jahrzehnten vieles
verändert hat, der heutigen Situation anzupassen gewesen. In der
stratigraphischen Aufgliederung hat sich zwar das alte QUENSTEDT-
Schema, dem auch der Wegweiser folgte, bewährt und bestätigt. Im
einzelnen haben sich aber doch manche Modifikationen als notwen-

dig erwiesen: Vor allem im Oberen Jura (Malm) ist durch neuere Forschungen manches klarer geworden, und besonders im oberen Malm, der immer etwas problematisch war, haben neuere Erkenntnisse das Bild wesentlich gewandelt.

Eine Neuausgabe des Wegweisers hätte daher eine weitgehende Umarbeitung erfordert. Zudem schien es zweckmäßig, die Darstellung des Jura nicht auf die Schwäbische Alb zu beschränken, sondern auch den Fränkischen Jura miteinzubeziehen. Schwäbische und Fränkische Alb gehören ja zusammen. Wir haben uns daher entschlossen, dem interessierten Liebhaber einen neuen „Wegweiser" für die Geologie und Paläontologie der Schwäbischen und der Fränkischen Alb an die Hand zu geben.

Mit voller Absicht ist darauf verzichtet worden, Aufschlüsse und Fundorte im einzelnen aufzuführen. Aufschlüsse sind ja zum großen Teil (Baugruben, Straßenbauten usf.) recht vergänglich und kurzlebig. Mit der Darstellung der gesteinsmäßigen Ausbildung der einzelnen Stufen und der Art, wie sie sich im Gelände darstellen sowie des Fossilinhalts derselben, ist dem interessierten Liebhaber in jedem Fall besser gedient: Anhand einer solchen Darstellung und einer Karte wird er sich im Gelände immer orientieren und zurechtfinden können und eventuelle Aufschlüsse richtig einordnen. Die Schwäbisch-Fränkische Alb ist im wesentlichen vom Jura aufgebaut. Daher steht die Beschreibung der Jurastufen und ihres Fossilinhaltes im Mittelpunkt. Zur Schwäbisch-Fränkischen Alb gehören aber auch die nachjurassischen, albüberdeckenden Formationen. Auch sie haben wir daher in die Darstellung einbezogen. Sie spielen vor allem im fränkischen Bereich eine etwas größere Rolle.

Die Darstellung des Jura und seines Fossilinhaltes stammt in der Hauptsache von K. BEURLEN; G. SCHAIRER trug dazu die Ausbildung der einzelnen Stufen im fränkischen Bereich bei. Die Darstellung der nachjurassischen, albüberdeckenden Formationen kommt von H. GALL und G. SCHAIRER.

Die Verfasser

Einleitung

Man hat den Namen Alb gelegentlich von dem lateinischen Montes Albi, „die weißen Berge", die hellen Felsen des Weißen Jura, ableiten wollen. Vermutlich aber ist Alb ebenso wie auch der Begriff Jura ein alter keltischer Name.

Die Schwäbisch-Fränkische Alb ist eine Schichttafel, die von der Donau von Tuttlingen bis Regensburg begleitet wird, schwach nach Südosten einfällt und im Bereich des Donautales unter die jüngeren Molasseschichten eintaucht. In ihrem östlichsten Abschnitt biegt sie nach Norden ab und begleitet den Westrand des Bayerischen Waldes und des Fichtelgebirges bis zum Staffelstein nahe des Mains. Ganz im Westen, zwischen Tuttlingen und Sigmaringen, und im Osten, bei Kelheim und Regensburg, durchschneidet die Donau diese Schichttafel in schmal eingetieftem Tal. Ihr nördlicher Rand bzw. im Osten ihr westlicher Rand ist ein durch die Erosion herausgearbeiteter, stark zerschnittener und zerlappter Steilrand: Hier bekommt die Alb ebenso wie in den Talabschnitten Tuttlingen – Sigmaringen und Kelheim – Regensburg, Gebirgscharakter.

Als Schichttafel, die nach Südosten einfällt und einen nach Nordwesten exponierten Erosionssteilrand hat, gehört die Schwäbisch-Fränkische Alb dem süddeutschen Schichtstufenland an. Dieses Schichtstufenland legt sich um die am höchsten herausgehobenen Kerne des Süd- und Mittelschwarzwaldes und des Odenwaldes, in denen das kristalline Grundgebirge entblößt ist. Diese Situation entstand dadurch, daß in den nachjurassischen Zeiten, vor allem vom Tertiär an, Schwarzwald und Odenwald sich kräftig heraushoben. Dadurch wurde die einheitliche, von Buntsandstein, Muschelkalk, Keuper und Jura gebildete Schichttafel, die diesen ganzen Raum bedeckte, schräg gestellt, mit den größten Höhen im Westen und Nordwesten und abnehmender Höhenlage nach Südosten. Die zur Verebnung tendierende Erosion entfernte in den Bereichen, die sich stärker heraushoben, die höheren Formationseinheiten um so tiefer in das Liegende hinein, je näher sie den sich am stärksten heraushebenden Kernen lagen. Dagegen konnten in den Gebieten, die sich, weil sie von den Hebungskernen am weitesten entfernt sind, kaum oder gar nicht heraushoben, die höheren Formationseinheiten erhalten bleiben. Bei diesem Einebnungsvorgang setzten die härteren Schichtfolgen der einzelnen Formationen der Abtragung stärkeren Widerstand entgegen und wurden daher als steilere Schichtstufen herausgearbeitet.

Gehen wir vom kristallinen Schwarzwald und Odenwald aus, gelangen wir über eine Schichtstufe, die von dem harten Bausandstein der Buntsandsteinformation gebildet wird, auf eine Verebnung, welcher der weichere obere Buntsandstein sowie die weicheren Schichten des unteren und mittleren Muschelkalks zugrunde liegen. Begrenzt wird sie von einer steileren Schichtstufe, die der härteren Kalkfolge des oberen Muschelkalks ihre Entstehung verdankt. Es folgt die weite Verebnung über dem Muschelkalk und der Lettenkohle, von der wir über die steilere Keuperstufe der Keupersandsteine in das waldige Hügelland des Keupers hinaufsteigen. Als letzte Schichtstufe folgt schließlich die durch die Juraformation gebildete Schichtstufe der Schwäbisch-Fränkischen Alb.

In den Anfängen dieser Entwicklung waren die aus dem werdenden Schichtstufenland kommenden Flüsse auf die Donau als Hauptentwässerungsader eingestellt. Die beiden Hebungskerne des Schwarzwaldes und Odenwaldes sind aber in annähernd nord-südlicher Richtung angeordnet; und damit streben diese beiden für die Landschaftsentwicklung bestimmenden Elemente gegen Nordosten auseinander. Das hat zur Folge, daß im Südwesten, zwischen Schwarzwald und Westalb, die Schichtstufen dicht gedrängt und aufgrund der relativ wenig mächtigen Schichtfolgen nicht sehr stark entwickelt sind. Nach Nordosten zu treten die Schichtstufen fächerförmig auseinander bis in das Gebiet des mittleren Mains. Die Verebnungen zwischen den Schichtstufen werden breiter, und entsprechend der größeren Mächtigkeit der Schichtfolgen sind die Schichtstufen ausgeprägter. Dieses allgemeine Schema ist im einzelnen etwas modifiziert durch weitgespannte Einsenkungen und Aufwölbungen innerhalb des Gesamtraumes. Die auffälligste dieser Erscheinungen ist die breite Einmuldung der Kraichgausenke zwischen Schwarzwald und Odenwald.

Als Schwäbischer und Fränkischer Jura, wie die Schwäbisch-Fränkische Alb oft auch genannt wird, ist diese höchste Schichtstufe des Schichtstufenlandes die östliche Hälfte eines langgestreckten Jurazuges. Es ist der Jurazug, der, die Molasse-Vortiefe der Alpen im Norden begrenzend, vom Genfer See her durch den französisch-schweizerischen Faltenjura bis nach Basel und Aarau sich erstreckt, im Gebiet von Schaffhausen den Rhein überquert und sich im Randen und im Hegau zu der westlichen Schwäbischen Alb bei Tuttlingen fortsetzt. Im Bereich von Basel, Aarau und Schaffhausen, wo die westliche Hebungsachse des Schwarzwaldes weit nach Süden vorstößt, ist dieser durchgehende Jurazug stark eingeengt, woraus sich seine Sonderung in einen westlichen (französisch-schweizerischen) und östlichen (schwäbisch-fränkischen) Abschnitt ergibt.

Mit diesen stark vereinfachenden Bemerkungen ist der allgemeine regionalgeologische Rahmen umrissen, in den die Schwäbisch-Fränkische Alb hineingehört. Sie ist, wie daraus hervorgeht, im wesentlichen ein Juragebirge. Die Besprechung der Juraformation und ihrer Fossilien steht daher im Mittelpunkt der folgenden Ausführungen. In geringerem Maße nehmen auch jüngere albüberdeckende Formationen (Kreide und Tertiär) am Aufbau der Alb teil. Auch sie werden zur Abrundung des Bildes der Geologie und Paläontologie der Alb kurz besprochen.

Die Juraformation

Allgemeine Vorbemerkungen

Im Jahre 1598 untersuchte JOHANNES BAUHIN, Leibarzt des Herzogs Friedrich von Württemberg, im Auftrag seines Herrn, des Herzogs, die Schwefel- und Heilquellen von Bad Boll. Er gewann dabei auch Fossilien, die er zusammen mit einigen anderen aus dem damals zu Württemberg gehörigen Mömpelgard beschrieb. Rund ein Jahrhundert danach (1708) hat J. J. BAIER in der „Oryctographia Norica" Fossilien aus dem Fränkischen Jura abgebildet und beschrieben. Eine Übersetzung dieses Werkes mit Erläuterungen ist 1958 als Heft 29 der Erlanger Geologischen Abhandlungen erschienen.
Ebenfalls sehr für Fossilien interessierte sich der Tübinger Apotheker und Chemiker J. G. GMELIN, ein Zeitgenosse BAIERS; freilich nur soweit sie den damaligen Vorstellungen in der Heilkunde entsprechend für pharmazeutische Zwecke gebraucht wurden. Sein Schüler und Mitarbeiter B. EHRHART beschrieb in einer 1724 erschienenen Abhandlung Belemniten aus dem Schwäbischen Jura und setzte sie mit Nautilus und Spirula in Beziehung, eine für diese Zeit erstaunliche Erkenntnis.
1755 gab der Nürnberger Künstler KNORR einen Atlas von Merkwürdigkeiten der Natur heraus. Zu diesem schrieb der Jenaer Professor WALCH einen Text unter dem Titel „Naturgeschichte der Versteinerungen". In dem dreibändigen, 1773 abgeschlossenen Werk wurden neben Versteinerungen aus Solnhofen zahlreiche weitere Fossilien aus dem ganzen Fränkischen Jura beschrieben. Und 1834 beschrieb Major VON ZIETEN in einem Tafelwerk zahlreiche Fossilien aus dem Schwäbischen Jura.
Doch alle diese Arbeiten blieben zunächst ohne größeren, systematischen Zusammenhang. Es waren Beschreibungen auffallender Naturmerkwürdigkeiten. Sie zeigen, daß die Fossilien des Jura schon damals die Aufmerksamkeit erregt hatten. In einen allgemeineren

Zusammenhang rückten die Dinge, als A. v. HUMBOLDT 1795 die hellen Kalke, die den Schweizer Faltenjura aufbauen und sich über den Randen in die Schwäbisch-Fränkische Alb fortsetzen, als **Jurakalke** benannte, und vor allem, als wenig später BRONGNIART den gesamten Schichtkomplex des Schweizer Juragebirges als **Juraformation** definierte.

Ein Zeitgenosse A. v. HUMBOLDTs und BRONGNIARTs, der Londoner Bergingenieur WILL. SMITH, hat im Umkreis Londons in entsprechenden Schichtfolgen eifrig Fossilien gesammelt. Als guter Beobachter erkannte er, daß die übereinanderliegenden Schichten jeweils durch bestimmte Fossilien gekennzeichnet sind und daher anhand ihres Fossilinhaltes immer wieder erkannt werden können. Die Fossilien, so schloß er, können also als **Leitfossilien** zur Gliederung und Systematisierung der Schichtfolgen verwendet werden. Auf dieser Grundlage definierte W. SMITH den Schichtkomplex, in dem die als Eisenerze abgebauten Eisenoolithe liegen, als **Oolithformation**. Den darunterliegenden Schichtstoß gliederte er, eine Bezeichnung der englischen Bergarbeiter verwendend, als **Liasformation** ab. Im Hangenden der Oolithformation hat er dann, ebenfalls nach einer Bezeichnung der englischen Bergarbeiter, noch eine **Malmformation** abgeschieden. Den Begriff der Oolithformation, der demnach zunächst noch die Malmformation einschloß, hat man, wiederum nach einer alten englischen Bergarbeiterbezeichnung, durch den Begriff der **Doggerformation** ersetzt. Zusammen mit dem englischen Geologen BUCKLAND beschrieb W. SMITH diese Formationsfolge im Jahre 1818.

In Deutschland hat LEOPOLD V. BUCH (1837) aufgrund zahlreicher Beobachtungen, die er auf seinen Reisen in Deutschland, der Schweiz und in Frankreich gesammelt hatte, die von A. v. HUMBOLDT und BRONGNIART aufgestellte Juraformation in drei Abteilungen aufgegliedert: einen Unteren oder **Schwarzen Jura,** einen Mittleren oder **Braunen Jura** und einen Oberen oder **Weißen Jura.** Mit dieser Benennung bezog er sich auf die in den drei Abteilungen vorherrschenden Gesteinsfärbungen.

Die Erkenntnis von W. SMITH, daß die Schichtfolgen durch ihre Leitfossilien bestimmt werden können, machte rasch deutlich, daß die drei Juraabteilungen L. v. BUCHs den von W. SMITH und BUCKLAND in England unterschiedenen Formationen Lias, Dogger und Malm entsprechen. Zwar fällt die Grenze Dogger/Malm in England nicht genau mit der Grenze von Braunem zu Weißem Jura in Mitteleuropa zusammen. Trotzdem verwendet man die Begriffe Lias und

Schwarzer Jura, Dogger und Brauner Jura, Malm und Weißer Jura gleichwertig nebeneinander. Im internationalen Sprachgebrauch zieht man die neutraleren Bezeichnungen **Unterer, Mittlerer** und **Oberer Jura** vor, da die in Mittel- und Westeuropa so typische Gesteinsausprägung der drei Abteilungen in anderen Gebieten nicht in der gleichen Weise vorhanden ist.

Im gleichen Jahr 1837, in dem L. v. BUCH seine drei Abteilungen der Juraformation ausgliederte, kam sein Schüler F. A. QUENSTEDT an die Universität Tübingen. Er wirkte dort ein halbes Jahrhundert und konzentrierte sich in diesen fünf Jahrzehnten auf eingehende Untersuchungen im Schwäbischen Jura. QUENSTEDT hat die drei Abteilungen seines Lehrers L. v. BUCH, den Schwarzen, Braunen und Weißen Jura, zur Grundlage genommen und nach dem wechselnden Fossilinhalt und der wechselnden Gesteinsausbildung in je sechs Unterabteilungen oder Stufen aufgeteilt. Diese bezeichnete er mit den Anfangsbuchstaben des griechischen Alphabets: Alpha (α), Beta (β), Gamma (γ), Delta (δ), Epsilon (ε) und Zeta (ζ). Einige dieser Stufen konnte er noch weiter unterteilen. Damit war zum ersten Mal in der Geschichte der Geologie eine stratigraphische Feingliederung einer Formation geschaffen.

Das methodische Vorgehen QUENSTEDTs im Schwäbischen Jura, das die Möglichkeiten stratigraphischer Feingliederung zeigte, wurde zum Vorbild und Beispiel für entsprechende Untersuchungen in anderen Gebieten und anderen Formationseinheiten.

Beschränkte sich QUENSTEDT bewußt auf den Schwäbischen Jura, so bezog sein Schüler A. OPPEL, von der durch QUENSTEDT geschaffenen Grundlage ausgehend, den schweizerischen, französischen und englischen Jura in seine Untersuchungen ein. 1858 veröffentlicht war ihr Ergebnis, daß die Feingliederung, die QUENSTEDT im Schwäbischen Jura vorwiegend aufgrund von Ammoniten erkannt hatte, für sämtliche Juravorkommen Mittel- und Westeuropas angewendet werden kann. Die einzelnen Stufen und Unterstufen lassen sich auch über größere Entfernungen verfolgen und in voneinander getrennten Gebieten wiedererkennen. Wenn QUENSTEDT die Methodik der Feinstratigraphie entwickelt hatte, so hatte OPPEL den Weg zu einer vergleichenden Stratigraphie über größere Räume hinweg gezeigt.

In der Frühzeit der Geologie zu Beginn des letzten Jahrhunderts hatte man angenommen, daß gleichartige Schichtfolgen auch gleich alt seien. Als man aber dann durch W. SMITH in den Leitfossilien eine neue Grundlage besaß, um Schichtfolgen zeitlich miteinander zu vergleichen, mußte man feststellen, daß gleiche Leitfossilien oft in ganz verschiedenen Gesteins- und Schichtfolgen vorkommen. Wurde dadurch die Leitfossiltheorie entwertet? Offenbar nicht. Schon QUENSTEDT hatte im Schwäbischen Jura, wo er die einzelnen Stufen und Unterstufen von Ort zu Ort verfolgte, festgestellt, daß diese in den verschiedenen Regionen der Schwäbischen Alb gesteinsmäßig verschieden ausgebildet sein können.

1840 konnte der Schweizer Paläontologe GRESSLY im Schweizer Jura, in dem die Gesteinsausbildung stark wechselt, durch genauen Schichtvergleich nachweisen, daß in der Tat den Leitfossilien der Vorrang vor der örtlichen Gesteinsausbildung zukommt: Zur gleichen Zeit können sich je nach den örtlichen Bedingungen verschiedene Ablagerungen bilden. Die Arten aber, die während eines bestimmten Zeitabschnitts gelebt haben, können, soweit sie nicht von eng umschriebenen Lebensbedingungen abhängig sind, während des betreffenden Zeitabschnittes in den verschiedenen Ablagerungen vorkommen.

Eine solche nach den örtlichen Bedingungen wechselnde Gesteinsausbildung hat GRESSLY als deren **Fazies** bezeichnet. Die verschiedenen Fazies eines Zeitabschnittes können wir mit Hilfe der Leitfossilien parallelisieren. Leitfossilien freilich – und damit wird der Begriff schärfer umschrieben – können nur Individuen von solchen Arten sein, die nicht auf eng umschriebene Lebensbedingungen eingestellt sind und daher auch in verschiedenen Fazies vorkommen können. Nach Möglichkeit sollte es sich auch um kurzlebige Arten handeln, so daß ihre Lebensdauer einem möglichst kurzen Zeitabschnitt entspricht.

Arten, die auf ganz bestimmte Umweltbedingungen beschränkt sind, sind damit auch an bestimmte Gesteinsfazies gebunden. Sie können daher nicht als Leitfossilien dienen. Wir bezeichnen solche Fossilien als **Faziesfossilien.** Sie können wichtig werden, wenn es darum geht, die Bildungsbedingungen bestimmter Gesteinsfazies genauer zu erfassen.

Der von GRESSLY eingeführte Faziesbegriff, der mit der Unterscheidung von Leit- und Faziesfossilien auch den Begriff des Leitfossils schärfer faßte, war ein entscheidender Schritt über die alte Leitfossilvorstellung von W. SMITH hinaus. Er wurde für die vergleichende Stratigraphie von grundlegender Bedeutung. Auch der Faziesbegriff ist aus der Erforschung der Juraformation erwachsen.

Auf der von QUENSTEDT entwickelten Methodik der Feinstratigraphie und deren Weiterentwicklung zur vergleichenden Stratigraphie durch OPPEL sowie den Erkenntnissen von GRESSLY über die Fazies baute schließlich in der zweiten Hälfte des vergangenen Jahrhunderts der Wiener Geologe und Paläontologe M. NEUMAYR auf. Er griff über Europa hinaus in weltweite Zusammenhänge und tat damit den Schritt zur Rekonstruktion der einstigen geographischen Situation, der Verbreitung der ozeanischen Räume und ihrer Verbindungen und klimatischen Bedingungen. Mit seiner zusammenfassenden Rekonstruktion der Jurameere und deren Begründung entwickelte NEUMAYR die methodischen Grundlagen der Paläogeographie und Paläoklimatologie, die heute wichtige Forschungsrichtungen sind.

Die Juraformation wurde so zur methodischen Ausgangsbasis für die gesamte stratigraphische und paläogeographische erdgeschichtliche Forschung. Die vergleichsweise klaren und durchsichtigen Verhältnisse, in denen diese Formation, fossilreich in all ihren Stufen und Unterstufen, im Schwäbisch-Fränkischen Jura sich uns darstellt, waren der Boden, aus dem die entscheidenden Anstöße wachsen konnten. Es war ein glückliches Zusammentreffen, daß dieser Jura in F. A. QUENSTEDT einen Forscher und Beobachter fand, der in bewußter Beschränkung auf die Alb in seinem Fach unübertroffene Meisterschaft erreichte und so diesem entscheidende methodische Ansätze gab.

Nicht von ungefähr konnten aus einem solchen Zusammentreffen so weitreichende Folgen für die gesamte erdgeschichtliche Forschung erwachsen. Mit wenig gestörten Schichttafeln und fast überall fossilreichen Schichtfolgen ist die Jura-Formation in verschiedenen Regionen Mittel- und Westeuropas verbreitet, so in Lothringen und dem Raume um die obere Maas, im südlichen Frankreich, im Londoner Becken, im Basler Tafeljura.

Damit werden, ist erst einmal in einem dieser Bereiche ein so eingehendes Gliederungsschema wie das QUENSTEDTs im süddeutschen Jura herausgearbeitet worden, vergleichende Untersuchungen geradezu herausgefordert.

Dazu kommt, daß die Jura-Formation zentral im erdgeschichtlichen Entwicklungsgang steht. Mehr als vier Milliarden Jahre umfaßt die irdische Vorzeit, die im wesentlichen durch das kristalline Grundgebirge vertreten ist und als **Präkambrium** zusammengefaßt wird. Fossilien fehlen diesen kristallinen Gesteinen; daher gibt es auch keine Möglichkeit genauer stratigraphischer Gliederung und paläogeographischer Rekonstruktion. Schwer deutbare Anzeichen einfacher Lebensformen sind vorhanden. Man bezeichnet die präkambrische

Vorzeit daher auch als **Kryptozoikum,** als das Zeitalter, in dem die organische Natur nur verborgene Spuren hinterlassen hat.

Ihm folgt die nicht ganz 600 Millionen Jahre umfassende Erdgeschichte im engeren Sinn, in deren Verlauf sich die Decke der sedimentären Formationen über dem kristallinen, präkambrischen Grundgebirge gebildet hat. In ihnen zeugen identifizierbare Fossilien von der reichen Entfaltung der organischen Natur. Anhand der Fossilführung kann diese Formationsfolge im einzelnen gegliedert werden. Der Geschehensablauf wird im einzelnen rekonstruierbar. Und weil es in diesem Zeitraum der eigentlichen Erdgeschichte gut erkennbare Fossilien gibt, wird er als **Phanerozoikum** dem Kryptozoikum gegenübergestellt.

Das Phanerozoikum seinerseits wird aufgrund der fortschreitenden Entfaltung der organischen Natur in drei große Zeitalter unterteilt:

Erdaltertum (Paläozoikum) mit einer Zeitdauer von rund 300 Millionen Jahren, in dem die Wirbeltiere nur durch Fische und primitive Tetrapoden vertreten sind;

Erdmittelalter (Mesozoikum) mit einer Zeitdauer von rund 160 Millionen Jahren, in dem unter den Wirbeltieren die Großsaurier vorherrschen und die ersten Knochenfische und Säugetiere erscheinen;

Erdneuzeit (Känozoikum) mit einer Zeitdauer von rund 65 Millionen Jahren, gekennzeichnet durch die reiche Entfaltung der Säugetiere.

Das Erdaltertum schloß mit der großen Gebirgsbildungsperiode der Steinkohlenzeit (Variszische Gebirgsbildung) ab. Durch sie wurden die älteren Formationen im west- und mitteleuropäischen Raum verfaltet und dieser Raum endgültig konsolidiert. Das außeralpine und außermediterrane Europa hat danach (im Mesozoikum und Känozoikum) keine größere Gebirgsbildung mehr erlebt. Aber über das abgetragene und eingeebnete Variszische Gebirge sind während des Mesozoikums immer wieder weiträumige Meeresüberflutungen hinweggegangen. Zeugnis dafür sind die ausgedehnten, wenig gestörten, flach gelagerten Schichttafeln der mesozoischen Formationen des außeralpinen Europa, die der stratigraphischen und erdgeschichtlichen Forschung so günstige Voraussetzungen schufen.

In diesen mesozoischen Schichttafeln heben sich drei Formationseinheiten ab, die durch ihren Gesteinscharakter und ihre Fossilführung gekennzeichnet und deutlich voneinander zu unterscheiden sind: zuunterst die **Triasformation,** darüber die **Juraformation** und als Abschluß die **Kreideformation.** Sie dokumentieren drei, durch ihr paläogeographisches Verhalten klar umschriebene Zeitabschnitte (Perioden) des Erdmittelalters, die **Triasperiode,** die **Juraperiode** und die **Kreideperiode.** Die Juraperiode ist also der mittlere Abschnitt des Erdmittelalters. In ihr, in der Zeit von rund 190 – 136 Millionen Jahren vor der Gegenwart, ist die Juraformation abgelagert worden.

Die Juraperiode ist auch die Zeit, in welcher auf den Festländern die Saurier herrschten. In gleicher Formenfülle spielten sie noch in die Kreide hinein eine große Rolle. Neben den Krokodilen und den frühen Flugsauriern entfalteten vor allem die verschiedenen Stämme der Dinosaurier eine gewaltige Formenfülle und brachten Riesenformen hervor. Daneben lebten schon die ersten, freilich noch recht kleinwüchsigen und sehr primitiven Säugetiere. Neben den Flugsauriern erschien auch schon ein erster Urvogel. Es wuchs eine formenreiche Nacktsamer-(Gymnospermen-)flora von Nadelhölzern, Gingko- und Cycasgewächsen, zu denen noch einige ausgestorbene Gruppen von Cycasverwandten kamen. In die vorherrschende Gymnospermenflora mischten sich an einzelnen Standorten wohl auch schon einige frühe Bedecktsamer (Angiospermen, die eigentlichen Blütenpflanzen).

In den Meeren der Juraperiode waren die Fischsaurier (Ichthyosaurier) und Plesiosaurier reich entfaltet. Dazu kamen auch einige Meereskrokodile. Neben Haifischverwandten und reich entfalteten Schmelzschupperfischen erschienen auch schon erste kleine Knochenfische.

Unter den Wirbellosen des Meeres fallen vor allem die häufigen, mit den Tintenfischen verwandten Belemniten auf sowie die ebenfalls zu den Kopffüßern (Cephalopoden) gehörigen Ammoniten, die eine planspiral eingerollte Außenschale besaßen. Vor allem die Ammoniten erfreuen mit ihrer oft schön verzierten Schale immer wieder den Sammler. Beide brachten eine unübersehbare Formenfülle hervor und sind die wichtigsten Leitfossilien des Jura. Gelegentlich findet man auch eine Nautilusschale. Unter den oft häufigen und mit vielen verschiedenen Formenkreisen vertretenen Muscheln fallen vor allem die dreieckigen, oft schön verzierten Trigonien auf. Die Pectiniden und Austern erleben im Jura ihre erste reiche Entfaltung. Vor allem die letzteren sind mitunter eine beherrschende Komponente in den Fossilgemeinschaften. Neben den vielgestaltig vertretenen Muscheln treten die Schnecken etwas zurück. Nur gelegentlich spielen sie eine größere Rolle, so z. B. die schlank turmförmigen Nerineen im Malm.

Die in den Formationen des Paläozoikums so formenreich entfalteten und immer häufigen Brachiopoden sind bis auf einige letzte Nachzügler der Spiriferen und die beiden überlebenden Gruppen der Rhynchonellen und Terebrateln verschwunden. Diese beiden aber sind gelegentlich häufige und bezeichnende Komponenten der Fossilgemeinschaften. Auch die im Paläozoikum vielgestaltig entfalteten Seelilien sind bis auf die eine überlebende Gruppe der Artikulaten Seelilien verschwunden. Sie spielen aber im Jura noch eine gewisse Rolle, hauptsächlich mit den Pentacrinen.

Vor allem jedoch registrieren wir unter den Stachelhäutern die erste Entfaltung der modernen Seeigel, von denen frühe Vertreter fast aller heute noch lebenden Gruppen vorkommen. Auch die Zehnfüßerkrebse, wenngleich im allgemeinen relativ seltene Fossilien, finden sich mit den Vorläufern fast aller heute noch lebenden Gruppen. Wir vermerken schließlich noch die reiche Entfaltung von Schwämmen und Korallen, vor allem im Oberen Jura.

Die Juraperiode löste eine Festlandsperiode ab, die auf die Variszische Gebirgsbildung folgte und bis in die Triasperiode hinein bestand. Jetzt wurde das Geschehen bestimmt durch weithin über die Festländer vordringende Meere. Der größere Teil von West- und Mitteleuropa war von flachen Schelfmeeren überflutet. Sie dehnten sich vom Mittleren Jura an auch über weite Bereiche Osteuropas aus.

Erhalten gebliebene Zeugen dieser ausgedehnten Meeresüberflutung sind die Juraformationen Englands, Frankreichs, des Weserberglandes, des Schwäbisch-Fränkischen und des Schweizerischen Jura, zu denen in Osteuropa noch die Vorkommen von Litauen, des Moskauer Beckens und von Mähren kommen. Ebenso ausgedehnt waren die Meere im mediterranen Südeuropa einschließlich der Alpen. Die alpin-mediterranen Jurameere erreichten zeitweise auch größere Tiefen. Sie werden als **Tethysmeer** den flachen Schelfmeeren Mittel- und Westeuropas gegenübergestellt. Die Schichtfolgen und Fossilgemeinschaften des jurassischen Tethysmeeres weichen z. T. erheblich von denen der mittel- und westeuropäischen Schelfmeerbereiche ab.

Die Zeit der großen jurassischen Meeresüberflutungen war eine Zeit recht ausgeglichener, wohl etwas wärmerer Klimate als heute. Das ist die Folge der ausgleichenden Wirkung der ausgedehnten Meeresräume. Zudem spricht manches dafür, daß es in der Juraperiode keine größeren polaren Eiskappen gab; die Ozeane wurden daher nicht durch stetige Zufuhr kalter arktischer und antarktischer Schmelzwässer abgekühlt. Das Fehlen oder die zum mindesten stark

Tabelle 1. Schichtfolge des süddeutschen Jura

Abteilung	Stufenbezeichnungen		Schwaben		Franken	
Oberer (Weißer) Jura = Malm	Tithonium (Ober-Kimmeridgium)	ζ	Hangende Bankkalke / Zementmergel / Liegende Bankkalke	Trümmeroolith und Korallenkalk	Neuburger Schichten / Rennertshofener Schichten / Usseltalschichten / Mörnsheimer Schichten / Solnhofener Plattenkalk / Geisentalschichten	
	Kimmeridgium	ε	Oberer Felsenkalk und Bankkalk		Plumper Felsenkalk und Plattenkalk	Felsenkalk und Frankendolomit
		δ	Quaderkalk (Aulacostephanusschichten)	Massiger Schwammkalk	Treuchtlinger Marmor (Aulacostephanusschichten)	
		γ	Mittlere Weißjuramergel		Uhlandikalk / Obere graue Mergelkalke	
		β	Wohlgeschichteter Kalk		Werkkalk	
	Oxfordium	α	Unterer Weißjuramergel (Impressamergel) Transversariuskalk		Untere graue Mergelkalke / Glaukonitbank	
Jura = Dogger	Callovium	ζ	Oberer Braunjuraton	Lamberti-knollen Ornatenton Macrocephalenoolith	Ornatenton / Macrocephalenschichten	
	Bathonium	ε		Aspidoideston	Variansschichten / Württembergicaschichten	

Abteilung	Stufe		Schichten	
Mittlerer (Brauner)	Bajocium	δ	Parkinsonioolith Oolithische Laibsteinschichten und Tone	Parkinsonischichten Stephanoceratenschichten
		γ	Sandige Braunjuratone (Sowerbyischichten)	Sowerbyischichten
	Aalenium	β	Sandflaserschichten mit Sandstein und Eisenoolith (Ludwigienschichten)	Eisensandstein, Doggersandstein
		α	Wasserfallschichten Unterer Braunjuraton (Opalinuston)	Opalinuston
Unterer (Schwarzer) Jura = Lias	Toarcium	ζ	Oberer Liasmergel (Jurensismergel)	Jurensisschichten
		ε	Posidonien- oder Ölschiefer	Posidonienschichten
	Pliensbachium	δ	Oberer Liaston (Amaltheenton)	Costatenmergel mit Toneisensteinknollen Amaltheenton
		γ	Unterer Liasmergel (Numismalismergel)	Numismalisschichten
	Sinemurium	β	Unterer Liaston (Oxynoten- und Raricostatenschichten)	Turneri- und Raricostatenschichten
		α	Arietenkalk	Arietenschichten, z. T. Arietensandstein
	Hettangium	α	Angulatensandstein Psilonotenschichten	Angulatensandstein Psilonotenschichten / Rät-Lias-Übergangsschichten

reduzierte Entwicklung polarer Eiskappen war wohl auch einer der Gründe für die ausgedehnten Meeresüberflutungen. Wenn eine geringere Menge Wasser als heute in Form von Eis gebunden war, dürfte der Meeresspiegel etwas höher als heute gelegen haben.

Trotz der ausgleichenden Wirkung der ausgedehnten Meere und einem wenig ausgeprägten Oberflächenrelief der Erde, dem höhere Gebirgszüge wahrscheinlich fehlten, war eine Klimazonengliederung vorhanden, allerdings nicht so ausgeprägt wie heute. Das Jurameer des Moskauer Beckens, das in freier Verbindung zur Arktis stand, und, weniger stark betont, auch das Jurameer in England waren nach Ausweis ihrer Gesteinsfazies und ihres Fossilinhaltes etwas kühlere Meere. Das Jurameer Süddeutschlands, der Schweiz und Frankreichs dagegen war mehr vom mediterranen Tethysmeer beeinflußt und etwas wärmer. Das hatte schon M. NEUMAYR erkannt, der eine boreale Meeresprovinz von der mediterranen unterschieden hatte. Der letzteren gehört als Randbereich der süddeutsche Jura an, während der englische und nordwestdeutsche Jura den Übergang zur borealen Meeresprovinz bilden.

Überblick über den Schwäbisch-Fränkischen Jura

Wir haben auf den vorhergehenden Seiten den allgemeinen Rahmen geschildert, in den die Juraformation der Schwäbisch-Fränkischen Alb hineingehört. Erwähnt wurde auch, daß QUENSTEDT die drei Abteilungen der Juraformation – Unterer, Mittlerer und Oberer Jura bzw. Lias oder Schwarzer Jura, Dogger oder Brauner Jura und Malm oder Weißer Jura – in je sechs Stufen unterteilt hat, die er mit den sechs Anfangsbuchstaben (Alpha bis Zeta) des griechischen Alphabets bezeichnete. In diesem übersichtlichen Schema bildet sich die Schichtfolge des Schwäbischen Jura in klarer und durchsichtiger Weise ab. Es hat sich daher in Schwaben rasch eingebürgert und wurde wegen seiner Übersichtlichkeit weitgehend auch für den Fränkischen Jura übernommen, wenngleich es sich dort wegen der z. T. etwas abweichenden Profilentwicklung nicht ebenso deutlich ausprägt.

In anderen Gebieten sind die Schichtfolgen der Juraformation etwas anders entwickelt. Vor allem in England und Frankreich hat man sich schon frühzeitig mit der speziellen Gliederung der Juraformation beschäftigt. Das dort entwickelte Gliederungsschema baut ebenfalls auf den drei Abteilungen des Unteren, Mittleren und Oberen Jura auf. Aber es grenzt andere Stufen ab, die sich durch die dortige Profilentwicklung anbieten. Sie wurden nach bezeichnenden Vorkommen und Lokalitäten benannt.

Dieses in England und Frankreich entwickelte Gliederungsschema ist durch internationale Übereinkunft zu dem allgemein gültigen Gliederungsschema der Juraformation erklärt worden. Auch der Schwäbisch-Fränkische Jura müßte daher nach diesem Schema aufgegliedert und benannt werden, und bei vergleichenden Untersuchungen mit den Juraformationen anderer Gebiete muß man natürlich dessen Einheiten zugrunde legen. Da aber das QUENSTEDT-Schema so gut zu den Verhältnissen im Schwäbisch-Fränkischen Jura paßt und man sich damit relativ leicht zurechtfindet, hielt man sich hier nach wie vor weitgehend daran, ohne freilich die Korrelation zum internationalen Gliederungsschema außer acht zu lassen. So werden wir auch auf den folgenden Seiten das alte QUENSTEDT-Schema zugrunde legen, aber immer auch auf die Einordnung der QUENSTEDT-Stufen in das internationale Gliederungsschema hinweisen. Die Tabelle auf Seite 20/21 gibt nicht nur einen ersten Überblick über die Schichtfolge des Schwäbisch-Fränkischen Jura, sondern zeigt gleichzeitig auch die Zuordnung der QUENSTEDT-Stufen zum internationalen Gliederungsschema.

Der Untere Jura
Schwarzer Jura oder Lias

Die Schichtfolge des Lias nimmt nicht teil am Aufbau dessen, was wir als Schwäbisch-Fränkische Alb bezeichnen. Sie bildet den wechselnd breiten Streifen der Albvorebene, die man seit QUENSTEDT als Liasvorebene bezeichnet. Vom stärker zerschnittenen, meist waldigen, hügeligen Keuperland grenzt sie sich deutlich durch die meist gut ausgebildete Geländekante der unteren, widerstandsfähigen Liaskalke ab. Die Liasgesteine bilden in der Verwitterung einen tonig-lehmigen Boden mit flachwelliger oder mehr oder weniger ebener Oberfläche. Daher ist die Liasvorebene mit Äckern und Wiesen vor allem landwirtschaftlich genutzt, so etwa im Raum von Hechingen – Balingen – Schömberg, im weiteren Umkreis der Steinlach und Echaz zwischen Mössingen, Tübingen und Reutlingen, im Raum zwischen Nürtingen, Kirchheim u. T. und Göppingen, in der Gegend von Aalen und Ellwangen oder im westlichen Vorland der Fränkischen Alb, etwa bei Thalmässing oder zwischen Nürnberg und dem Albrand oder weiter im Norden im Gebiet von Forchheim und Kloster Banz.

Obwohl die Liasvorebene relativ breit ist, gelegentlich breiter als 10 km, ist die Liasschichtfolge, die sie aufbaut, wenig mächtig. Wie im gesamten südwestdeutschen Schichtstufenland, liegen die Schichten sehr flach und haben daher eine große Ausstrichsbreite. Zudem ist die Reliefgliederung sehr schwach. Im mittleren Teil der Schwäbischen Alb ist der Lias mit ungefähr 100 – 120 m am mächtigsten. In der Westalb nimmt die Mächtigkeit auf im Mittel 70 m ab und in der Ostalb etwas mehr auf rund 50 m. In der Fränkischen Alb kann die Mächtigkeit gar bis auf 30 – 40 m schrumpfen, nimmt dann allerdings in der nördlichen Fränkischen Alb wieder bis auf rund 60 m zu.

Diese Mächtigkeitsverteilung ist ein erster Hinweis darauf, daß das Meeresbecken des Lias im schwäbisch-fränkischen Raum sein Zentrum im Bereich der mittleren Schwäbischen Alb hatte. Denn wahrscheinlich ließ eine verstärkte Absenkung des Untergrundes die größeren Sedimentmächtigkeiten entstehen. Ihre Verringerung nach Westen deutet auf schwächere Absenkung und vielleicht eine gewisse Verflachung des Meeres. Die noch geringeren Mächtigkeiten in der schwäbischen Ostalb und dem südlichen Frankenjura, gekoppelt mit Änderungen der Fazies, lassen auf noch schwächere Absenkung und Annäherung an das Festland im Osten schließen.

Die Gesteinsfolge ist vorwiegend dunkel gefärbt („Schwarzer Jura"). Das ist auf den fast immer vorhandenen geringen, gelegentlich sogar erhöhten Bitumengehalt zurückzuführen. – Als Bitumen bezeichnet man Kohlenwasserstoffe, die aus unvollständig zersetzten organischen Stoffen entstanden sind. – Neben größeren Schwefelkiesknollen ist den Sedimenten oft auch feinstverteilter Schwefelkies (Pyrit) beigemischt. Das Bitumen zersetzt sich bei Sauerstoffzutritt langsam, und der Schwefelkies oxidiert („verrostet"). Daher verliert sich die Dunkelfärbung in der Verwitterungsdecke dort, wo die Gesteine längere Zeit an der Oberfläche anstehen. Sie werden heller und können eine bräunliche Rostfarbe annehmen.

Die vorherrschenden Gesteine sind Tonschiefer und Tonmergel, in die sich gelegentlich bei zunehmendem Kalkgehalt Mergelkalkbänke einschalten. Sandige Gesteine treten im Schwäbischen Jura nur ganz untergeordnet, im Fränkischen Jura etwas häufiger (Annäherung an das Festland!) auf. Die vorwiegend tonige und tonig-mergelige Gesteinsausbildung zeigt ruhige, gleichförmige Ablagerungsbedingungen bei geringer Wasserbewegung an. Aus dem Bitumen-

und Schwefelkiesgehalt muß man auf einen gewissen Sauerstoffmangel schließen, der in den sich ablagernden Sedimenten, zeitweise vielleicht auch in den tieferen, bodennahen Wasserschichten herrschte. Deshalb konnten sich die miteingebetteten organischen Substanzen nicht vollständig zersetzen. Das ist ein weiterer Hinweis darauf, daß der süddeutsche Schwarze Jura in einem relativ abgeschlossenen Meeresbecken abgelagert wurde, das nicht teil hatte an der freien Strömungszirkulation des offenen Ozeans. Es fehlte daher ein stetiger Wasseraustausch und damit verbunden die Erneuerung des Sauerstoffgehaltes.

Die Ausbildung des Lias in den Nachbar- und Randgebieten des Schwäbisch-Fränkischen Jura bestätigt dies. Gleichzeitig mit der starken Mächtigkeitsreduktion des Lias in der Ostalb und der südlichen Frankenalb wird die tonige Fazies mehr und mehr sandig-mergelig. Gelegentlich treten bemerkenswerte Fossilkonzentrationen auf. Die Gesteine können den Charakter echter Strandablagerungen annehmen. Wir kommen hier offensichtlich in einen küstennahen Meeresbereich: Das böhmische Kristallinmassiv war Festland.

Im Südwesten des Schwäbischen Jura ist schon im Wutachgebiet die Liasmächtigkeit stark geschrumpft. Sie nimmt im Aargauer und Basler Jura noch weiter ab. Hier finden sich nun freilich keine landnahen, sandigen Strandsedimente. Aber wir beobachten Merkmale starker Wasserbewegung, Schalentrümmer-Ablagerungen und Anzeichen der Wiederaufarbeitung schon abgelagerter Sedimente. Die Wellenbewegung konnte sich offenbar bis auf den Meeresgrund auswirken: Sie verhinderte eine stetige Sedimentation, ja sie lagerte das anfallende Schalen- und Sedimentmaterial immer wieder um. Das Wasser war hier offenbar sehr flach. Eine in diesem Gebiet durchziehende submarine Schwellenzone trennte das süddeutsche Liasbecken von dem Liasmeer im Südwesten (Rhônebecken).

Über die Ausdehnung des Liasmeeres nach Süden können wir keine unmittelbaren Beobachtungen machen. Die Liasschichten ziehen nämlich nach Süden unter das mächtige Schichtpaket des Braunen und Weißen Jura der Alb und südlich der Donau noch zusätzlich unter die mächtige junge Decke der Molasseablagerungen. Wir wissen aber, daß sich in vorjurassischer Zeit, während der Trias, vom Böhmischen Kristallinmassiv aus ein Landrücken gegen Südwesten erstreckte, der über den Meeresspiegel herausragte: die sogenannte **Vindelizische Schwelle.** Südschwarzwald und Vogesen und das Aare-Gotthard-Massiv in den Alpen sind stehengebliebene bzw.

später wieder herausgehobene Reste dieses alten Landrückens. In der Liaszeit war der westliche Teil des Landrückens schon unter den Meeresspiegel abgesunken. Er machte sich aber noch als submarine Schwelle mit flacher Wasserbedeckung bemerkbar, wie der Basler und Aargauer Lias bezeugen. Die östliche Hälfte des Landrückens bestand aber in der Liaszeit noch. Vermutlich verlief die Südküste des süddeutschen Liasmeeres irgendwo im Raume zwischen Donau und dem heutigen Alpenrand.

Das süddeutsche Liasmeer war also eine weite Meeresbucht, die sich zwischen dem Böhmischen Festland und dem noch herausgehobenen Teil des Vindelizischen Landes ausdehnte und deren größte Tiefe im Raume der mittleren Schwäbischen Alb lag. Eine submarine Schwelle trennte diese Meeresbucht von den freieren Meeresräumen im Südwesten.

Erhaltengebliebene Liasvorkommen bei Wiesloch in der Kraichgausenke und der dem Schwäbischen Lias sehr ähnliche Lothringer Lias zeigen, daß die süddeutsche Meeresbucht nach Nordwesten offen war. Vermutlich trennte aber auch hier eine submarine Schwelle mit flacherer Meeresbedeckung das süddeutsche und das lothringer Liasmeer. Der Block des Rheinischen Schiefergebirges war vom Liasmeer nicht überflutet. Von ihm aus nach Süden erstreckte sich wohl diese submarine Schwellenzone.

Eine Meeresverbindung bestand auch nach Norden zu dem Liasmeer Nordwestdeutschlands. Sie verlief über die Hessische Senke zwischen dem als Insel herausragenden Block des Rheinischen Schiefergebirges und dem ebenfalls über den Meeresspiegel herausragenden, an das Böhmische Massiv angeschlossenen Thüringischen Schiefergebirge mit seinem nach Westen vorragenden Sporn des Thüringer Waldes. Das wird nicht nur durch die sehr ähnliche Liasentwicklung in Süddeutschland und dem Weserbergland angezeigt, sondern auch durch einige erhalten gebliebene Liasrelikte in der Hessischen Senke bestätigt. Auch in dieser Hessischen Senke war das Meer wohl etwas verflacht.

Die süddeutsche Liasbucht stellte somit in der Tat ein relativ selbständiges und abgeschlossenes kleines Meeresbecken dar. In seinem südöstlichen Bereich, im weiteren Umkreis des heutigen Nördlinger Rieses, war das Meer nach Ausweis der geringen Mächtigkeiten und etwas wechselnder Faziesentwicklung wohl besonders flach mit etwas welligem Relief des Meeresbodens.

Daß dem süddeutschen Liasbecken durch die Flüsse aus den angrenzenden Landgebieten vorwiegend toniges Material zugeführt wurde – und das offenbar ziemlich gleichmäßig und kontinuierlich –, deutet wohl an, daß das Klima der Liaszeit ziemlich feucht und nicht allzu warm war. Auf dem Festland herrschte Tonerde-Verwitterung, und die stetig und gleichmäßig fließenden Flüsse führten Tontrübe mit sich, die dann im Meer zum Absatz kam.

Damit haben wir den Rahmen abgesteckt, in dem die Schichtfolge des Lias sich abgesetzt hat. Innerhalb dieses Rahmens haben sich die Bedingungen wohl durch wechselnd starke Eintiefung immer wieder etwas geändert. Deshalb ist auch die abgelagerte Schichtfolge nicht ganz gleichförmig, sondern zeigt Abwandlungen, welche die Aufgliederung des Lias erleichtern.

Die dem Lias vorausgehende Keuperzeit hatte im wesentlichen Festlandcharakter. Es war eine festländische Binnensenke vorhanden, in der vorwiegend Flußablagerungen, Absätze von Seen, feuchten Niederungen und windverwehter Staub wechselweise angelagert wurden. Die Keuperbinnensenke hatte ungefähr den gleichen Umfang und die gleiche Umgrenzung wie danach das süddeutsche Liasmeer. Das Meeresbecken wurde also schon in der Keuperzeit vorgezeichnet. In der Endphase des Keuper, im Rät, brach das Meer in einem episodischen Vorstoß von Südwesten her kurz ein und kündigte damit die jurassische Meereszeit an. Im Südwesten setzt sich der rätische Meeresvorstoß ununterbrochen in den Lias fort, weshalb in Frankreich das Rät häufig schon zum Lias eingeordnet wird. Bei uns in Süddeutschland bleiben die marinen rätischen Bildungen nur eine Einschaltung zwischen festländischen Bildungen. Das Rät hat eindeutig Keupercharakter und wird dem Keuper zugerechnet. Im östlichen Randbereich des süddeutschen Liasbeckens, im Fränkischen Jura, reicht die festländische rätische Sandsteinfazies zum Teil noch in den untersten Lias hinein, da das vordringende Liasmeer die östlichen Randbereiche etwas verspätet überflutete.

Der Lias setzt mit der endgültigen Meerestransgression ein. Sein unterster Abschnitt, der **Lias Alpha** QUENSTEDTs, der dem **Hettangium** und **Unteren Sinemurium** entspricht, umfaßt dunkle Tone und Kalke. Zwischen sie schaltet sich im mittleren Abschnitt ein Sandstein ein. Auch die Kalke haben oft deutliche Sandbeimischung. Die widerstandsfähigen Kalke machen sich meist durch eine deutliche Geländekante bemerkbar, die die Liasvorebene vom Keuperland absetzt. Es sind Flachwasserablagerungen, oft mit Fossilkonzentrationen, die Einflüsse von Wellenbewegung verraten und den Charakter von Strandbildungen annehmen können. Dies vor allem im fränkischen Bereich mit verringerten Mächtigkeiten, dem Zurücktreten toniger und kalkiger Fazies und verbreiteter Sandsteinfazies. Wie erwähnt, reichen sogar vielerorts hier die Rätsandsteine noch in den Lias Alpha hinein. Der Lias Alpha umfaßt die Bildungen des vordringenden, noch sehr flachen Meeres.

Es folgen die dem **Oberen Sinemurium** entsprechenden unteren Liastone des **Lias Beta.** Im Schwäbischen Jura ist das eine dunkle, gleichförmige, nur durch eine Kalkbank unterbrochene Tonfolge, deren Mächtigkeit zwischen 20 und 30 m schwankt. Die gleichmäßige Tonfolge und das Fehlen von Fossilkonzentrationen zeigen Stillwassersedimentation und wohl auch etwas größere Wassertiefe an. In der Ostalb (Gegend von Aalen) ist den Tonen eine sandige Komponente beigemischt, und die Mächtigkeit ist verringert. Im Fränkischen Jura nimmt die Mächtigkeit noch weiter ab: Die Tone werden mergelig-sandig, und z. T. sind reine Sandsteine vorhanden: Alles deutliche Anzeichen der Annäherung an die Küstenzone.

Die unteren Liasmergel des **Lias Gamma (= Unteres Pliensbachium)** heben sich von den dunklen Betatonen im Schwäbischen Jura deutlich ab. Ihre Färbung ist etwas heller, und Tonmergel und etwas härtere Kalkmergelbänke bilden eine Wechselfolge. Die Mächtigkeit schwankt zwischen 5 und 12 m. Die Kalkmergelbänke bilden oft kleine Geländestufen. Höherer Kalkgehalt und die Fossilführung, die gegenüber den liegenden Tonen vielseitiger ist, zeigen günstigere Lebensbedingungen und wohl auch eine gewisse Verflachung des Meeres an. Auch in dieser Stufe zeigt sich in der Frankenalb eine starke Mächtigkeitsreduktion mit einer Folge von knolligen Kalkmergelbänken mit dünnen Tonmergelzwischenlagen, die kaum 1 m Mächtigkeit erreicht. Der Fossilinhalt ist relativ reich.

Mit den Amaltheenschichten des **Lias Delta (= Oberes Pliensbachium)** folgt wieder eine dunklere Tonfolge (obere Liastone) mit vereinzelten zwischengeschalteten Kalkmergelbänken. Die gleichmäßige Tonfolge und die wieder etwas monotonere Fossilführung deuten neuerliche Eintiefung und ungünstigere Lebensbedingungen an. Aus dem stets reichlich vorhandenen Schwefelkies (Pyrit) darf man auf einen gewissen Sauerstoffmangel schließen. Gegenüber den liegenden Liasstufen (von Lias Alpha bis Gamma) hat sich die Situation durchgreifend geändert: Mittleren Mächtigkeiten von 10 – 25 m im schwäbischen Raum mit einem Mächtigkeitsmaximum in der mittleren Schwäbischen Alb stehen nun Mächtigkeiten von 25 – 30 m in der Südhälfte der Frankenalb gegenüber. In der nördlichen Frankenalb können die Mächtigkeiten bis zu 50 m, ja sogar gelegentlich bis zu fast 60 m anschwellen. Für diese Mächtigkeitszunahme in der

Frankenalb gegenüber der Schwabenalb ist vor allem die obere Hälfte des Lias Delta maßgebend, die in Schwaben nur schwach, in Franken jedoch recht mächtig ausgebildet ist. Die Tone des oberen Delta enthalten im fränkischen Raum viele z. T. phosphoritische Kalkkonkretionen mit gut erhaltenen Ammoniten. Offenbar hat während des Lias Delta eine Ausweitung des Meeresraumes gegen Osten stattgefunden, und gleichzeitig ist in dieser östlichen Beckenhälfte durch verstärkte Absenkung eine Sedimentsammelmulde entstanden.

Das bekannteste Glied des Lias sind die nun folgenden Öl- oder Posidonienschiefer des **Lias Epsilon (= Unteres Toarcium).** Die tonige und tonig-mergelige Sedimentation des Lias Delta setzt sich in diesen Schiefern fort. In die Ton- und Tonmergelfolgen schalten sich einzelne festere Kalkmergelbänke oder auch Lagen von großen Kalkkonkretionen (Laibsteine) ein. Im Unterschied zu den Deltatonen sind aber im Epsilon als Folge des Wasserverlustes die Tonlagen zu dünnen Schiefern zusammengedrückt. Die damit verbundene Volumenverringerung hat die Dicke der Schichten bis auf den zwanzigsten Teil ihrer ursprünglichen Mächtigkeit reduziert. Daher sind die in diesen Schiefern vorkommenden Fossilien zu papierdünnen Abdrücken zusammengepreßt. Nur in den festeren Kalkmergelbänken und den Laibsteinen sind die Fossilien körperlich erhalten.

Weshalb, anders als die Beta- und Deltatone, die Epsilontone so intensiv zusammengedrückt sind, ist schwer zu sagen. Vielleicht hängt es damit zusammen, daß die Epsilontone einen erhöhten Bitumengehalt haben, der bis auf 12% und im Maximum gelegentlich bis auf 16% ansteigen kann: das Sediment muß ursprünglich eine Art Faulschlamm gewesen sein.

Dem Bitumengehalt verdanken die Ölschiefer ihren Namen. Er war auch Anlaß für die immer wieder unternommenen Versuche, durch Destillieren Erdöl aus dem Schiefer zu gewinnen. – Die Bezeichnung Posidonienschiefer kommt von der kleinen Muschel *Posidonia,* die gelegentlich in Massen die Schichtflächen bedeckt.

Die Mächtigkeiten des Lias Epsilon schwanken im schwäbischen Raum zwischen 5 und 15 m; sie übersteigen im fränkischen Raum nur selten 5 m. Dort treten auch die eigentlichen Schiefer zurück, während die Kalkmergelbänke, vor allem im oberen Teil, vorherrschen. Daher finden sich viele Fossilien, die im schwäbischen Posidonienschiefer stark zusammengedrückt vorkommen, im fränkischen Kalkmergel in guter körperlicher Erhaltung. Während des Lias Epsilon hat sich im Verhalten des schwäbischen und fränkischen Bereichs der Zustand der tieferen Liasstufen (Alpha bis Gamma) wiederhergestellt: Das eigentliche Beckenzentrum liegt wieder in der mittleren Schwäbischen Alb, und die fränkische Entwicklung entspricht mehr der Randzone des Beckens. Berühmt geworden ist der Posidonienschiefer, vor allem der von Holzmaden, durch seinen Reichtum an gut erhaltenen marinen Wirbeltieren (Ichthyosaurier, Plesiosaurier, Krokodile, Fische usf.). Doch kommen diese Wirbeltiere auch anderwärts vor, z. B. bei Kloster Banz.

Der hohe Bitumengehalt des Ölschiefers wurde früher allgemein damit erklärt, daß im Lias Epsilon das süddeutsche Liasmeer ein ziemlich tiefes, mehr oder weniger abgeschlossenes Meeresbecken war. Sein Tiefenwasser war, weil kein Strömungsaustausch stattfand, sauerstoffarm und daher lebensfeindlich, vergiftet. Die aus den höheren Wasserschichten absinkenden Kadaver und organischen Stoffe konnten sich nur unvollständig zersetzen; sie verfaulten zu Kohlenwasserstoffen (Bitumen).

Doch deuten viele neuere Beobachtungen darauf hin, daß die Wassertiefe nicht besonders groß war und daß Strömungen in Bodennähe einen Wasseraustausch bewirkten. Die Lias Deltatone sind vermutlich in größerer Wassertiefe abgesetzt als die Epsilontone. Schon im oberen Lias Delta erfolgte eine Verflachung, die auch während des Lias Epsilon erhalten blieb. Infolgedessen stand den oberen, durchlichteten, von Planktonalgen erfüllten Wasserschichten nur eine geringe Menge von Tiefenwasser gegenüber, dessen Sauerstoffreserven sich durch die Zersetzung des reichlich niedersinkenden Planktons rasch aufbrauchten. Das Liasmeer ist also – um einen Begriff aus der Limnologie zu verwenden – eutrophiert: Die Sedimente wurden zu Faulschlammablagerungen.

Daß wir tatsächlich mit einer Verflachung des Liasmeeres rechnen müssen, zeigt nicht nur die geringmächtige Entwicklung des Oberdelta im Schwäbischen Jura. Sie wird dadurch bestätigt, daß der obere Abschnitt des Lias Epsilon nicht mehr überall entwickelt ist.

Die Ölschiefer sind der Verwitterung und Erosion gegenüber ziemlich widerstandsfähig. Sie markieren sich daher meistens als obere Geländekante über der flachwelligen Ackerlandebene der Liastone und Mergel von Lias Beta bis Delta. Folgt diese flachwellige Verebnung des mittleren Lias auf die ausgeprägte Geländekante der Lias Alphakalke, so folgt auch über der Geländekante der Posidonienschiefer eine deutliche Verebnung, die des oberen Lias. Auf den Posidonienschiefern liegen in flächenhafter, relativ breiter Entwicklung als Decke die nur wenig mächtigen oberen Liasmergel des **Lias Zeta**

(Oberes Toarcium). Sie sind oft nur eine kaum 1 m dicke Auflage, können aber lokal bis zu einer Mächtigkeit von 10 m anschwellen.

Auch im Fränkischen Jura bilden die Schichten des Oberen Lias nur eine wenig mächtige Decke der Posidonienschiefer. Es sind bräunliche oder graue Mergel mit eingelagerten Kalkmergelbänken und Kalkknollen. Ihre im allgemeinen reiche Fossilführung kann sich bis zu lokalen Fossilkonzentrationen steigern. Sediment sowie Verteilung und Erhaltung der Fossilien zeigen Ablagerung in flachem, stark bewegtem Wasser. Oft erfolgte sogar Wiederaufarbeitung schon verfestigter Ablagerungen, wie z. B. Serpel- und Muschelbewuchs auf Ammonitensteinkernen zeigt. Diese Befunde sowie die starken lokalen Mächtigkeitsschwankungen weisen auf verstärkte Krustenbeweglichkeit, starke Verflachung und gelegentlich vielleicht sogar vorübergehendes Trockenlaufen.

Die vom oberen Lias Delta an einsetzende Verflachung des süddeutschen Liasmeeres, der wir auch die Faulschlammsedimentation der Ölschiefer zuordnen, kulminiert also im Lias Zeta, das damit einen natürlichen Abschluß des Lias bildet.

Der Mittlere Jura
Brauner Jura oder Dogger

Die vom oberen Lias gebildete Ackerlandebene des Albvorlandes tritt im Gesamtbild, wie wir sahen, deutlich als Geländestufe in Erscheinung. Darüber erheben sich die meist waldigen, dem eigentlichen Albsteilrand vorgelagerten Albvorberge, die von den Schichtfolgen des Mittleren oder Braunen Jura aufgebaut sind. Das Relief wird lebhafter und ist stärker durch Talrisse zerschnitten. An Straßenböschungen und in Talrissen herrschen bräunliche Rostfarben vor und dokumentieren den „Braunen" Jura.

Die auch hier weit verbreiteten, tonigen, mergeligen und kalkigmergeligen Gesteine unterscheiden sich von denen des Lias nicht nur durch ihre Färbung, sondern vor allem auch dadurch, daß sie fast stets eine sandige Komponente enthalten. Der Sandgehalt kann gelegentlich so zunehmen, daß reine Sandsteinbänke und Sandsteinfolgen von einigen Metern Mächtigkeit sich einschalten.

Im Lias blieb die Sandfazies auf eine relativ schmale, küstennahe, östliche Randzone (Fränkischer Jura) beschränkt. Jetzt finden sich die sandigen Beimengungen in weiter Verbreitung auch in küstenferneren Bereichen des Schwäbischen Jura. Das deutet auf stärkere Wasserbewegung durch Strömungen und Wellen und wohl auch zeitweise flacheres Wasser. Nur dann konnten die durch Flüsse vom Festland zugeführten Sande weithin durch das Meeresbecken verfrachtet werden.

Diese Überlegung wird dadurch bestätigt, daß in den Schichtfolgen des Braunen Jura die Kalkmergel und Kalkbänke immer wieder oolithisch ausgebildet sind: als einfache Kalkoolithe, wie etwa der Hauptrogenstein im Schweizer Jura, oder als braune Eisenoolithe. Beispiele für letztere finden wir in der Lothringer Minette des unteren Dogger, den Eisenoolithen im Unterdogger der Ostalb und den Eisenoolithen des Oberdogger in der Westalb. Die Oolithfazies ist ein in Mittel- und Westeuropa weit verbreitetes Kennzeichen des mittleren Jura. W. SMITH hat ihn daher ursprünglich als Oolithformation ausgeschieden. Oolithe sind aber typische Sedimente flachen und bewegten Wassers.

Die Ooide der Eisenoolithe sind limonitisch (Eisenhydroxid) oder chamositisch (Eisensilikat). Das Eisen ist in ihnen im allgemeinen in seiner dreiwertigen Form gebunden. Auch die Braunfärbung der nichtooidischen Gesteine geht im allgemeinen auf einen kleineren oder größeren Gehalt an Limonit (Eisenhydroxid, $FeOOH$) zurück. Die Bedingungen im Doggermeer waren offenbar ganz andere als im Liasmeer. In dessen Ablagerungen war ja das Eisen weitgehend im Schwefelkies (Pyrit, FeS_2) gebunden, d. h. in einer Verbindung des zweiwertigen Eisens. Die Tonschlammablagerungen des Liasmeeres setzten sich am Grunde eines mehr oder weniger abgeschlossenen Meeresbeckens im Stillwasser ab. Dort herrschte immer ein mehr oder weniger großes Sauerstoffdefizit, was die volle Oxidation des Eisens in seine dreiwertige Form verhinderte. Das Doggermeer war flacher und damit auch bewegter. Der Wasseraustausch durch Strömungen und Wellen war stärker; in den stets mehr oder weniger sandigen und daher etwas porösen Sedimenten war immer eine Wassererneuerung und Ergänzung der Sauerstoffreserven möglich. Das Eisen wurde so voll zu seiner dreiwertigen Form oxidiert. Es ging entsprechende Verbindungen ein, die die vorherrrschende Braunfärbung bewirken.

Farbtafel 1
Oben: Dettinger Hörnle bei Metzingen. Wohlgeschichtete Kalke des Malm Beta, die nach oben hin in die Tonmergel und Kalkmergel des Malm Gamma übergehen (Foto: K. Beurlen). Unten: Arietenkalke, Lias Alpha 3, an der Straße westlich Aselfingen (Wutachtal). Deutlich sind die widerstandsfähigen, durch Tonschmitzen getrennten Kalkbänke zu erkennen (Foto: G. Lichter).

Bemerkenswert ist der relativ hohe Eisengehalt in den Doggersedimenten. Er steigert sich vielfach zu abbauwürdigen Eisenerzlagern. Offenbar herrschten auf den umliegenden Festlandsgebieten auch andere Verwitterungsbedingungen als im Lias. Herrschte im Lias vorwiegende Tonerde-Verwitterung, so trat nun an ihre Stelle eine Verwitterung, bei der sich nicht nur in größerem Ausmaß sandige Rückstände bildeten, sondern auch Eisenverbindungen in löslicher Form (vorwiegend Verbindungen zweiwertigen Eisens) entstanden. Sie wurden in den Flüssen gelöst dem Meere zugeführt und schlugen sich hier, zu Verbindungen dreiwertigen Eisens oxidiert, im Sediment nieder.

Auch die geographische Situation änderte sich während der Doggerzeit. Die Vindelizische Schwelle wurde nun gleichfalls in ihrer östlichen Hälfte fortschreitend weiter abgesenkt und überflutet. Damit stellte sich nach Süden eine freiere Verbindung zu den alpin-mediterranen Meeresräumen her. Der Strömungsaustausch nach Süden brachte wohl auch etwas wärmeres Wasser in das süddeutsche Meeresbecken. Dies wirkte sich um so stärker aus, als während des Dogger die Meeresverbindung nach Norden allmählich abriß, weil sich das Bindeglied Hessische Senke zur mitteldeutschen Querschwelle über den Meeresspiegel heraushob. Vereinzelte boreale Faunenelemente im süddeutschen Dogger zeigen zwar an, daß gelegentlich und vorübergehend die Hessische Senke noch überflutet wurde, aber die freie Verbindung, die während des Lias vorhanden war, bestand im Dogger nicht mehr.

Während der Lias im Weserbergland und in Süddeutschland weitgehend gleich entwickelt ist, beginnen nun im Dogger Sonderentwicklungen in Nordwest- und Süddeutschland. Vermerkt werden soll noch, daß im Dogger gleichzeitig mit der Heraushebung der mitteldeutschen Querschwelle das Vordringen des Meeres aus dem nordwestdeutschen Becken nach Osten, in den Baltischen Raum, einsetzte.

All das wirkte sich auch auf die Lebensbedingungen im süddeutschen Dogger aus. Im Vergleich zu den Tonschlamm- und Faulschlammsedimenten des Lias war der Meeresboden nun durch die

Farbtafel 2
Oben: Schiefergrube des Zementwerkes Dotternhausen bei Balingen mit dem Profil der Posidonienschiefer (Foto: G. Lichter). Unten: Ziegeleigrube Heiningen bei Göppingen mit den Opalinustonen des Dogger Alpha (Foto: G. Lichter).

stets vorhandene Sandkomponente in den Sedimenten und die so weit verbreitete ooidische Sedimentation wesentlich fester. Zu den Ammoniten und Belemniten, die im Lias die absolute Vorherrschaft hatten, kommen nun Muscheln, Schnecken, Terebrateln und Rhynchonellen, Seeigel usf. Die Fossilgemeinschaften werden vielseitiger. In vielen Doggerschichten sind Muscheln die häufigsten Fossilien.

Entsprechend der im allgemeinen wohl relativ geringen Wassertiefen des Doggermeeres, der stärkeren Wasserbewegung und vielleicht auch etwas stärkerer und differenzierterer Krustenbeweglichkeit zeigen die Doggerstufen starke Faziesdifferenzierung. In der Schwäbischen Alb sind die einzelnen Liasstufen von Westen nach Osten, abgesehen von geringen Mächtigkeitsschwankungen, sehr gleichförmig entwickelt. Erst in der Frankenalb sind, entsprechend der Küstennähe, die einzelnen Stufen stärker abgewandelt. Dagegen beobachten wir im Dogger nicht nur in der Frankenalb, sondern auch innerhalb des Schwäbischen Jura recht verschiedenartige Ausbildungen in den einzelnen Stufen. Der Dogger stellt daher etwas schwierigere Aufgaben als der Lias mit seinen leicht zu durchschauenden Verhältnissen. Das gilt sowohl stratigraphisch, wegen der stärkeren Faziesdifferenzierung, wie auch paläontologisch, wegen der vielseitigeren Fossilgemeinschaften.

Die Mächtigkeit des Dogger übertrifft die des Lias beträchtlich. Sie schwankt im schwäbischen Bereich zwischen 140 und 280 m, wobei die größeren Mächtigkeiten im wesentlichen im Westen auftreten und im Osten die Mächtigkeiten im allgemeinen geringer bleiben, vor allem im höheren Dogger. Im Fränkischen Jura übersteigt die Mächtigkeit des Dogger nur selten 150 m; meistens bleibt sie darunter.

Der Mittlere Jura setzt ein mit der mächtigen Folge der unteren Braunjuratone (Opalinuston) des **Dogger Alpha (Unteres Aalenium).** Im Schwäbischen Jura ist dies eine im Mittel 100 m mächtige, monotone Folge von Tonen und Tonmergeln, in die sich lokal einige dünne Mergelbänkchen einschalten können. Im oberen Teil werden die Tone etwas glimmerig und enthalten eine nach oben zunehmende Sandkomponente. Sie sind in frischem Zustand dunkel gefärbt und können in der Verwitterung braun werden. Im Frankenjura ist die Ausbildung ähnlich. Sie hat aber im Süden eine auf rund 50 m reduzierte Mächtigkeit und schwillt im Norden wieder bis auf annähernd 100 m an.

In der tonigen Fazies und einer monotonen Fossilgemeinschaft klingen noch die Verhältnisse des Lias nach. Nach der Verflachung im obersten Lias hat mit dem Dogger offenbar wieder eine allgemeine, kräftige Absenkung im gesamten Raum des süddeutschen Jura stattgefunden. Die Folge war eine stetige tonige Stillwasser-Sedimentation. Die mächtige Tonfolge, der jede Unterbrechung durch festere Bänke fehlt, setzt der Erosion nur geringen Widerstand entgegen. Steile tiefe Bachrisse und an den Hängen durch Rutschungen veranlaßte wellige Fließformen sind überall die Folge und Kennzeichen. Der nach oben zunehmende Sandgehalt steigert sich schließlich zu einigen festeren, den Opalinuston abschließenden Sandsteinbänken. QUENSTEDT bezeichnete sie als Wasserfallschichten: Sie widerstehen der Erosion länger als die darunterliegenden Tone. So entstehen, wenn über diese Schichten Bäche herabfließen, fast überall kleinere oder größere Wasserfälle.

Die Wasserfallschichten – sie gehören noch zu Dogger Alpha – leiten die sandig-mergelige Fazies des **Dogger Beta (Oberes Aalenium)** ein. In der westlichen Schwäbischen Alb baut sich diese Stufe aus rund 20 m mächtigen, sandig-tonigen Schichten mit zwischengeschalteten Kalksandsteinbänken auf. In der mittleren Schwäbischen Alb schwillt die Mächtigkeit auf 70 m an; einzelne Kalksandstein- und Mergelbänke schalten sich in eine flaserige, sandig-tonige Folge ein. In der Ostalb nimmt die Mächtigkeit wieder auf 40 – 60 m ab. In die sandig-tonige Folge schalten sich hier zwei Sandsteinkomplexe ein; in deren Hangendem finden sich oft Eisenoolithe, die früher als Eisenerz abgebaut wurden.

Im Frankenjura herrscht die Sandsteinfazies vor, so daß ein geschlossener, eisenschüssiger Sandsteinkomplex vorliegt (Eisensandstein). Der Eisengehalt kann sich bis zu abbauwürdiger Konzentration steigern (u. a. Oberpfalz). Der Eisensandstein ist in der südlichen Frankenalb rund 30 m mächtig und nimmt nach Norden auf eine Mächtigkeit von über 50 m zu. Die Sandsteinfazies im Frankenjura gegenüber der sandig-tonigen im Schwabenjura deutet die Küstennähe im Osten an. Die Mächtigkeiten beweisen aber eine nicht unerhebliche Absenkung.

Die folgenden Doggerstufen von Dogger Gamma bis Dogger Zeta bilden in der Schwabenalb eine reich gegliederte Folge. Sie hat ihre größte Mächtigkeit von über 100 m in der Westalb und schrumpft von hier bis in die Ostalb (Gebiet von Aalen) auf 30 m. Das Gebiet stärkster Absenkung und größter Sedimentaufhäufung hat sich also nunmehr von der mittleren nach Südwesten auf die Westalb verlagert. In der südlichen und mittleren Frankenalb ist die Mächtigkeit noch weiter, auf 5 – 10 m, reduziert. In der nördlichen Frankenalb kann die Mächtigkeit erneut größer werden, weil hier die oberste Stufe auf 10 – 20 m anschwillt, so daß insgesamt wieder eine Mächtigkeit von fast 30 m erreicht werden kann. Im ganzen aber zeigt der küstennähere Bereich der Frankenalb vom Dogger Gamma an durch seine stark reduzierten Mächtigkeiten nur noch geringe Absenkungsbeträge an.

Der Dogger Gamma bis Zeta in der südlichen und mittleren Frankenalb umfaßt eine nur wenige Meter mächtige, geschlossene Folge von sandigen und zum Teil oolithischen Kalk- und Kalkmergelbänken. Die einzelnen Stufen sind oft nur durch eine oder zwei Kalkbänke repräsentiert, lassen sich aber durch die Fossilführung unterscheiden. Im höheren Teil des Profils finden sich oft die Leitfossilien verschiedener Stufen in den gleichen Schichten durcheinandergemischt. Das ist ein Zeichen dafür, daß keinerlei Absenkung und Sedimentation mehr erfolgte, sondern schon abgelagertes Material immer wieder aufgearbeitet wurde.

Die **nördliche Frankenalb** zeigt ein gleiches Verhalten für die Stufen von **Dogger Gamma bis Dogger Epsilon.** Dogger Zeta aber kann hier über 10 m mächtig werden und ist in vorwiegend toniger Fazies entwickelt, in die sich oft Kalkbänke einschalten. Sie enthält viele Phosphorit- und Pyritkonkretionen, oft mit eingeschlossenen Ammoniten. Auch verkieste Ammoniten sind häufig.

Im **Schwäbischen Jura** folgen den sandflaserigen Schichten des Dogger Beta die sandigen Tone und Tonmergel mit eingeschalteten Kalksandsteinbänken des **Dogger Gamma (Unteres Bajocium).** Der sehr harte und dunkle Blaukalk schließt die Stufe ab. Die Mächtigkeit ist in der Ostalb gering und nimmt von 3 m ganz im Osten bis auf 15 m im Westen zu. In der mittleren Alb schwillt die Mächtigkeit auf 30 m an und kann in der Westalb 40 m erreichen, um ganz im Westen (Wutach) wieder auf 25 m abzunehmen.

Der **Dogger Delta (Oberes Bajocium)** hat in der Westalb und der mittleren Alb Mächtigkeiten zwischen 40 und 50 m und nimmt im Wutachgebiet auf rund 35 m ab. Die Stufe setzt in diesem ganzen Raum mit im allgemeinen dunklen, etwas sandigen Tonen ein, in die sich einzelne Kalkmergelbänke und Kalkknollenlagen einschalten. Nach oben hin folgen geschlossene Kalkmergelbänke, die meist eisenooidisch sind und durch dünne Ton- und Tonmergelzwischenlagen getrennt werden. In der Ostalb nimmt die Mächtigkeit gegen Osten zu rasch ab, bis auf ungefähr 8 m in der Gegend von Bopfingen. Hier wird die ganze Stufe von eisenooidischen Mergelkalken gebildet. Die Schichten sind im allgemeinen recht fossilreich und führen neben Ammoniten vor allem eine reiche Muschelfauna. Die Fossilien finden sich vor allem in den eisenooidischen Mergelkalken und den Kalkknollen, die oft als „Muschelknollen" mit Schalenresten gespickt sind.

Die beiden oberen Doggerstufen, **Dogger Epsilon (Bathonium)** und **Dogger Zeta (Callovium),** bilden als obere Braunjuratone wieder eine vorwiegend tonige Folge von gelegentlich schwach sandigen, glimmerigen, dunklen oder bräunlichen Tonen. Nur wenige und wenig mächtige Kalkmergellagen schalten sich lokal dazwischen; sie enthalten gelegentlich Fossilkonzentrationen. Die Grenze von Dogger Delta zu Dogger Epsilon wird durch eine weit aushaltende Oolithbank, den Parkinsonieroolith, bestimmt. Die Grenze zwischen den Epsilon- und den Zetatonen markiert der Macrocephalenoolith. Das ist eine zweite Oolithbank, die sich ebenfalls durch die ganze Alb von Westen bis Osten verfolgen läßt. In der Ostalb gehen die Epsilontone in eine kalkige und kalkmergelige Fazies über. Im obersten Abschnitt der Zetatone finden sich häufig Phosphorit- und Kalkknollen. Der Macrocephalenoolith hat in der gesamten Schwabenalb eine kaum schwankende mittlere Mächtigkeit von einem Meter und wird nur ganz im Westen etwas mächtiger, wo er eisenooidisch entwickelt ist.

Die Gesamtmächtigkeit der oberen Braunjuratone (Epsilon und Zeta) ist mit 50 m in der Lochenalb am größten. Sie nimmt bis zum Wutachgebiet auf rund 35 m ab; in der mittleren Alb ist sie auf 25 – 30 m reduziert und schrumpft in der Ostalb auf 3 – 10 m. Da diese oberen Doggertone unmittelbar am Fuß des Albsteilrandes ausstreichen, sind sie meist von Gehängeschutt überdeckt und nur selten einigermaßen gut erschlossen.

Im Lias wird die in tieferem Stillwasser abgelagerte Ton- und Mergelfolge von Lias Beta bis Lias Epsilon eingeleitet durch die Flachwasserbildungen des vordringenden Liasmeeres im Lias Alpha und abgeschlossen durch die Flachwasserbildungen des Lias Zeta. Der Dogger zeigt eine gegenteilige Entwicklung: Am Anfang stehen als Nachklang des Lias die Opalinustone, die tieferes Stillwasser anzeigen. Es folgt von Dogger Beta bis Dogger Delta eine Phase bewegten Flachwassers und starker Faziesdifferenzierung. Die den Abschluß bildenden oberen Braunjuratone sind wiederum Sedimente tieferen Stillwassers. Sie leiten über in die Situation, die den Oberen Jura kennzeichnet: Ist der Lias ein in sich geschlossener, untergegliederter Sedimentationszyklus, so leitet der Dogger als vermittelnde Zwischenphase zum ihm folgenden Malm über.

Der Obere Jura
Weißer Jura oder Malm

Über den hügelig zerschnittenen, meist waldigen Vorbergen der Alb, die von den Schichtfolgen des Dogger aufgebaut sind, erhebt sich der Steilabfall der eigentlichen Schwäbisch-Fränkischen Alb. Durch die hellen Felsgirlanden, welche seine Oberkante so malerisch gestalten, erweist er sich als vom „Weißen Jura" aufgebaut. Warum ist diese Oberstufe des Jura landschaftlich so viel stärker betont als die Doggervorberge, welche unter dieser Steilstufe sich oft nur schwach abheben, und auch stärker als die Liasvorebene? Der Grund ist seine sehr viel größere Mächtigkeit. Mit 400 – 600 m in der Schwabenalb ist der Obere Jura gut zweimal so mächtig wie der Dogger und fünfmal so mächtig wie der Lias. Auch in der Frankenalb, wo er immerhin noch Mächtigkeiten von über 300 m erreicht, ist er um ein mehrfaches mächtiger als die gegenüber der Schwabenalb reduzierten Lias- und Doggerfolgen.

Steigt man über den nördlichen, durch Täler stark zergliederten Steilrand der Schwaben- oder der südlichen Frankenalb empor, so gelangt man auf die wellige Albhochfläche. Sie ist dem allgemeinen Einfallen folgend schwach gegen Süden abgedacht und taucht im Süden unter die jüngeren Molassebildungen bzw. im Südosten, in der Oberpfalz, unter die Kreidedecke ein. Der Südrand der Schwäbisch-Fränkischen Alb hat daher, anders als der durch Erosion zerschnittene nördliche Steilrand, keinen Gebirgscharakter. Eine Ausnahme machen nur die Gebiete zwischen Tuttlingen und Sigmaringen und von Neuburg a. d. Donau – Kelheim – Regensburg, wo die Donau in tief eingeschnittenem Tal den Südabhang der Weißjuraplatte durchschneidet. Der nördliche Teil der Frankenalb ist eine fast horizontal den tieferen Schichten auflagernde Weißjuratafel mit zerschnittenen Steilrändern.

Die hellen bis fast weißen Farben des Malm sind bedingt durch die Vorherrschaft kalkiger Fazies. Wechselnd starke Tonbeimischung bewirkt eine Wechselfolge von Mergelkalken, Kalkmergeln und Kalken, wodurch die Untergliederung erleichtert wird. Bei höherem Tongehalt gehen die Farben ins Graue; und je reiner der Kalk wird, desto mehr nähert sich die Farbe dem Weiß. Die tonige Komponente nimmt im Malm von unten nach oben ab. Die reinsten Kalke finden sich im oberen Malm.

Der im Vergleich zum Lias und zum Dogger ganz andersartige Faziescharakter weist auf veränderte Bedingungen im Malmmeer. Da bituminöse Beimengungen fehlen, dürfen wir auf ein gut durchlüftetes Meer schließen, in dem Meeresströmungen für stete Erneuerung des Wassers und damit auch der Sauerstoffvorräte sorgten. Das Fehlen ooidischer und sandiger Fazies im süddeutschen Malm und die weithin gleichförmige, regelmäßig geschichtete Ablagerungsform deuten auf ruhige Ablagerungsbedingungen etwas tieferen Wassers. Man nimmt Wassertiefen von im Mittel 200 m bis gelegentlich auch 250 m an. Nur in einigen wenigen Horizonten im mittleren Malm finden sich Anzeichen kurzfristiger Verflachung. Eine allgemeinere Verflachung setzte im obersten Malm ein, als sich das Malmmeer aus dem süddeutschen Raum zurückzog. Die vorherrschende Kalkfazies macht wahrscheinlich, daß das Malmmeer ziemlich warm war.

Das alles entspricht sehr gut der allgemeinen paläogeographischen Situation. Nachdem sich schon in der Doggerzeit die Meeresräume gegenüber dem Lias ausgeweitet hatten, war die Malmzeit die Zeit der größten Ausdehnung der Meere während der Juraperiode. Die Vindelizische Schwelle war zur Gänze unter den Meeresspiegel abgesunken, und damit das süddeutsche Jurameer zu einem nördlichen Randmeer des alpin-mediterranen Ozeans, der Tethys, geworden, das jetzt in freiem Wasseraustausch mit den warmen, südlichen Meeren stand. Auch weite Teile des Böhmischen Kristallinmassivs waren nun überflutet. Die Küstenlinien waren gegenüber Lias und Dogger weit zurückverlegt. Daher fehlen auch die Faziesbereiche küstennaher und litoraler Ausbildung.

Bestehen blieb dagegen die mitteldeutsche Schwelle, die sich während des Dogger herausgehoben hatte und nun das süddeutsche und nordwestdeutsche Jurameer trennte. Während die Lias in Süd- und Nordwestdeutschland fast gleich entwickelt ist und auch im Dogger zwischen beiden Bereichen noch manche Ähnlichkeit bestand, unterscheidet sich der Malm des Weserberglandes durchgreifend von dem süddeutschen. Zwar herrschen in beiden helle Kalke und Kalkmergel vor, aber Schichtfolge und Fossilführung sind ganz verschieden.

Erschwert wird im süddeutschen Malm die klare Gliederung dadurch, daß neben der normalen, gebankten Fazies in sämtlichen Stufen auch eine ungebankte Massenkalkfazies auftritt. Sie ist gesteinsmäßig von unten bis oben sehr gleichförmig und kann daher nur durch ihren Fossilinhalt in die normale Gliederung der gebankten Entwicklung eingeordnet werden. Bei dieser Massenkalkfazies handelt es sich nicht um echte, gewachsene Riffe nach Art der Korallen- oder Kalkalgenriffe, sondern um eine Schwammfazies. Es waren vor allem Kieselschwämme. Sie bildeten in dichter Siedlung Schwammrasen und wirkten als Sedimentfänger. Damit beschleunigten sie die Sedimentation, wodurch dort, wo solche Schwammrasen wuchsen, der Meeresgrund rascher in gleichförmiger Sedimentation in die Höhe wuchs. So kam es, zumal die Schwämme aufrecht im Sediment standen, und mit dem höher wachsenden Sediment auch immer wieder neue Schwammgenerationen siedelten, zu keiner richtigen Schichtung. Es war ein riffähnliches Höhenwachstum über dem Meeresgrund. Das zeigt sich auch daran, daß in der Übergangszone zwischen Massenkalk und normal gebanktem Kalk die Schichtung vom Massenkalk weg leicht einfällt. Zwischen den Massenkalkerhebungen der Schwammrasen entstanden flache Mulden und Schüsseln gebankter Kalke und Kalkmergel.

Da der Massenkalk gegenüber Verwitterung und Erosion im allgemeinen widerstandsfähiger ist als die gebankten Kalke und Kalkmergel, sind die Massenkalkpartien am Albsteilrand und an den Talhängen meist herausgearbeitet. Vielfach sind die malerischen Felsgirlanden solche herausgearbeiteten Massenkalkpartien. Besonders eindrucksvoll begegnen sie uns z. B. im Donautal zwischen Tuttlingen und Sigmaringen oder in der Lochenalb oder im Altmühltal und in der Fränkischen Schweiz.

Im obersten Abschnitt der glimmerig werdenden oberen Braunjuratone schalten sich knollige, harte Mergel und Kalkbänke ein, die schwach glaukonitisch sein können. Gleichzeitig erfolgt ein Farbumschlag von dunkel zu hellgrau. Damit leitet sich der „Weiße Jura" ein. Seine unterste Stufe, der **Malm Alpha (Unteres – Oberes Oxfordium),** beginnt mit harten Mergelkalkbänken. Es folgen graue, bröckelige Kalkmergel, in die sich hin und wieder einzelne Mergelkalkbänke einschalten. Diese wenig widerstandsfähige Mergelfolge erreicht in der mittleren Schwabenalb Mächtigkeiten um 100 m. In der Westalb nimmt die Mächtigkeit schwach ab, und im äußersten Südwesten (Randen) kann sie bis auf 30 m schrumpfen. Auch in der Ostalb geht sie bis auf 50 m zurück und kann im südlichen Frankenjura noch weiter bis auf 10 m reduziert sein. Im nördlichen Frankenjura gehen diese unteren Malmmergel in Mergelkalkbänke über. Ungebankte Schwammfazies ist im Malm Alpha der Schwabenalb nur im Gebiet um die Lochenberge entwickelt, in Form von grusigen, fossilreichen Mergelkalken (Lochenfazies). Im Frankenjura ist die Schwammfazies des Malm Alpha weiter verbreitet.

Über den relativ flachen, meist von Gehängeschutt überdeckten Hängen des Malm Alpha erheben sich die steilen Wände des **Malm Beta (Oberes Oxfordium).** Aus regelmäßig gebankten Mergelkalken bestehend, bilden sie ein unverkennbares, auffälliges Schichtglied. In der Westalb, wo diese wie aufgemauert erscheinenden „wohlgeschichteten Kalke" eine Mächtigkeit von 80 m erreichen, bilden sie die Oberkante des Albsteilrandes. In der mittleren Schwabenalb, wo ihre Mächtigkeit auf 30–40 m reduziert ist, bilden sie die untere Steilstufe in halber Höhe des Albanstieges, ebenso in der Ostalb, wo ihre Mächtigkeit auf 10–20 m zurückgeht. Mit gleichbleibender Mächtigkeit und ebenfalls den unteren Steilhang bildend, setzt sich die Stufe in den Frankenjura fort, wo sie als Werkkalk bezeichnet wird. Massige Schwammkalkfazies ist in der Schwabenalb auf das Lochengebiet beschränkt, aber verbreiteter als im Malm Alpha. Im Frankenjura ist der Malm Beta in größerer Verbreitung verschwammt.

Den wohlgebankten Kalken folgt eine Schicht, die sich durch flacheren Anstieg im Albsteilrand bemerkbar macht. Es ist wiederum eine Mergelstufe, die der mittleren Weißjuramergel des **Malm Gamma (Unteres Kimmeridgium).** Wie im Malm Alpha sind es hellgraue, bröckelige Mergel, in welche sich scherbig zerfallende Kalkmergelbänke einschalten. Die Fossilführung ist wesentlich reicher als in den Alphamergeln und auch den oft nahezu fossilleeren wohlgebankten Kalken. Die Fossilien finden sich vor allem in den Kalkmergelbänken, und in der Grenzregion von Malm Beta zu Malm Gamma sind die Fossilien oft stark angereichert. Bemerkenswert ist, daß die Ammoniten oft schon als Bruchstücke im Sediment eingebettet sind. Dies deutet wohl eine vorübergehende Verflachung und bewegteres Wasser an. In der mittleren Schwabenalb sind die Schichten rund 50 m mächtig, nehmen in der Westalb auf 35 m ab und in der Ostalb bis auf 20 m. Um den gleichen Wert von 20 m schwankt die Mächtigkeit im Bereich der Frankenalb. Hier ist vor allem die untere Hälfte von Malm Gamma mergelig ausgebildet. Die obere Hälfte dagegen wird vorwiegend von festeren Mergelkalkbänken aufgebaut. Die Schwammkalkfazies ist im Malm Gamma der Schwabenalb auf die westlichen Bereiche beschränkt. Sie findet sich verbreitet vor allem in der Lochenalb, deren Felsenkränze in der Hauptsache von Malm-Beta- und Malm-Gamma-Massenkalken gebildet sind. In der Frankenalb ist die Massenkalkfazies des Malm Gamma weit verbreitet, vor allem im Gebiet von Neumarkt und östlich von Altdorf.

Auf die Gammamergel folgt eine obere Steilstufe, die in der mittleren und östlichen Schwabenalb und weitgehend auch in der Frankenalb die Oberkante des Albsteilrandes bildet. Diese Steilstufe wird gebildet von den harten, dickbankigen „unteren Felsenkalken" des **Malm Delta (Unteres Kimmeridgium),** denen im Frankenjura der Treuchtlinger Marmor entspricht. In der Normalentwicklung handelt es sich um gut gebankte, meist harte, splittrige Kalke. Die Bänke sind wesentlich dicker als in den wohlgebankten Kalken des Beta, und die Tonmergelfugen zwischen den Bänken sind feiner. Die Mächtigkeit ist auch in dieser Stufe mit rund 60 m in der mittleren Schwabenalb am größten. In der Westalb nimmt sie auf rund 35 m und in der Ostalb auf rund 40 m ab. Die gleiche mittlere Mächtigkeit hat der Treuchtlinger Marmor in der südlichen Frankenalb. In der nördlichen Frankenalb kann die Mächtigkeit bis auf 10 – 15 m schrumpfen.

Die massige Schwammkalkfazies weitet sich im Malm Delta sehr stark aus und greift von der Westalb über die mittlere Alb bis in die Ostalb hinein. Die Felsenkränze der mittleren Alb von Kirchheim u. T. und Geislingen a. d. St. sind im wesentlichen Deltafelsen, bei denen aber auch die hangende Stufe noch beteiligt sein kann. Die malerischen Felsenkränze des Donautales von Fridingen und Beuron bis gegen Sigmaringen hin sind im wesentlichen ebenfalls Deltafelsen. Auch in der Frankenalb ist die Schwammfazies des Malm Delta sehr weit verbreitet. Sie schließt weite Partien des Frankendolomites ein. Der obere Abschnitt des Malm Delta scheint in der Frankenalb überall verschwammt zu sein. In der westlichen Schwabenalb kann das verschwammte Delta lokal bis zu einer Mächtigkeit von fast 100 m anschwellen.

Die Ausweitung der Massenkalk- und Schwammfazies kulminiert in der dem Malm Delta folgenden Stufe des **Malm Epsilon (Unteres Kimmeridgium).** QUENSTEDT hat es als obere Felsenkalke bezeichnet, und in der Fränkischen Alb nennt man es vielfach plumper Felsenkalk. In der Normalfazies sind es dichte, oft leicht kristalline Kalkbänke, die nur eine ganz geringe Tonbeimischung haben. In der Ostalb treten vielfach Verkieselungen auf; häufig finden sich dann auch Feuersteinknollen.

Vorherrschend aber gegenüber der gebankten Fazies sind die massigen Felsenkalke. Sie sind oft feinkristallin als löcherige „zuckerkörnige" Kalke ausgebildet und vielfach auch dolomitisiert. Die Felsen im Donautal der weiteren Umgebung von Sigmaringen gehören hierher, sodann auch ein Großteil der Felsen im Blautal, in der Ulmer und Heidenheimer Alb. In der Frankenalb sind die oberen oder plumpen Felsenkalke, vorwiegend in Massenkalkfazies, weit verbreitet. So z. B. in den Felsenkränzen des Altmühltales, im Donautal der Kelheimer Gegend, vor allem aber in der nördlichen Frankenalb, wo sie als Frankendolomit das Landschaftsbild der Fränkischen Schweiz bestimmen. Die Fossilarmut dieser Schichten macht die stratigraphische Zuordnung oft sehr schwierig. Eine sichere Abgrenzung gegen verschwammtes und dolomitisiertes Delta und auch gegen den hangenden Malm Zeta, wo er verschwammt ist, ist oft kaum möglich. Wo die Massenkalke umkristallisiert und dolomitisert sind, haben die Umkristallisierungsvorgänge Fossilreste, die möglicherweise vorhanden waren, weitgehend zerstört.

Den oberen Felsenkalken mit ihrer vorherrschenden Massenkalkfazies folgt als oberste Malmstufe der **Malm Zeta.** Er entspricht im wesentlichen dem **Oberen Kimmeridgium** bzw. dem **Tithonium.** Für den Malm Zeta ist ein langsames Zurückgehen der Massenkalkfazies festzustellen. Schwammkalke sind im unteren Zeta in geringer Verbreitung noch vorhanden, verschwinden aber im mittleren und oberen Zeta ganz. Der Malm Zeta erreicht in der Schwabenalb mit 200 – 300 m erhebliche Mächtigkeiten. In der Normalfazies sind drei Glieder zu unterscheiden: die liegenden und die hangenden Bankkalke, die durch ein Paket mergeliger Schichten (Zementmergel) voneinander getrennt werden. Die Bankkalke zeigen ähnlich regelmäßige Bankung wie die wohlgeschichteten Betakalke. Sie sind aber splitteriger und tonärmer, und die einzelnen Bänke trennen nur ganz dünne Mergelfugen.

Die größten Mächtigkeiten sind in der Ostalb zu registrieren, wo die liegenden Bankkalke 80 m und die Zementmergel 120 m Mächtigkeit erreichen. In der mittleren Alb sind die Mächtigkeiten auf 50 m (liegende Bankkalke) und 90 m (Zementmergel) geschrumpft und in der Westalb auf 40 m bzw. 70 m. Offenbar hat sich in dieser Endphase des Jura der Raum stärkster Absenkung und größter Sedimentanhäufung nach Osten verlagert. In der Westalb herrscht die Normalfazies vor. In der Ostalb reicht die massige Schwammfazies noch in die liegenden Bankkalke und z. T. sogar noch in die Zementmergel hinein (Felsenkränze im Blautal der Ulmer Alb, Lonetal, Heidenheimer Alb). Im gleichen Raum sind die Zementmergel und die hangenden Bankkalke z. T. in der fossilreichen Trümmeroolithfazies (Brenztaloolith) entwickelt. Während die Massenkalkfazies vom Malm Alpha bis zum Malm Epsilon stets eine Schwammfazies war, erscheinen in der Geislinger, Ulmer und Heidenheimer Alb

auch Korallenriffe in den liegenden Bankkalken und den Zementmergeln. Diese Korallenkalke sind im allgemeinen recht fossilreich
und ihre Fossilien oft verkieselt. Eine Besonderheit ist die Fazies der
dünnbankigen Plattenkalke (lithographischer Schiefer), die auf der
Westalb zwischen Spaichingen und Ebingen die liegenden Bankkalke zum Teil vertreten können.

Auch in der Frankenalb ist der Malm Zeta mit einer Mächtigkeit,
die 200 m übersteigen kann, das mächtigste Malmglied. Er ist aber
nur in der südlichen Frankenalb vorhanden. Starke Fazieswechsel
und Fossilarmut erschweren die stratigraphische Gliederung und
den genauen Vergleich mit dem schwäbischen Malm Zeta. Auch in
der Frankenalb beginnt die Stufe mit gebankten Kalken. Ihnen folgen die dünnbankigen Solnhofer Plattenkalke, die als lithographischer Schiefer und durch ihre gut erhaltenen Fossilien bekannt geworden sind. Die Solnhofer Plattenkalke entsprechen wohl dem
schwäbischen Zementmergel. Darüber liegen wieder recht verschieden entwickelte gebankte Kalke. Sie dürften ungefähr dem Malm
Zeta der Schwabenalb entsprechen. Über diesen Schichten, die eine
Mächtigkeit von rund 200 m erreichen können, liegt noch eine über
150 m mächtige Folge von verschieden entwickelten Kalken, die auf
die weitere Umgebung von Neuburg a. d. Donau beschränkt sind.
Äquivalente dieser jüngsten Malmstufe sind in der Schwabenalb
nicht bekannt geworden.

Die Mächtigkeitsverteilung des Malm Zeta auf der Schwabenalb
zeigt, wie wir sagten, eine Verlagerung des Bereichs stärkster Absenkung nach Osten an. Die erheblichen Mächtigkeiten der gleichen
Stufe in der südlichen Frankenalb bestätigen das. Darüber hinaus
stellen wir fest, daß ganz im Süden, in der Gegend von Neuburg
a. d. Donau, noch eine jüngste Kalkfolge auftritt, die anderwärts nicht
mehr entwickelt ist. Daraus und aus dem Fehlen des Malm Zeta auf
der nördlichen Frankenalb – ob eine wenig mächtige Zetadecke hier
einmal vorhanden war, wissen wir freilich nicht – dürfen wir schließen, daß sich das Jurameer in dieser Endphase nach Südosten
zurückgezogen hat. Die Abdachung der gesamten süddeutschen Ju-
raplatte gegen Südosten hat sich also wohl schon in der Zeit des
Rückzuges des Jurameeres aus dem süddeutschen Raume vorbereitet.

Der Untere Jura (Schwarzer Jura oder Lias) und seine Fossilien

Lias Alpha
Hettangium und Unteres Sinemurium

Bedingt durch die widerstandsfähigen Kalkbänke in seinem oberen Abschnitt bildet der Lias Alpha eine ausgeprägte Geländekante über den weichen Schichten des oberen Keuper. Er ist auch nördlich der zusammenhängenden Liasvorebene in Erosionsresten weit verbreitet, so etwa auf den Fildern südlich von Stuttgart oder im Welzheimer Wald.

Abgesehen von nicht unerheblichen Mächtigkeitsschwankungen ist der Lias Alpha im Schwäbischen Jura recht gleichartig entwickelt. Er gliedert sich in drei Unterstufen, die durch den Gesteinscharakter und die Fossilführung deutlich unterschieden sind:

Lias Alpha$_1$ oder **Psiloceratenschichten** setzen mit einer oder zwei dunklen Kalkbänken ein. Darüber folgen dunkle Tone, oft mit einer mäßigen Sandbeimengung. Die Mächtigkeit nimmt von rund 3 m im Wutachgebiet auf rund 5 m in der Westalb zu. Sie kann in der mittleren Alb bis auf 10 m anschwellen, reduziert sich aber nach Osten in der Ostalb wieder bis auf 1 m.

Lias Alpha$_2$ oder **Schlotheimienschichten** setzen mit der sogenannten Oolithbank ein. Das ist eine sandige Kalkbank, die in der mittleren Alb eisenooidisch und in der Ostalb konglomeratisch werden kann. Darüber folgen sandige Tonmergel mit einigen Kalksandsteinbänken. In der mittleren Alb schaltet sich ein relativ fester Sandstein ein. Die geringe Mächtigkeit von rund 1,5 m im Wutachgebiet nimmt in der Westalb auf 6 m zu. Sie erreicht in der mittleren Alb dank der hier auftretenden Sandsteine 15 m und nimmt in der Ostalb wieder auf 5 m ab.

Lias Alpha$_1$ und Alpha$_2$ entsprechen dem **Hettangium** der internationalen Gliederung.

Lias Alpha$_3$ oder **Arietenschichten** beginnen mit einer oolithischen, gelegentlich eisenooidischen Kalkbank, der sogenannten Kupferfelsbank. Es folgen feste, dunkle Kalkbänke, oft mit einem geringen Sandgehalt. Sie sind durch schieferige Tonlagen voneinander getrennt. In der mittleren und Westalb kommen als Abschluß einige Dezimeter mächtige, dunkle Ölschiefer vor. Die Mächtigkeit schwankt im Wutachgebiet, der Westalb und der mittleren Alb nur wenig um 5 m, in der Ostalb nimmt sie auf fast 2 m ab.

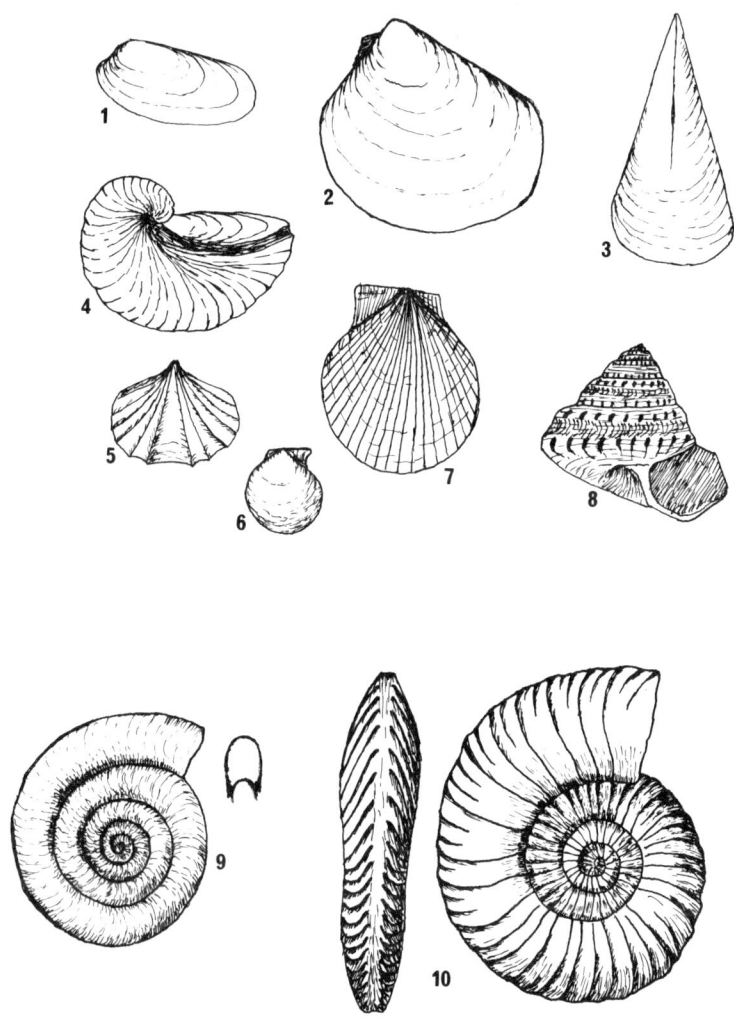

Fossilien des Lias Alpha: 1 *Cardinia listeri;* 2 *Plagiostoma giganteeum;* 3 *Pinna hartmanni;* 4 *Liogryphaea arcuata;* 5 *Spiriferina walcotti;* 6 *Chlamys glaber;* 7 *Chlamys textoria;* 8 *Pleurotomaria anglica;* 9 *Psiloceras psilonotum;* 10 *Schlotheimia angulata.*

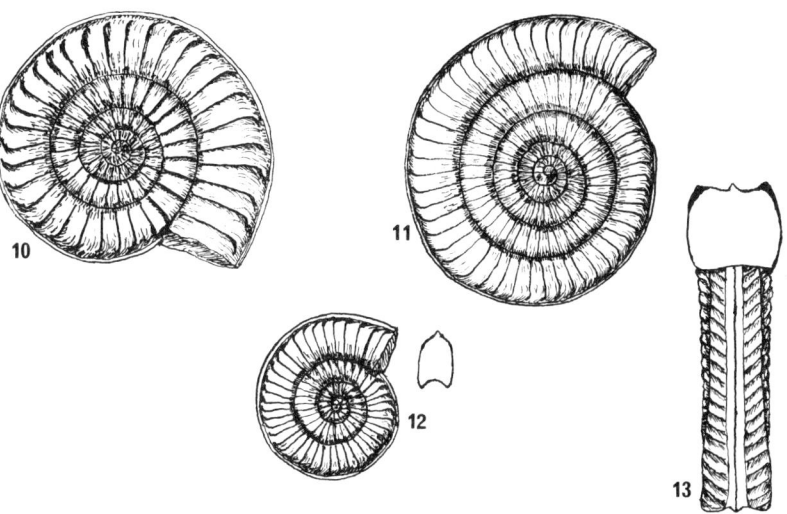

Arieten des Lias Alpha: 10 *Coroniceras rotiforme;* 11 *Vermiceras spiratissimum;* 12 *Arnioceras geometricum;* 13 *Arietites bucklandi.*

Mit den Arietenschichten beginnt das **Sinemurium** der internationalen Gliederung.

Im Fränkischen Jura ist der Lias Alpha in ähnlicher Weise untergliedert wie im Schwäbischen. Da aber das Jurameer von Südwesten her in den süddeutschen Raum vordrang und in den östlichen Randbereichen erst allmählich auf das Keuperfestland übergriff, sind die Schichten des Lias Alpha in Franken nur zum Teil marin entwickelt. Vor allem im nördlichen und östlichen Frankenjura reicht die festländische Rätfazies mit Rät-Lias-Übergangsschichten noch in den Lias Alpha hinein. So etwa östlich von Nürnberg, wo diese Übergangsschichten bis zu 26 m mächtig werden. Die Mächtigkeiten schwanken stark, da die Schichten ein vorhandenes Relief ausfüllen. Es handelt sich um festländische, kreuzgeschichtete, weiße bis ockerbraune Grob- und – seltener – Feinsandsteine, in welche wechselnd ausgedehnte und wechselnd mächtige Linsen aus Ton und Geröllen eingeschaltet sind. Nicht selten finden sich auch Windkanter. In den Tonlagen kommen gut erhaltene Pflanzenreste vor. Sie ermöglichen die Trennung des rätischen (Lepidopterisflora)

49

und des liassischen (Thaumatopterisflora) Anteils in den Übergangsschichten.

Marin ist der Lias Alpha im Bereich von Coburg (Oberfranken) und des Nördlinger Rieses entwickelt. Das Nebeneinander von festländischer und mariner Fazies macht die Verhältnisse des Lias Alpha im Frankenjura etwas schwieriger als im Schwabenjura. Die Landnähe bedingt, daß der Lias Alpha auch in der marinen Fazies weitgehend aus sandigen Ablagerungen besteht.

Die Psiloceratenschichten (Lias Alpha$_1$) sind in Oberfranken bis 4 m, im Riesgebiet 2 m mächtig und keilen nach Osten aus. Sie beginnen mit einer harten, grobkörnigen Sandsteinbank oder einer dunkelgrauen Kalksteinbank, die Grobquarze enthält. Es folgen dunkle Tonsteine mit Geoden oder dunkle, glimmerhaltige Tonmergelgesteine, in die Feinsandbänke und feinsandige Kalkbänke eingelagert sind.

Die Schlotheimienschichten (Lias Alpha$_2$) haben stark schwankende Mächtigkeiten und können lokal bis zu 30 m anschwellen. Sie beginnen mit einem Geröllhorizont, der der schwäbischen Oolithbank entspricht. Es folgen fein-, z. T. auch grobkörnige, plattige oder gebankte, oft kreuzgeschichtete Sandsteine. In frischem Zustand sind sie grau, in der Verwitterung gelb bis braun gefärbt. Eingeschaltet finden sich kalkreichere Bänke, z. T. auch Spatkalke. Auch Sandschiefer, Schiefertone und Tonmergelsteine können sich einschalten, örtlich auch Kieselsandsteine wie der „Döckinger Quarzit". Im ganzen also ein sehr wechselvolles Bild.

Die Arietenschichten (Lias Alpha$_3$) haben im Riesgebiet eine von 0 bis 4 m schwankende Mächtigkeit, nehmen im östlichen Frankenjura auf 10 – 12 m zu und sind im nordwestlichen Vorland nur rund 2 m mächtig. Sie bestehen aus grobkörnigen, grauen, rostbraun verwitternden Sandsteinen und Kalksandsteinen; Kalksteine mit einzelnen Quarzkörnern schließen das Profil ab. Im Raum Regensburg – Schwandorf finden sich feinkörnige, den Schlotheimien-Sandsteinen ähnliche Sandsteine, die im Gebiet von Amberg etwas

Farbtafel 3
Oben: Weilerstoffeln bei Schwäbisch Gmünd. In der unteren Hälfte des Tales die Opalinustone mit ihren flachen, verwaschenen Hängen. Darüber – teilweise bewaldet – die steileren Hänge des Dogger Beta und Gamma. Im Hintergrund Blick auf die Albvorebene des Lias (Foto: G. Lichter). Unten: Steinbruch am Blasienberg westlich Kirchheim bei Bopfingen. Im unteren Teil der Steinbruchwand die Kalke des Malm Beta, die nach oben in die zum Teil verschwammten, mergeligen Kalke des Gamma übergehen (Foto: G. Lichter).

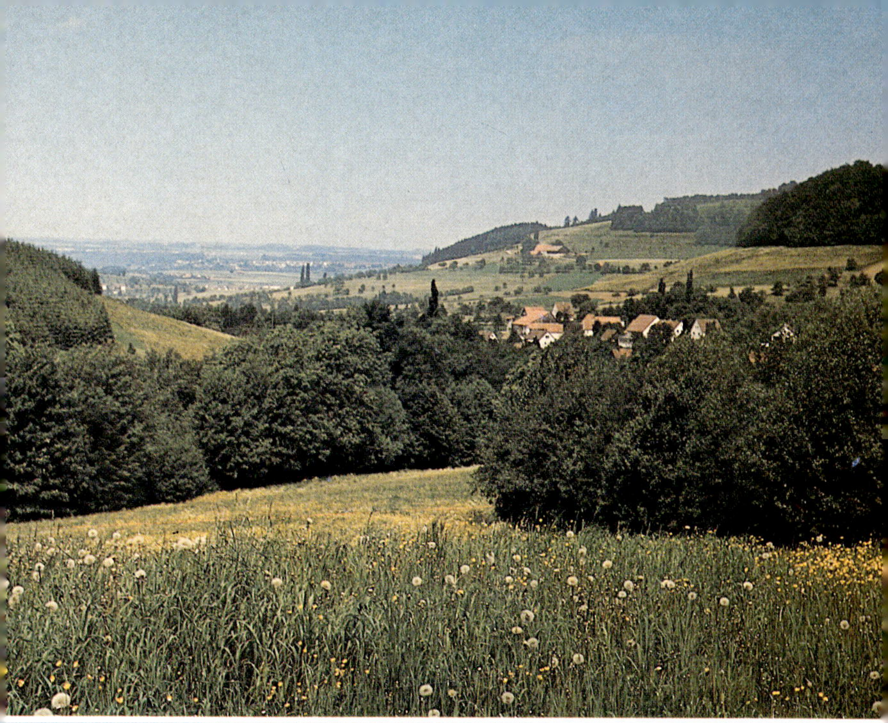

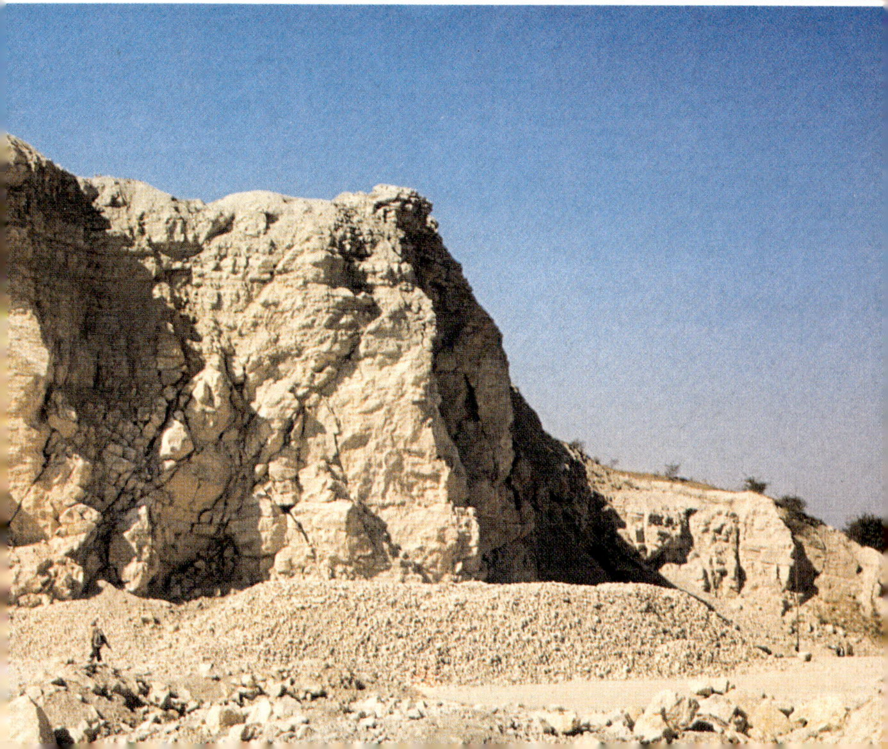

toniger werden. Im Riesgebiet liegt an der Basis eine 0,2 – 0,4 m mächtige konglomeratische Kalkbank.

Die drei Unterstufen des Lias Alpha sind jeweils durch typische und leicht kenntliche Ammonitengattungen gekennzeichnet. Das Leitfossil von Lias Alpha$_1$ ist die Ammonitengattung *Psiloceras*, ein mittelgroßer, flach scheibenförmiger, sehr weitnabliger Ammonit mit vielen Windungen. Diese umgreifen sich nur sehr wenig und haben einen gerundet ovalen Querschnitt. Sie sind entweder glatt (bei *Psiloceras planorbe* Sow.) oder haben flache, einfache Radialrippen auf den Flanken (*Psiloceras johnstoni* Sow.). Gelegentlich kann die Berippung etwas kräftiger werden, und danach werden noch weitere Arten unterschieden.

Das Leitfossil von Lias Alpha$_2$ ist die Ammonitengattung *Schlotheimia*. Auch sie hat ein flach scheibenförmiges Gehäuse, aber die Windungen umgreifen sich stärker, so daß die Spirale engnabliger wird. Die Windungen haben einen hochovalen Querschnitt; sie tragen kräftige Radialrippen, die sich auf der Außenseite nach vorne biegen und in der Peripherie in einem Winkel zusammenstoßen (*Schlotheimia angulata* Schloth.).

Der das Sinemurium einleitende Lias Alpha$_3$ ist durch die sehr formenreich entwickelten Arieten gekennzeichnet. Es sind weitnablige Ammoniten mit zahlreichen, wenig umgreifenden Windungen, deren Querschnitt gerundet rechteckig ist. Die Flanken sind mäßig gewölbt und die Außenseite ist breit, mit einem von zwei Furchen begleiteten Mittelkiel. Auf den Windungsflanken sitzen weitstehende, kräftige Radialrippen. Abwandlungen des Windungsquerschnittes, der Einrollung und der Berippung haben Anlaß gegeben, in dem im ganzen recht einheitlichen Formenkreis verschiedene Gattungen zu unterscheiden: *Arietites bucklandi* (Sow.) mit kräftigen, weitgestell-

Farbtafel 4
Oben links: Steinbruch bei Schnaitheim nördlich Heidenheim / Brenz. Die Steinbruchwände zeigen die zum Teil undeutlich gebankten Kalke des Schnaitheimer Trümmerooliths. Auf der linken Bildhälfte deutlich zu erkennen eine angeschnittene, kleine Doline. Die roten Partien der Steinbruchwand verdanken ihre Färbung der Einschwemmung von Roterdelehmen aus der tertiären Verwitterungsdecke (Foto: K. Beurlen). Oben rechts: Aufschluß des Lias Beta und Gamma an der Straße Schömberg–Rottweil. Die untere Hälfte zeigt die dunklen Tone des Lias Beta, denen die grauen Kalkmergelbänke des Lias Gamma folgen (Foto: G. Lichter). Unten: Blick in das Tal der Lenninger Lauter bei Gutenberg: ein typisches, in die vom oberen Weißen Jura gebildete wellige Albhochfläche eingeschnittenes Tal. Die Felsen an der Oberkante des Talhanges gehören dem Malm Epsilon an. Die Talsohle bei Gutenberg liegt im Malm Beta (Foto: K. Beurlen).

ten Rippen kann über einen halben Meter groß werden. *Coroniceras rotiforme* (SOW.) bleibt kleiner, hat schmälere, aber weitstehende Rippen, weniger hohe und zahlreichere Windungen. *Vermiceras spiratissimum* (QUENST.) zeigt durch seine zahlreichen, wenig umgreifenden Windungen, die relativ schwachen Rippen und die wenig ausgeprägten Furchen neben dem Außenkiel noch Anklänge an die Psiloceraten. *Arnioceras geometricum* (OPPEL) hat etwas höhere, weniger zahlreiche, aber flachere Windungen und zahlreiche, engerstehende Rippen.

Auch die Muscheln spielen eine erhebliche Rolle. In den Sandsteinen von Lias Alpha$_2$ ist häufig *Cardinia listeri* SOW., eine stark nach hinten verlängerte, ovale Muschel mit weit vorn gelegenem Wirbel; die Oberfläche zeigt deutliche Anwachsstreifen. Schief dreieckig, gerundet, mit glänzender, glatter Schale ist das bis zu 20 cm groß werdende *Plagiostoma giganteum* SOW. Häufig sind die Schalen von Pectiniden, gekennzeichnet durch ihren runden, oft fast kreisförmigen Umriß mit dem in der Mitte gelegenen Wirbel, die ohrförmigen Verbreiterungen vor und hinter dem Wirbel und die geringe Schalenwölbung. Wir erwähnen *Chlamys glaber* (ZIETEN) mit glatter Schale und *Chlamys textoriia* (SCHLOTH.) mit radialer Rippung. Nicht allzu selten ist auch die eigenartige *Pinna hartmanni* (ZIETEN) mit ihrem hoch dreieckigen Umriß und ihrem spitzen Wirbel. Die bemerkenswerteste und auch häufigste Muschel aber ist die in den Arietenkalken oft ganze Bänke erfüllende *Liogryphaea arcuata* (LAMARCK). Es ist eine sehr ungleichklappige Auster, deren linke Unterschale tief schüsselförmig ist und einen spiralig eingerollten Wirbel hat, während die rechte Oberschale nur ein flacher Deckel ist. Wegen der Häufigkeit der Art gehen die Arietenkalke häufig auch unter der Bezeichnung Gryphaeenkalke.

Zu den Schwarzweiß-Tafeln: Die Bilder sind von links oben nach rechts unten zu lesen. Soweit nicht anders angegeben, sind die Fossilien in ihrer natürlichen Größe fotografiert. Vergrößerungen und Verkleinerungen sind in Klammern in Dezimalzahlen angegeben. Zum Beispiel bedeutet (× 0,8), daß die Abbildung kleiner ist als das Original, sie hat nur 4/5 der natürlichen Größe.

Tafel 1
Psiloceras psilonotum (QUENSTEDT), Hettangium, Lias Alpha 1, Nellingen/Württemberg; *Schlotheimia densicostata* LANGE, Hettangium, Lias Alpha 2, Weiltingen/Ries; *Epammonites latisulcatus* (QUENSTEDT), Sinemurium, Lias Alpha 3, Filder bei Stuttgart (× 0,8).

Neben den Ammoniten und Muscheln treten die anderen Formenkreise in den Fossilgemeinschaften des Lias Alpha zurück. Von den Schnecken wäre zu erwähnen *Pleurotomaria anglica* SOW. mit mäßig hohem Gewinde und einem gekörnelten Spiralband auf den Windungen. Etwas häufiger sind die Brachiopoden, von denen wir vor allem die bemerkenswerte *Spiriferina walcotti* SOW. erwähnen, einen Nachzügler, der im Paläozoikum so formenreich entfalteten, häufigen Spiriferen: Sie hat einen ziemlich langen, geraden Schloßrand, über den der Wirbel der einen Klappe kräftig vorragt. Außer einem in der Mittellinie liegenden breiten Wulst sind einige Radialrippen vorhanden. *Spiriferina tumida* V. BUCH unterscheidet sich durch das Fehlen der Radialrippen. Weniger häufig sind die dreiekkige, berippte Rhynchonellide *Piarorhynchia belemnitica* (QUENST.) und die glatte Terebratulide *Lobothyris ovatissimma* (QUENSTEDT) mit ovalem Schalenumriß. In den Ölschiefern des obersten Lias Alpha$_3$ ist ein kleiner Seeigel mit langen dünnen Stacheln (verdrückt und schlecht erhalten) oft reichlich auf den Schichtflächen vorhanden: *Eodiadema olifex* (QUENST.). Gelegentlich finden sich auch die fünfeckigen Stielglieder von *Pentacrinus.*

Lias Beta
Oberer Abschnitt des Sinemurium

Im Schwäbischen Jura ist der Lias Beta eine einheitliche Folge dunkler, blättrig-schieferiger Tone und Tonmergel. Ihre Mächtigkeit schwankt in der mittleren Alb um 30 m, nimmt in der Westalb auf rund 20 m und in der Ostalb auf 0 – 3 m ab. Schwefelkies- und Toneisensteinkonkretionen sind häufig. Die Tonfolge ist nur durch eine feste, wenig mächtige Kalkbank, die Betakalkbank, unterbrochen. Im Gegensatz zu den widerstandsfähigen Arietenkalken treten diese Tone im Gelände nicht hervor. Sie bilden die sehr flachen, meist bewachsenen Hänge über der Geländekante des Arietenkalkes.

Im Fränkischen Jura ist der Lias Beta nordwestlich der Linie Sinnbronn (südwestlich des Hesselbergs) – Lauf a. d. Pegnitz (östlich von Nürnberg) und Creußen in einer im Maximum bis 35 m mächtigen Beckenfazies ausgebildet. Sie besteht aus dunklen, ziemlich fossilarmen Schiefertonen und -mergeln mit Toneisenstein- und Phosphoritknollen. Das macht sie dem schwäbischen Lias Beta ähnlich, von dem sie sich aber durch einen gelegentlichen Feinsandgehalt unterscheidet. Lokal schalten sich auch einige dünne Kalksteinbänke ein. Südöstlich der genannten Linie findet sich eine nur wenige Zentimeter bis Dezimeter mächtige Randfazies. Sie ist fossilreicher und besteht gesteinsmäßig sehr wechselnd aus Tonmergeln, Mergeln, Kalkmergeln und Sandkalksteinen, die z. T. grobsandig werden und limonitreich sind. Schalengrus und Phosphoritgeoden kommen vor. Im Riesgebiet ist der tiefere Lias Beta in der Fazies des Arietensandsteins entwickelt, ebenso im Gebiet von Nennslingen dessen höherer Teil. Diese Randfazies zeigt die Nähe des durch das Böhmische Kristallinmassiv und die Vindelizische Schwelle gebildeten Festlandes an.

Anders als der oft recht fossilreiche Lias Alpha mit seinen vielseitigen Fossilgemeinschaften und anders auch als die fränkische Randfazies des Lias Beta zeigen die Lias Betatone eine arme und ziemlich einseitige Fossilgemeinschaft aus in der Hauptsache kleinen Ammoniten. Die Lebensbedingungen, die in dem flachen, bewegten Wasser des Lias Alpha offenbar recht günstig gewesen waren, hatten sich nunmehr auf dem tonig-schlammigen Grunde des etwas tieferen Stillwassers wesentlich verschlechtert. Gelegentlich finden sich die fünfeckigen Stielglieder von *Pentacrinus*. Die nicht sehr häufige *Liogryphaea obliqua* (GOLDFUSS) ist ein kleinwüchsiger Nachfahre der *Liogryphaea arcuata*. Hin und wieder trifft man auch eine kleine *Rhynchonella*. Aber eine reichere Bodenfauna fehlt. Das herrschende Element sind die Ammoniten, die freilich durchweg kleiner bleiben als die großen Arieten des oberen Lias Alpha. Man findet sie gleichmäßig in den Tonen verteilt und nur gelegentlich etwas häufiger. Sie sind meist verkiest, d. h. als Schwefelkies-Steinkerne erhalten, mitunter teilweise in eine Schwefelkiesknolle eingeschlossen.

Asteroceras obtusum (SOW.) findet sich vor allem im unteren Lias Beta. Der kleine Nachzügler der Arieten ist immer selten. Er zeigt Radialrippen auf den Flanken und zwei Begleitfurchen neben einem Mittelkiel auf der Peripherie. Er ist engnabliger als die Arieten des Lias Alpha. Das eigentliche Leitfossil ist *Oxynoticeras oxynotum* (QUENST.). Sein Gehäuse ist sehr engnablig, mit stark umgreifenden Windungen, die sehr hoch und auf der Außenseite zugeschärft sind, während der Querdurchmesser der Windung viel kleiner ist. So kommt es zu der unverkennbaren diskusförmigen Scheibenform. Dicke Windungen mit fast kreisförmigem Querschnitt und wie *Oxynoticeras* eine glatte Oberfläche hat der kleine und ziemlich seltene *Cymbites globosus* (ZIETEN), dessen Schalenspirale nur wenige

58

Windungen aufweist. Neben *Oxynoticeras* sind die Charakterformen des Lias Beta weitnablige Ammoniten mit zahlreichen, sich wenig umgreifenden Windungen, deren Querschnitt mehr oder weniger kreisförmig ist und die mit kräftigen, weitstehenden, über die Außenseite wegziehenden Radialrippen verziert sind. Wir erwähnen *Echioceras raricostatum* (ZIETEN), der einen Durchmesser von über 5 cm erreichen kann. Seine zahlreichen Windungen mit kreisförmigem Querschnitt tragen weitstehende, kräftige Radialrippen. Bei *Promicroceras planicosta* (SOWERBY) sind bei ähnlicher Gehäuseform die Radialrippen auf der etwas abgeplatteten Außenseite verbreitert und abgeflacht. *Bifericeras bifer* (QUENST.) ist nur ein kleiner Ammonit mit zahlreichen Windungen und weitem Nabel. Seine Radialrippen sind etwas feiner und stehen dichter. Sie ziehen unverändert, höchstens etwas abgeschwächt über die Außenseite weg.

Lias Gamma
Unterer Abschnitt des Pliensbachium

Der Lias Gamma umfaßt im Schwäbischen Jura eine etwas hellere, graue Mergelfolge. In sie schalten sich festere Kalkmergelbänke ein, die vor allem im unteren und oberen Abschnitt stärker entwickelt sind, während im mittleren Teil die Mergel vorherrschen. Die Mächtigkeit ist mit rund 12 m in der mittleren Alb relativ klein. Sie nimmt nach Westen bis in das Wutachgebiet auf 4 m und ebenso nach Osten bei Ellwangen auf 3 – 4 m ab. Die Mergelkalke sind unregelmäßig gefleckt, und diese Fleckigkeit verleiht ihnen ein unverkennbares, typisches Aussehen. Bei den Flecken handelt es sich um Querschnitte von Grabspuren und Grabgängen. Deren reichliche Entwicklung zeigt ein entsprechend reiches Bodenleben an und damit wohl auch wesentlich günstigere Lebensbedingungen am Grunde des Meeres, als sie im Lias Beta herrschten. Hellere Färbung und höherer Kalkgehalt in den Gammamergeln machen wahrscheinlich, daß sie in etwas geringerer Wassertiefe abgelagert wurden: Es hat also gegenüber dem Beta eine gewisse Verflachung stattgefunden. Dank seiner härteren Mergelkalkbänke ist der Lias Gamma widerstandsfähiger gegen die Abtragung als die Betatone. Er macht sich daher meist durch eine schwache Geländestufe in der Liasvorebene bemerkbar.

Im Fränkischen Jura ist auch der Lias Gamma, wie der Lias Beta, durch eine Becken- und Randfazies vertreten; die Grenze beider Faziesbereiche ist die gleiche geblieben wie im Lias Beta. Die Beckenfazies, deren Mächtigkeit zwischen 3 und 8 m schwankt, besteht aus dunklen Mergeln mit eingeschalteten, gelegentlich gefleckten Kalksteinbänken und Kalkknollenlagen sowie dolomitischem Eisenkarbonatgestein an der Basis und in höheren Teilen. Die Ähnlichkeit mit der Entwicklung im Schwäbischen Jura ist also sehr groß.

Die Randfazies mit einer zwischen 0 und 4,5 m schwankenden Mächtigkeit ist gebildet aus fossilreichen, grauen Kalksteinbänken mit dünneren Mergeleinschaltungen. Im unteren Teil sind auch Quarzkörner vorhanden. In manchen Gebieten, so etwa östlich von Nürnberg, finden sich auch fossilarme, mergelige Dolomite. Gelegentlich sind fucoidenähnliche Grabspuren vorhanden. Auch ooidische Kalksteine kommen vor. Im Grenzbereich zu Lias Delta tritt ein sogenanntes „Belemnitenschlachtfeld" auf.

Die in der Gesteinsfazies angedeuteten günstigeren Lebensbedingungen bestätigen sich durch eine gegenüber Lias Beta etwas reichlichere Fossilführung und vor allem durch eine artenreichere und vielseitigere Fossilgemeinschaft. Darin spielen neben den Ammoniten auch Muscheln, Brachiopoden und andere Formengruppen erneut eine größere Rolle. Zu den Ammoniten kommen nun auch die häufig werdenden Belemniten. Die Fossilien werden wieder etwas größer.

Unter den Ammoniten ist bemerkenswert *Tragophylloceras ibex* (QUENST.), ein Angehöriger der Familie der Phylloceratiden. Sie hatte ihr eigentliches Verbreitungsgebiet in den mediterranen Meeren und entsandte nur hin und wieder auch Vertreter in das Meer des Schwäbisch-Fränkischen Jura.

Tragophylloceras ibex hat, wie alle Phylloceraten, ein engnabliges, scheibenförmiges Gehäuse mit weit sich umgreifenden Windungen. Die Art zeichnet sich durch ganz flache Flankenrippen aus, die sich auf der Außenseite zu runden Knoten verdicken. Eine wie die Phylloceraten sehr langlebige und vorwiegend mediterrane Ammonitenfamilie sind die Lytoceratiden, die sich durch mäßig weitnablige Gehäuse kennzeichnen, deren Windungen sich kaum umgreifen

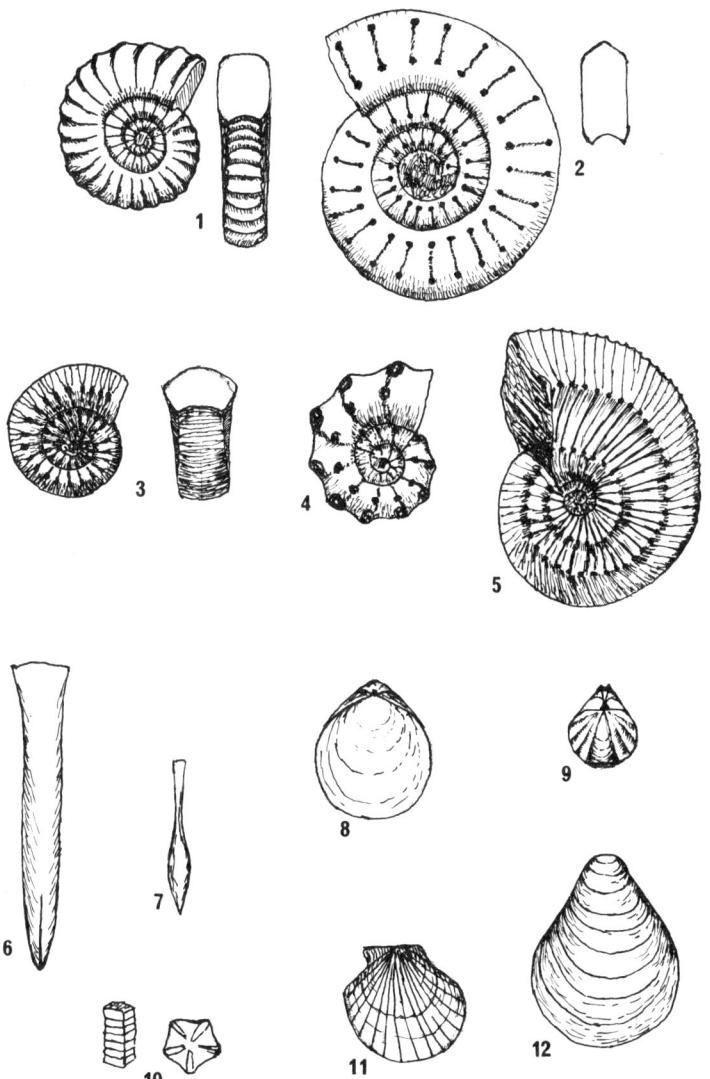

Fossilien des Lias Gamma: 1 *Androgynoceras maculatum*; 2 *Acanthopleuroceras valdani*; 3 *Coeloceras pettos*; 4 *Phricodoceras taylori*; 5 *Liparoceras parinodum*; 6 *Belemnites paxillosus*; 7 *Hastites clavatus*; 8 *Zeilleria numismalis*; 9 *Spiriferina verrucosa*; 10 *Pentacrinus*-Stielglieder; 11 *Aequipecten priscus*; 12 *Liogryphaea cymbium*.

und einen fast kreisförmigen Querschnitt haben. Die Schalenoberfläche ist im allgemeinen unberippt. Dafür aber sind die Anwachsstreifen sehr kräftig entwickelt, oft lamellös vorstehend. Auch die Lytoceraten sind im Lias Gamma vertreten durch *Lytoceras lineatum* (SCHLOTHEIM) mit fast kreisrundem Windungsquerschnitt und feiner Radialstreifung.

Das Leitfossil des Lias Gamma ist die vor allem im mittleren Abschnitt häufige *Uptonia jamesoni* (SOW.). Der scheibenförmige, ziemlich weitnablige Ammonit hat Windungen von hochovalem Querschnitt. Sie umgreifen sich wenig. Auf den Flanken der Windungen stehen mäßig dicht Rippen, die sich außen verstärken und leicht nach vorn abbiegen, aber nicht über die Außenseite wegziehen. In den obersten Mergelkalkbänken ist *Prodactylioceras davoei* (SOW.) das Leitfossil (Davoeikalkbank). Auch dieser Ammonit ist sehr weitnablig und hat zahlreiche Windungen von fast kreisförmigem Querschnitt, die sich kaum umfassen. Zahlreiche feine und dichtstehende, leicht geschwungene Rippen, die unverändert über die Außenseite wegziehen, verschaffen ihm ein unverkennbares Aussehen. Zu erwähnen wäre noch der im allgemeinen klein bleibende *Polymorphites polymorphus* (QUENST.), eine mäßig weitnablige Form, deren Windungen hochoval sind und von feinen, dichtstehenden, leicht vorwärts geneigten und schwach geschwungenen Rippen verziert werden. *Androgynoceras maculatum* (YOUNG & BIRD) mit gerundetem, hochrechteckigem Windungsquerschnitt und relativ weitem Nabel erinnert durch die weitstehenden, kräftigen Rippen, die verdickt über die Außenseite wegziehen, etwas an *Promicroceras* aus dem Lias Beta. *Acanthopleuroceras valdani* (ORBIGNY) ist weitnablig, flach scheibenförmig mit hoch rechteckigem Windungsquerschnitt und weitstehenden, geraden Radialrippen, die am Nabelrand und auf der Flankenaußenseite zu Knoten verdickt sind.

Ein völlig andersartiger Typus ist *Coeloceras pettos* (QUENSTEDT). Auch er ist weitnablig mit vielen, sich kaum umgreifenden Windungen. Diese aber sind sehr niedrig und breit und haben daher querovalen Querschnitt. Da die Windungsdicke stark zunimmt, ist der Nabel tief eingesenkt. Gerade Radialrippen ziehen über Flanke und Außenseite weg. Auch *Phricodoceras taylori* (SOW.) hat dicke, sich kaum umgreifende Windungen und einen mäßig weiten, eingesenkten Nabel. Aber die Windungen haben einen annähernd kreisförmigen Querschnitt. Sehr weitstehende Radialrippen sind auf der Flanke zu einem kräftigen Knoten verdickt. Ein ziemlich dicker Ammo-

nitentyp ist auch *Liparoceras parinodum* (QUENST.). Seine hoch-ovalen Windungen umgreifen sich stärker, so daß der Nabel etwas enger wird. Die radialen Flankenrippen sind innen und außen zu Knoten verdickt, und Rippen ziehen auch über die Außenseite weg.
Neben den Ammoniten sind die Belemniten, die im Lias Alpha und Beta noch ziemlich selten waren, reich entwickelt. Sie gehören zu den häufigsten Fossilien. Das „Belemnitenschlachtfeld" an der Obergrenze des fränkischen Lias Gamma wurde schon erwähnt. Am häufigsten ist die ziemlich große, nahezu zylindrische, am Hinteren-de sich konisch zuspitzende *Belemnites paxillosus* LAMARCK. Kleiner und zierlicher bleibt *Hastites clavatus* (STAHL), der am Vorderende schlank zylindrisch ist, nach hinten sich keulenförmig verdickt und dann konisch zuspitzt. Normalerweise findet man nur Bruchstücke von Belemnitenrostren. Will man ganze Stücke, muß man sie ausgraben.
Außer den Cephalopoden (Ammoniten und Belemniten) sind nun auch die Brachiopoden wieder häufiger. *Spiriferina verrucosa* v. BUCH ist als letzter Nachzügler der im Lias Alpha noch relativ häu-figen Spiriferinen bemerkenswert. Sie hat pentagonalen Umriß, zwei kräftige Radialfalten und deutliche Anwachsstreifen. Eine klei-ne Rhynchonellide mit wenigen kräftigen Radialfalten findet sich gelegentlich. Wichtig aber ist die häufige und als Leitfossil für Lias Gamma von QUENSTEDT angeführte *Zeilleria numismalis* (LA-MARCK) (Numismalismergel), eine Terebratel mit fast kreisrun-dem Umriß und schwach gewölbten Schalenklappen.
Auch Muscheln sind nicht allzu selten. *Liogryphaea cymbium* (LA-MARCK) ist ein später Nachfahre der Lias-Alpha-Gryphaeen, bleibt aber kleiner als diese und hat einen breiteren Umriß. Mit *Ino-ceramus ventricosus* SOW., deren Schale sich durch schiefovalen Umriß und deutliche Anwachsstreifen auszeichnet, tritt erstmals die später, vor allem in der Kreide so bedeutungsvoll werdende Gat-tung *Inoceramus* als häufigeres Fossil in Erscheinung. Auch Pectini-den sind nicht selten. Wir erwähnen *Aequipecten priscus* (SCHLOTH.) mit breiten, flachen Radialrippen, die durch sehr schmale Furchen voneinander getrennt sind. Etwas häufiger kommen nun auch Schnecken vor, sowohl hoch turmförmige wie auch nied-rigere Schneckengehäuse. Sie sind meist als Steinkerne erhalten und schwer eindeutig zu bestimmen. Zumeist sind es nur kleine For-men.
Die fünfeckigen Stielglieder von *Pentacrinus* sind im Lias Gamma ziemlich häufig.

Lias Delta
Oberer Abschnitt des Pliensbachium

Über der den Lias Gamma abschließenden Davoeikalkbank folgen wieder dunkle, schieferig-bröckelige Tone. Sie bilden den Lias Delta. Er ist in der Reutlinger Gegend mit 25 m am mächtigsten, nimmt nach Westen gleichmäßig ab bis auf rund 9 m im Gebiet der Wutach. Ebenso nimmt der Lias Delta nach Osten bis in die Gegend von Gmünd – Aalen auf rund 13 m ab, schwillt aber dann gegen den Fränkischen Jura zu wieder auf über 25 m an. In die Tone schalten sich einzelne, festere Kalkmergelbänke ein oder auch Lagen großer Kalkkonkretionen (Laibsteine). Die Kalkmergelbänke des Lias Delta unterscheiden sich von denen des Gamma dadurch, daß ihnen die intensive Fleckung fehlt. Der oberste Abschnitt ist durch einige festere Kalkmergelbänke gekennzeichnet. Wie in den Betatonen, so sind auch in den Tonen des Delta Schwefelkiesknollen sehr häufig. Die Fossilien in den Tonen sind meist verkiest oder in Schwefelkiesknollen eingeschlossen. In den Kalkmergelbänken sind die Fossilien verkalkt. Nach der Fossilführung unterscheidet man einen unteren, mächtigeren, vorwiegend tonigen Abschnitt (Delta$_1$) und einen oberen, sehr wenig mächtigen, mehr kalkig-mergelig ausgebildeten Abschnitt (Delta$_2$).

Im Fränkischen Jura ist der Lias Delta die mächtigste Liasstufe mit großen Mächtigkeiten vor allem in der nördlichen Frankenalb. Im Raum Bayreuth wird eine Maximalmächtigkeit von 60 m erreicht. Im Südosten, in der Oberpfalz, kann die Mächtigkeit bis auf 0,1 m reduziert sein. Der obere Abschnitt des Lias Delta ist im Fränkischen Jura im allgemeinen mächtiger entwickelt als im Schwäbischen.

Wie im Schwäbischen, so ist auch im Fränkischen Jura, abgesehen von den großen Mächtigkeitsschwankungen, der Lias Delta recht gleichartig entwickelt: blaugraue, blättrige Mergel mit Toneisensteingeoden, Phosphoritknollen, laibförmigen Kalkknollen und Kalkseptarien. Diese Knollen enthalten oft Fossilien. Im Hessel-

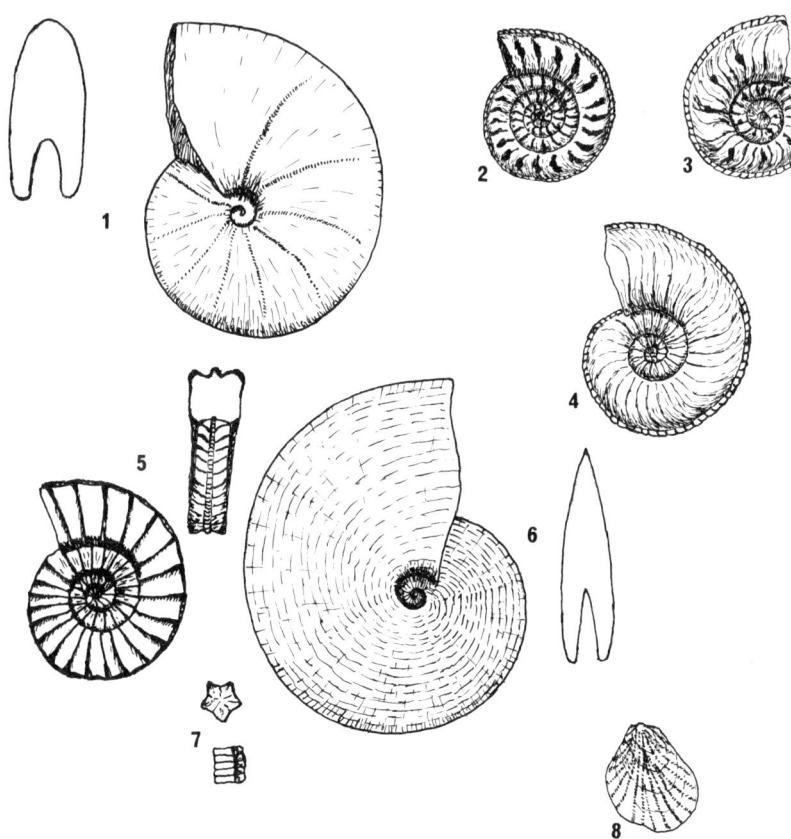

Fossilien des Lias Delta: 1 *Phylloceras heterophyllum*; 2 *Amaltheus coronatus*; 3 *Amaltheus gibbosus*; 4 *Amaltheus margaritatus*; 5 *Pleuroceras spinatum*; 6 *Pseudamaltheus engelhardti*; 7 *Pentacrinus*-Stielglieder; 8 *Plicatula spinosa*.

berggebiet ist eine fossilreiche Kalksteinbank eingeschaltet. Bei Amberg und Bodenwöhr finden sich einige kleine Eisenflöze, die früher abgebaut wurden. Der Lias Delta wiederholt mit seiner Fazies dunkler, an Schwefelkies reicher Tone etwas abgewandelt den Lias Beta. Das gleiche kann man für die Fossilführung feststellen. Die Fossilgemeinschaft ist relativ artenarm und eintönig sowie fast ausschließlich durch Ammoniten und Belemniten bestimmt. Die im Lias Gamma so formenreich entfalteten, z. T. ziemlich großen Ammoniten sind verschwunden. Zwar reicht das im Lias Gamma erwähnte *Lytoceras lineatum* noch in den unteren Delta hinein; auch *Liparoceras* ist in den tieferen Schichten des Delta vereinzelt noch vorhanden. In den mittleren Lagen des Delta kommt selten auch ein Vertreter der Phylloceraten wieder vor: *Phylloceras heterophyllum* (SOW.). Es kann ziemlich groß werden, ist sehr engnablig, hat eine glatte Oberfläche mit in größeren Abständen auftretenden, flachen Einschnürungen und zeichnet sich durch eine sehr stark aufgegliederte Lobenlinie aus.

Aber abgesehen davon sind die Ammoniten ausschließlich durch die sehr stark variierenden Amaltheen vertreten, weshalb der Lias Delta zu Recht seine Bezeichnung Amaltheenschichten trägt. Die Amaltheen bleiben im allgemeinen ziemlich klein. Es sind mehr oder weniger engnablige Ammoniten mit schwach oder kräftig entwickelten, leicht sichelförmig geschwungenen Flankenrippen und einem geperlten Kiel auf der Außenseite. Dieser gekörnelte Außenkiel ist das Merkmal, durch das sich die Amaltheen von allen anderen Liasammoniten unterscheiden und durch das man sie jederzeit leicht erkennen kann. Ein weiteres auffallendes Merkmal der Amaltheen ist die mehr oder weniger deutliche Spiralstreifung ihrer Schale. Die inneren Windungen sind stets ziemlich dick und haben kräftig gewölbte Flanken mit weitstehenden, oft in Flankenknoten verdickten Rippen. Der Nabel ist relativ weit und zum Teil verhältnismäßig tief.

Keine Änderung in den späteren Wachstumsstadien gegenüber den Anfangswindungen zeigt *Amaltheus coronatus* (QUENST.), ein weitnabliger, niedrigmündiger Ammonit mit kräftigen, weitstehenden, oft durch einen Knoten verstärkten Rippen. Anders ist es bei *Amaltheus gibbosus* (SCHLOTHEIM). Bei ihm nimmt mit dem Wachstum die Windungshöhe stärker zu. Es kommt zu etwas engnabligeren Formen mit etwas höheren und flacheren Windungen, deren Rippen noch gut ausgebildet, schwach sichelförmig geschwungen und auf den Flanken teilweise durch einen Knoten verstärkt sind. Nimmt die Windungshöhe noch schneller zu, während die Windungsdicke gering bleibt, entstehen engnablige scheibenförmige Gehäuse. Bei diesen hochmündigen Formen schwächt auch die Berippung mehr und mehr ab, so daß schließlich auf der Außenwindung nur noch eine flache, sichelförmig geschwungene Wellung vorhanden ist; dafür wird dann vielfach die Spiralstreifung ausgeprägter. Solche Formen tragen den Namen *Amaltheus margaritatus* MONTFORT. Dieser Ammonit kann wesentlich größer werden als die anderen Arten. In extremen Fällen verschwindet die Berippung beinahe ganz; es kommt zu fast glatten, scheibenförmigen Gestalten.

Zwischen diesen geschilderten Hauptvertretern existieren weitere Zwischenformen, was Veranlassung zur Abgliederung weiterer Arten gegeben hat. Indessen zeigt reichlicheres Material, daß es zwischen den beiden extremen Typen *Amaltheus margaritatus* und *Amaltheus coronatus* fast alle denkbaren Übergänge gibt.

Neben *Amaltheus* kommt in den mittleren Lagen des Lias Delta auch noch eine Riesenform vor, deren Durchmesser 10 cm übersteigen kann. Es ist der *Pseudamaltheus engelhardti* (ORBIGNY), ein sehr engnabliger, diskusförmiger Ammonit, bei dem der gekörnelte Außenkiel verschwunden und die Außenseite einfach zugeschärft ist; er zeigt auch keine Berippung mehr, dafür aber eine kräftige Spiralstreifung.

Als eigene Gattung *Pleuroceras* von der Gattung *Amaltheus* abgegliedert ist *Pleuroceras spinatum* (BRUGUIERE) das Leitfossil im oberen Lias Delta. Diese Form ist mäßig engnablig; ihre Windungen haben einen gerundeten, hochrechteckigen Querschnitt; der gut entwickelte, gekörnelte Kiel ist leicht in die etwas verbreiterte Außenseite eingesenkt. Die Flankenrippen sind kräftig und auf der Außenhälfte der Flanke zu einem Knoten verdickt.

Neben den Amaltheen gehören die Belemniten zu den häufigsten Fossilien. Sie sind vertreten durch *Belemnites paxillosus* und *Hastites clavatus,* die wir schon aus dem Lias Gamma kennen.

Gelegentlich finden sich Steinkerne kleiner Schnecken, die schwer eindeutig zu bestimmen sind. Auch Muscheln treten sehr zurück. Hin und wieder trifft man den schon im Lias Gamma erwähnten *Aequipecten priscus.* Häufiger kann *Plicatula spinosa* SOW. auftreten, eine kleine Muschel mit spitzem Wirbel, unregelmäßig ovalem Umriß, schwach angedeuteter Radialrippung und lamellösen Anwachsstreifen. Selten kommen auch kleine Rhynchonellen vor. Häufiger aber sind, wie in den tieferen Stufen des Lias, die fünfeckigen Stielglieder von *Pentacrinus.*

Lias Epsilon
Unterer Abschnitt des Toarcium

Im Schwäbischen Jura folgen über den Lias Delta$_2$-Mergelkalkbänken mit *Pleuroceras spinatum* dunkle, bröckelige bis blättrige Mergel, in welche sich einige festere Platten („Tafelfleins") und der sogenannte Seegrasschiefer einschalten. Seine Schichtflächen sind dicht mit hellen Bändern bedeckt, die an Pflanzenstengel erinnern. QUENSTEDT hat an pflanzliche Abdrücke gedacht, daher die Bezeichnung Seegrasschiefer. Es handelt sich aber wohl um Grabgänge und Grabspuren hartteilloser Tiere. Sie zeigen, anders als im vorausgehenden Delta und anders als in den folgenden Tonschiefern, ein reiches Bodenleben an und sind wohl Zeichen einer vorübergehenden Verflachung.

Diese wenig mächtige Folge mit den Seegrasschiefern leitet den Lias Epsilon ein und wird als dessen unterer Abschnitt abgegliedert. Es folgen die dunklen, stark bituminösen, dünnblättrigen Schiefertone des mittleren Epsilon, in die sich einige festere, dunkle Mergelkalkbänke (Stinkkalke) und die eine oder andere Lage von Laibsteinen (große Kalkkonkretionen) einschalten. Es folgen als oberer Lias Epsilon weniger stark schieferige, bröckelige Mergel. Dieser obere Abschnitt kann örtlich fehlen, sei es, daß er gar nicht abgelagert wurde, sei es, daß er gleich nach der Ablagerung durch submarine Strömungen wieder entfernt wurde. Der untere Abschnitt (Seegrasschiefer) und mittlere Abschnitt (bituminöse Schiefertone) sind gleichartig durch den ganzen Schwäbischen Jura hin verbreitet und ausgebildet. Die Mächtigkeiten schwanken mit zwischen 5 und 14 m in der mittleren Alb ziemlich stark, nehmen nach der Westalb auf 7 – 10 m und in der Ostalb auf 4 – 12 m ab.

Die blättrigen Schiefertone des mittleren Epsilon sind der Verwitterung und Abtragung gegenüber recht widerstandsfähig. Sie bilden daher, wie die Arietenkalke, eine stets deutlich ausgeprägte Geländekante. In Bachrissen bilden sie oft Wasserfälle über den weicheren, darunter ausgeräumten Amaltheenschichten. Über der Geländekante des Lias Epsilon folgt meistens die mehr oder weniger breite Verebnung des oberen Lias. Dem hohen Bitumengehalt, der besonders den mittleren Lias Epsilon kennzeichnet und den man gelegentlich durch Destillation auszubeuten versuchte, verdanken die Schichten die Bezeichnung Ölschiefer.

Im Fränkischen Jura ist der Lias Epsilon recht ähnlich und ebenfalls relativ gleichförmig entwickelt, abgesehen von auch hier ziemlich großen Mächtigkeitsschwankungen zwischen 1 und 13 m. Er besteht im allgemeinen aus dünnblättrigen bis dünnplattigen, dunklen, bituminösen Schiefertonen und Tonmergeln mit eingeschalteten, z. T. bituminösen, fossilreichen Kalksteinbänken, die eine Untergliederung ermöglichen. Wir erwähnen vor allem die Monotisbank mit

Pseudomonotis substriata und die mehr lokale Communisbank mit *Dactylioceras commune.* Diese fossilreichen Kalksteinbänke, die ähnlich im Schwäbischen Jura nicht vorkommen, deuten wohl auf etwas größere Landnähe. Am Rande des Bayerischen Waldes von Bodenwöhr bis Regensburg ist eine küstennahe Fazies entwickelt, mit nur schwach bituminösen Schiefertonen und Sandsteinen. In der Sandsteinfazies kann die Mächtigkeit bis zu 17 m anschwellen.

Berühmt sind die Posidonienschiefer durch ihren Reichtum an gut und vollständig erhaltenen Wirbeltieren, die örtlich auch gehäuft vorkommen können. Am bekanntesten geworden ist Holzmaden bei Kirchheim u. T. Dort hat B. HAUFF durch lange Jahre hindurch die Fossilien systematisch gesammelt und sachgemäß präpariert. Davon zeugen eindrucksvoll nicht nur Holzmadener Fossilien in den Museen der ganzen Welt, sondern auch das von B. HAUFF eingerichtete Museum in Holzmaden selbst.

Unter den an das Leben im Meer angepaßten Sauriern sind am häufigsten die Ichthyosaurier (Fischsaurier). Mit ihren Rücken- und Schwanzflossen haben sie äußerlich Fischgestalt. Etwas weniger häufig sind die Plesiosaurier mit langem Hals und zu Ruderpaddeln abgewandelten Extremitäten und die Meereskrokodile. Ganz selten finden sich Reste von frühen Flugsauriern, die entweder vom Festland eingeschwemmt sind oder bei zu weiten Beuteflügen über das Meer umgekommen sein mögen.

Viel häufiger als die Saurier sind die Fische. Unter ihnen herrschen als die häufigsten und besterhaltenen die Schmelzschuppenfische (Ganoidfische) vor, deren rhombische Schuppen eine glänzende, schwarze Schmelzoberschicht (Ganoin) haben. Sie machte das Schuppenkleid recht widerstandsfähig und begünstigte die gute Erhaltung. Wir erwähnen vor allem *Dapedius* mit kurzem und hohem Rumpf, sodann die länger gestreckten Gattungen *Ptycholepis, Lepidotus* und *Pachycormus.* Sehr selten kommen erste, noch ganz primitive, kleinwüchsige Knochenfische vor. Selten sind auch die Reste von Haifischverwandten; da sie ein knorpeliges Skelett und kein festes Schuppenkleid hatten, waren die Erhaltungsmöglichkeiten nicht sehr gut. Saurier und Fische wird der Liebhabersammler im allgemeinen nicht finden. Immerhin, einzelne Rippenknochen oder Wirbel von einem Ichthyosaurier, auch Saurierzähne, Schmelzschuppen von Fischen und ähnliche Reste kann man durchaus antreffen.

Anders als im Lias Delta mit seiner einförmigen Amaltheenfauna ist im Lias Epsilon die Ammonitenfauna erneut vielförmiger und reicher geworden. Sie umfaßt nun auch wieder großwüchsigere For-

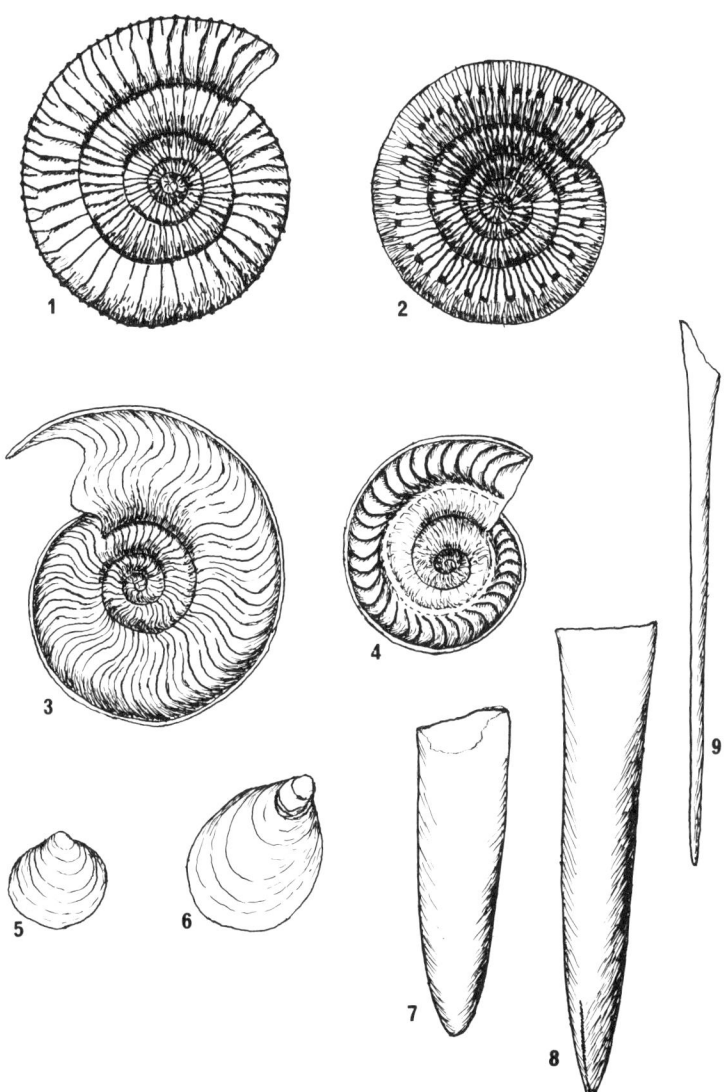

Fossilien des Lias Epsilon: 1 *Dactylioceras commune;* 2 *Peronoceras fibulatum;* 3 *Pseudolioceras lythense;* 4 *Hildoceras bifrons;* 5 *Posidonia bronni;* 6 *Inoceramus dubius;* 7 *Dactyloteuthis irregularis;* 8 *Belmnites paxillosus;* 9 *Salpingoteuthis acuaria.*

men. Offenbar war der Nahrungsanfall erheblich und ermöglichte eine reiche Besiedlung des Meeres auch mit größeren Arten. Und auf dieser Grundlage konnte sich ja dann auch die reiche Wirbeltierfauna entwickeln.

Unter den Ammoniten ist das schon im Lias Delta vorkommende *Phylloceras heterophyllum* (Sow.) auch im Epsilon noch vorhanden, wenngleich nicht sehr häufig. Auch die Lytoceraten sind vertreten durch das sehr groß werdende *Lytoceras cornucopiae* (YOUNG & BIRD) mit seiner ausgeprägten Anwachsstreifung. Der häufigste Ammonit, der oft in großer Zahl ganze Schichtflächen bedeckt und die *Communisbank* im Fränkischen Jura ganz erfüllt, ist das selten größer als 5 cm werdende *Dactylioceras commune* (Sow.), mit einem ziemlich weitnabligen Gehäuse zahlreicher Windungen, die (bei körperlicher Erhaltung) einen fast kreisförmigen Querschnitt aufweisen. Sie haben zahlreiche, schmale, ziemlich dicht gestellte Radialrippen, die sich nach außen hin vergabeln. Seltener ist daneben *Peronoceras fibulatum* (Sow.), das bei ähnlicher Gehäusegestalt wie *Dactylioceras* sich von diesem dadurch unterscheidet, daß die Flankenrippen an ihrer Gabelungsstelle einen kurzen Stachel tragen.

Dactylioceras und *Peronoceras* erinnern mit ihrem weiten Nabel und den Radialrippen noch an die Ammoniten, die im Lias Beta und Gamma typisch waren, wie *Echioceras, Prodactylioceras* u. a. In den Vordergrund tritt aber nunmehr mit den Sichelrippern (Harpoceratiden) eine Formengruppe, welche auch in den folgenden Stufen eine große Rolle spielt. Die Sichelripper können recht engnablig werden; Anwachsstreifen und Rippen sind stark sichelförmig geschwungen; die Außenseite der Windung ist zugeschärft und oft in Form eines schmalen und scharfen Außenkieles abgesetzt. Die größte Windungsdicke liegt meist nahe dem Nabelrand, so daß der Windungsquerschnitt häufig hochdreieckig wird. Mit den Amaltheen, die ja auch ähnlich geschwungene Rippen haben, haben diese Harpoceraten nichts zu tun.

Unter den verschiedenen Sichelrippern des Posidonienschiefers ist recht häufig das groß werdende *Pseudolioceras lythense* (YOUNG & BIRD) mit ziemlich engnabligem Gehäuse, sichelförmig geschwun-

Tafel 3
Amaltheus margaritatus MONTFORT, Pliensbachium, Lias Delta, Breitenbach/Württemberg (× 0,7); *Dactylioceras raristriatum* (QUENSTEDT), Toarcium, Lias Epsilon, Boll/Württemberg (× 0,8); *Harpoceras subplanatum* (OPPEL), Toarcium, Lias Jura Epsilon, Altdorf/Franken (× 0,9); *Grammoceras thouarsense* (ORBIGNY), Toarcium, Lias Jura Zeta, Eichert bei Göppingen (× 0,9).

gener Anwachsstreifung und entsprechender, schwacher, wellenförmiger Berippung. Dem sichelförmigen Schwung entspricht es, daß auch die Schalenmündung gleichermaßen geschwungen und an der Außenseite (Peripherie) in einem spitzen Schnabel (Rostrum) vorgezogen ist. *Hildoceras bifrons* (BRUGUIÈRE), der ebenfalls recht groß werdende zweite ziemlich häufige Sichelripper von Epsilon unterscheidet sich dadurch, daß die Sichelrippen auf der Flankenmitte durch eine Spiralfurche unterbrochen werden.

Ein charakteristisches Element der Fossilgemeinschaft sind auch die Belemniten. *Belemnites paxillosus* reicht noch in die Posidonienschiefer hinein. Dazu kommt mit *Dactyloteuthis irregularis* (SCHLOTH.) eine kurze, zylindrische Form mit abgerundeter Spitze sowie als besonders auffälliger Typus die sehr langgestreckte, schlanke, spitz zulaufende *Salpingoteuthis acuaria* (SCHLOTH.). Erwähnt seien die gelegentlichen Funde von Schulpen von Kalmaren mit erhaltenem Tintenbeutel.

Die Muscheln sind vor allem vertreten durch die kleine, fast kreisrunde *Posidonia bronni* VOLTZ mit sehr deutlicher Anwachsstreifung. Ihre Schälchen bedecken oft in unzähligen Exemplaren ganze Schichtflächen, vor allem im oberen Epsilon. Nach dieser Art wird Lias Epsilon als Posidonienschiefer bezeichnet. Häufig ist daneben noch der etwas größer werdende *Inoceramus dubius* SOW. mit schiefovalem Schalenumriß und weitstehenden, deutlichen Anwachsstreifen. Schnecken fehlen fast ganz.

Die fünfeckigen Stielglieder von Pentacrinen registrierten wir in allen Stufen des Lias; sie finden sich auch im Posidonienschiefer. In ihm aber kommen dank günstiger Erhaltungsbedingungen auch vollständige Exemplare vor. Sie haben mehrere Meter lange Stiele, die jeweils die Krone mit ihren verzweigten Armen tragen. Es handelt sich um einen Pentacriniden, der zu der Gattung *Seirocrinus* gestellt wird. Diese Seirocrinen sitzen oft angewachsen auf Stämmen, die als Treibholz im Meere schwammen. Solche Treibholzreste sind ziemlich häufig, oft auch mit Muschelbewuchs (*Inoceramus*). Sie deuten ebenso wie die seltenen Flugsaurierreste auf das relativ nahe Festland. Erwähnt seien hier auch die häufig vorkommenden Stücke von Gagat: Das ist zu einer schwarzen, glänzenden Masse mit muscheligem Bruch umgewandeltes Holz.

Lias Zeta
Oberer Abschnitt des Toarcium

In ihrem oberen Abschnitt werden die Posidonienschiefer mergeliger. Diese Entwicklung setzt sich verstärkt im Lias Zeta des Schwäbischen Jura fort: Er besteht in der Hauptsache aus etwas helleren, bräunlichen oder braungrauen Mergeln. In diese schalten sich Lagen von Kalkknollen und in wechselnden Abständen Kalkmergelbänke ein. Die Mächtigkeit schwankt sehr. Sie kann in der mittleren Alb maximal bis auf 12 m anschwellen, aber wenig entfernt davon bis auf 0,6 m absinken. In solchen Fällen ist die Stufe oft durch sandig-ooidische Mergelkalkbänke gebildet, in denen lokal Ammonitenkonzentrationen zu beobachten sind. Auch in den Vorkommen etwas größerer Mächtigkeit sind oft Anzeichen von Wiederaufarbeitung der Sedimente festzustellen: Man trifft auf lokale Fossilanhäufungen und Steinkerne mit Serpel- oder Muschelbewuchs. Diese Erscheinungen wie auch die starken Mächtigkeitsschwankungen zeigen flaches bis flachstes Wasser und eine gewisse Krustenbeweglichkeit an, durch die ein in Schwellen und Becken gegliedertes Relief des Meeresgrundes entstand. Vielleicht ragten die Schwellenzonen gelegentlich sogar über den Meeresspiegel heraus. Diese Situation hat sich schon im oberen Posidonienschiefer vorbereitet, der, wie wir oben betonten, nicht überall vorhanden ist.
Die Zetamergel liegen im allgemeinen als mehr oder wenige dicke Decke über der durch die Posidonienschiefer gebildeten Verebnung im Anschluß an die obere Liasgeländekante. Da sie einen guten Akkerboden geben, sind diese Flächen meist landwirtschaftlich genutzt. Aufschlüsse finden sich gelegentlich im Hangenden von Epsilonschieferbrüchen. Die Fossilien der Zetamergel finden sich dann im Abraum der Schieferbrüche.
Im Fränkischen Jura wird der Lias Zeta von blaugrauen bis graugrünen, sehr fossilreichen Tonmergeln gebildet. Sie enthalten Phosphorit-, aber auch Kalkknollen und führen Toneisensteingeoden und Eisen-Mangan-Schwarten. Örtlich reicht die Fazies des Lias Epsilon noch in das Zeta hinauf. Auch hier schwankt die Mächtigkeit recht erheblich zwischen 1 und 6 m. Wie Lias Epsilon ist auch im Zeta am Rande des Bayerischen Waldes eine küstennahe Randfazies entwickelt mit Sandstein, Sandmergel, ooidischen Kalkstein- und Kalksandsteinbänkchen. In dieser Randfazies kann die Mächtigkeit bis zu 7 m ansteigen.
In den Fossilgemeinschaften des Lias Zeta finden sich hin und wie-

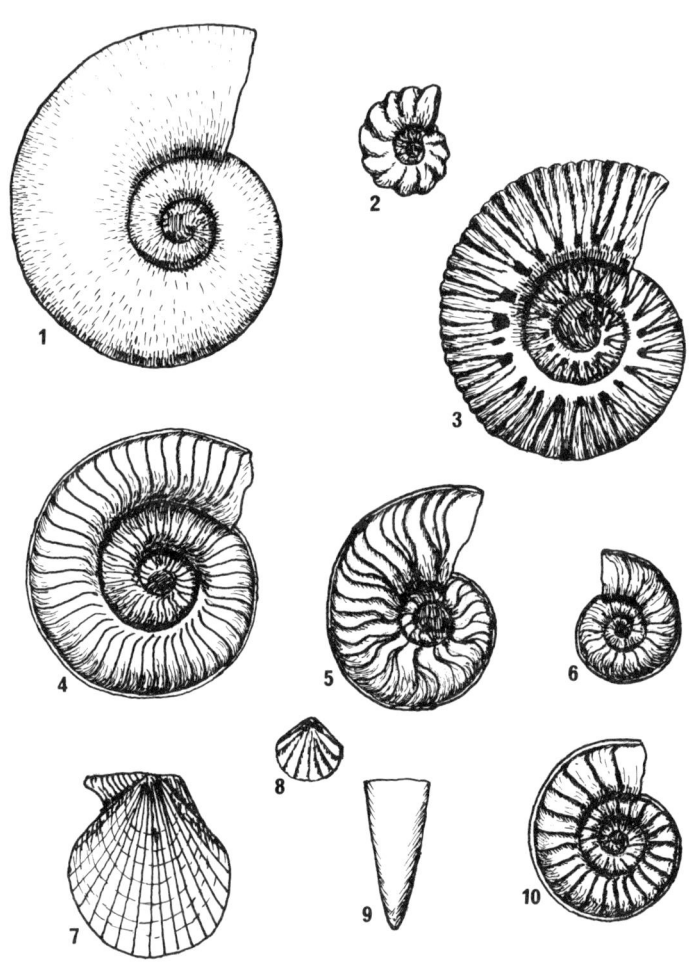

Fossilien des Lias Zeta: 1 *Lytoceras jurense;* 2 *Pleurolytoceras hircinum;* 3 *Hammatoceras insigne;* 4 *Grammoceras radians;* 5 *Esericeras eseri;* 6 *Pleydellia aalensis;* 7 *Chlamys textoria;* 8 „*Rhynchonella variabilis";* 9 *Odontobelus brevirostris;* 10 *Dumortieria costula.*

der eine Rhynchonellidenschale oder auch der eine oder andere Steinkern kleiner, nicht eindeutig bestimmbarer Schnecken. An Muscheln treffen wir den schon in den Posidonienschiefern häufigen *Inoceramus dubius* und die uns aus den tieferen Liasstufen schon bekannte *Chlamys textoria* (GOLDF.). Auch Pentacrinusstielglieder sind vorhanden. Recht häufig sind die unregelmäßig gestalteten Serpularöhren, oft auf Ammonitensteinkernen aufgewachsen. Das häufigste und absolut vorherrschende Element der Fossilgemeinschaft aber sind die Ammoniten.

Die Lytoceraten sind durch das recht groß werdende und sehr häufige *Lytoceras jurense* (ZIETEN) vertreten, dessen Steinkerne zwar nicht die Anwachsstreifung, aber meist recht gut die stark zerschlitzte Lobenlinie zeigen. Die Art ist überall häufig und mit Recht sprach QUENSTEDT daher von Jurensismergeln. Weniger häufig, aber recht bezeichnend ist ein zweiter Lytoceratide, das *Pleurolytoceras hircinum* (SCHLOTH.). Es bleibt kleiner als das *Lytoceras jurense* und zeichnet sich durch zahlreiche, sehr ausgeprägte Einschnürungen auf den Windungen aus. Dem im Posidonienschiefer so häufigen *Dactylioceras* nahe steht das weitnablige, kräftig berippte *Catacoeloceras crassum* (YOUNG & BIRD), dessen Windungen breiter als hoch sind. Ein sehr typischer Ammonit der Jurensismergel ist das *Hammatoceras insigne* (ZIETEN). Der Nabel dieses mäßig engnabligen Ammoniten ist treppenförmig vertieft, da die größte Windungsdicke nahe dem Nabelrand liegt. Die schwach gewölbten Flanken konvergieren nach außen, und auf der Außenseite ist ein schwacher gerundeter Kiel. Am Nabelrand sitzen rundliche Knoten, von denen aus Radialrippen über die Flanken verlaufen.

Die formenreichste Entwicklung aber zeigen die Sichelripper (Harpoceraten), deren Bestimmung freilich wegen ihrer großen Variabilität nicht immer einfach ist. Wir erwähnen das *Grammoceras radians* (REINECKE), das ein nicht sehr großes, flach scheibenförmiges, ziemlich weitnabliges Gehäuse, einfache, relativ weitstehende Sichelrippen und einen deutlich abgesetzten Außenkiel hat. *Pleydellia aalensis* (ZIETEN) bleibt im allgemeinen etwas kleiner. Seine sichelförmig geschwungenen Flankenrippen sind am Nabelrand am kräftigsten und nach außen hin vergabeln sie sich. Auf der äußeren Flankenhälfte können sich auch kürzere, schwächere Rippen einschalten. *Esericeras eseri* (OPPEL) wird etwas engnabliger und hochmündig. Die Sichelrippen sind am Nabelrand schwach und verstärken sich nach außen hin. Der Außenkiel ist gut abgesetzt und kann ziemlich hoch werden. *Dumortieria costula* (REINECKE) ist ziemlich weitnablig. Die Windungen haben hochovalen Querschnitt, und die weitstehenden, einfachen Rippen sind fast ganz gerade und radialgestellt. Der Außenkiel ist sehr schwach.

Auch die Belemniten sind in den Jurensismergeln häufig. Die lange, schlanke, spitze *Salpingoteuthis acuaria* (SCHLOTH.) und die dicke kurze, zylindrische *Dactyloteuthis irregularis* (SCHLOTH.), die wir beide schon aus dem Posidonienschiefer kennen, sind auch hier typische Formen. Dazu kommt noch der sehr kurze, konische *Odontobelus brevirostris* (ORBIGNY).

Der Mittlere Jura (Brauner Jura oder Dogger) und seine Fossilien

Dogger Alpha
Unterer Abschnitt des Aalenium

Dem wenig mächtigen und sehr wechselvoll ausgebildeten Abschlußglied des Lias folgt mit den im Mittel 100 m mächtigen Opalinustonen des Dogger Alpha wieder eine sehr monotone Schichtfolge. Sie zeigt kontinuierliche und gleichförmige Stillwassersedimentation, also wohl wieder etwas tieferen Wassers und verstärkte Absenkung an. Es sind dunkle, blauschwarze oder dunkelgraue Tone und Tonmergel, die blättrig oder bröckelig zerfallen und in der Verwitterung bräunlich werden. Schwefelkies ist fein verteilt und auch in größeren Konkretionen in der ganzen Folge vorhanden. Nach oben hin stellt sich ein zunehmender Glimmergehalt ein. Gelegentlich und örtlich schalten sich auch dünne Kalkmergelbänkchen ein. In ihnen finden sich häufig dicht gepackt Muschelschalen oder Pentacrinusstielglieder. Verbreitet kommen auch Toneisensteinknollen und Kalkmergelkonkretionen vor, gelegentlich in Lagen angereichert. Die Kalkmergelkonkretionen enthalten häufig gut erhaltene Fossilien. Im obersten Teil kommt zu dem Glimmer auch ein schwacher Sandgehalt. Er ist in den Wasserfallschichten, die die Obergrenze von Dogger Alpha markieren, zu einigen festen Sandsteinbänken konzentriert.

Über der Verebnung des oberen Lias bildet die mächtige Tonfolge des Dogger Alpha flache, oft grasbewachsene Hänge. Sie neigen zu Rutschungen, weil härtere Bänke fehlen und die Schichten unter der Verwitterungsdecke wasserundurchlässig sind. Die Hänge haben daher oft wellige Rutsch- und Fließformen. Wo Bäche herabkommen,

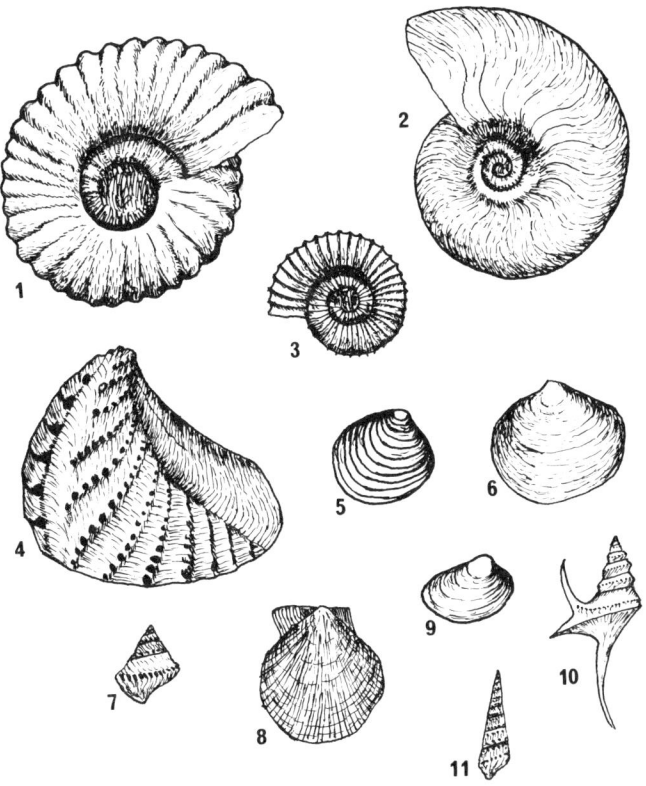

Fossilien des Dogger Alpha: 1 *Pachylytoceras torulosum*; 2 *Leioceras opalinum*; 3 *Tmetoceras scissum*; 4 *Scaphotrigonia navis*; 5 *Astarte opalina*; 6 *Lucina plana*; 7 „*Trochus torulosus*"; 8 *Camptonectes lens*; 9 *Palaeonucula hammeri*; 10 *Alaria subpunctata*; 11 *Cerithium armatum*.

räumen sie in den wenig widerstandsfähigen Tonen oft tief eingeschnittene und schwer zugängliche Schluchten aus, wie etwa das Teufelsloch in der Gegend von Boll. Am oberen Ende dieser Schluchten existiert meist ein durch die härteren Wasserfallschichten hervorgerufener Wasserfall, wie etwa der Zillhauser Wasserfall in der Balinger Gegend.

Im Fränkischen Jura ist die Ausbildung des Dogger Alpha sehr ähnlich: dunkel- bis blaugraue, blättrige, z. T. glimmerhaltige Tone und Mergel. In den höheren Lagen sind Toneisensteingeoden und Kalksandsteinbänke eingelagert. Durch vermehrte Einschaltung von Sandsteinen geht der Opalinuston allmählich in den hangenden Braunjura Beta über. Es treten Pyrit und gelegentlich Gipskristalle auf. Im allgemeinen ist der Opalinuston fossilarm, und nur in den untersten Teilen finden sich Fossilanreicherungen. Da über dem Opalinuston das durch die hangenden, wasserdurchlässigen Schichten herabsickernde Wasser gestaut wird, ist die Obergrenze von Dogger Alpha ein Quellhorizont. Auch im Fränkischen Jura kennzeichnen unruhige Rutschformen mit schiefstehenden Bäumen die Hänge des Opalinustones. Die rund 100 m betragende Mächtigkeit am Hesselberg und im Raum von Bamberg reduziert sich bis auf 6 – 8 m im südöstlichen, zur Zeit des Jurameeres landnahen Raum von Regensburg und Bodenwöhr.

Nach der arten- und individuenreichen Ammonitenfauna, die wir im Lias Zeta registrierten, zeigt der Dogger Alpha eine auffällig verarmte Fauna. Nur zwei Ammoniten spielen eine etwas größere Rolle, finden sich aber in allen Aufschlüssen. Einer davon ist *Pachylytoceras torulosum* (ZIETEN), ein Lytoceratide. Er wird nicht sehr groß; seine Windungen haben einen fast kreisförmigen Querschnitt und sind von breiten, wulstförmigen Radialrippen umgürtet. Der zweite ist *Leioceras opalinum* (REINECKE), der viel häufiger vorkommt als *Pachylytoceras*. *Leioceras opalinum* ist ein sehr engnabliger, hochmündiger, diskusförmiger Sichelripper ohne eigentliche Berippung, aber mit deutlichen, sichelförmigen Anwachsstreifen, die sich aufgabeln. Gelegentlich finden sich neben den glatten Formen auch solche, bei denen ganz flache, verwaschene Sichelrippen auftreten. Weil *Leioceras opalinum* überall vorkommt, sprach QUENSTEDT von den Opalinustonen.

Selten findet man neben diesen beiden Typusammoniten noch das *Tmetoceras scissum* (BENECKE), einen ziemlich weitnabligen, kleineren Ammoniten, dessen Windungen fast kreisförmigen Querschnitt haben; über die Windungen verlaufen hohe, schmale Radialrippen. In den Tonen sind die Ammoniten meist verdrückt und zerfallen sehr leicht. In den Kalkmergelkonkretionen sind sie körperlich und gut erhalten. Es fällt auf, daß, wie auch bei den anderen Fossilien des Opalinustons, meist die Schale erhalten und zu einer weißen, kreidigen Masse umkristallisiert ist.

Unter den Muscheln muß besonders die schöne dreieckige *Scaphotri-*

gonia navis (LAMARCK) erwähnt werden. Von ihrem nach hinten gerichteten Wirbel zieht nach dem hinteren Unterrand eine kräftige Kante, die eine hintere, fein gestreifte Area von dem vorderen Abschnitt trennt. Letzterer ist durch schräg verlaufende Knotenreihen verziert. In den Kalkmergelbänkchen findet sich – mitunter gehäuft (Lucinenbänkchen) – die kleinere, fast kreisrunde *Astarte opalina* QUENSTEDT mit mäßig vorspringendem Wirbel und kräftigen, konzentrischen Rippen sowie die ebenfalls fast kreisrunde, schwach gewölbte *Lucina plana* ZIETEN mit glatter Schalenoberfläche. Nicht selten ist auch die kleine, nach hinten verlängerte, kräftig gewölbte *Palaeonucula hammeri* (DEFRANCE). Auch eine kleine *Posidonia* kommt vor sowie Pectiniden, z. B. die berippte *Chlamys textoria* (GOLDFUSS) und die glattschalige, flache *Camptonectes lens* (SCHLOTHEIM).

Bei gründlichem Suchen wird man auch kleine Schnecken entdecken, so das schlanke, turmförmige, mit spiralen Knotenreihen verzierte „*Cerithium*" *armatum* MÜNSTER oder die ebenfalls turmförmige, aber weniger schlanke *Alaria subpunctata* MÜNSTER mit einer spiralen Knotenreihe, deren Mundrand, wenn man ihn vollständig im Gestein findet, in drei lange, schlanke, leicht geschwungene Fortsätze ausläuft. Eine konische, aber nicht turmförmig erhöhte Spirale mit einer Knotenreihe auf dem zugeschärften, peripheren Rand hat „*Trochus*" *torulosus* QUENSTEDT.

In den Mergelkalkbänkchen können lokal gehäuft auch Pentacrinusstielglieder vorkommen.

Dogger Beta
Oberer Abschnitt des Aalenium

Der Dogger Beta bildet ein standfesteres und widerstandsfähigeres Schichtglied als der Dogger Alpha. Bedingt ist das durch die Wechselfolge von sandigen Tonen, sandig-flaserigen Tonmergeln und zwischengeschalteten, sandigen, häufig ooidischen Kalkmergelbänken sowie seinen Sandsteinen. Schon erwähnt wurde der Quellhorizont an der Grenze von Alpha zu Beta, der dadurch entsteht, daß diese Schichten über den wasserundurchlässigen Opalinustonen wasserdurchlässig sind. Häufig kommt es über den zum Fließen neigenden Opalinustonen in den steileren Böschungen des Dogger Beta auch zu kleinen Bergrutschen.

Über den Wasserfallschichten setzt Dogger Beta mit sandigtonigen und flaserigen Schichten ein. In sie ist eine recht weit verfolgbare, wenn auch nicht überall ausgebildete Sandsteinbank eingeschaltet, deren Schichtflächen unregelmäßig mit oft zopfähnlich aussehenden Wülsten bedeckt sind; QUENSTEDT hat sie als Zopfplatte bezeichnet. Diese „Zöpfe" sind im wesentlichen Kriechspuren, die auf dem festeren, sandigen Grund, wenn sie rasch eingedeckt wurden, erhalten blieben. Sie zeigen reiches Bodenleben an. In der westlichen Alb folgt eine schwer zu gliedernde, einheitliche, sandig-flaserige Tonmergelfolge. In sie schalten sich von Ort zu Ort in wechselnder Zahl und Mächtigkeit festere, sandig-ooidische Mergelkalkbänke ein. In diesen können Fossilien nesterweise gehäuft auftreten. Das sowie konglomeratische Lagen und Anzeichen von Wiederaufarbeitung zeigen stark bewegtes Wasser an, verursacht z. T. wohl durch Strömungen, z. T. wohl auch durch eine bis zum Grund sich auswirkende Wellenbewegung. Die Wassertiefe war wohl recht gering.

In der östlichen Alb, ungefähr von der Gegend von Kirchheim u. T. an nach Osten, wird das Profil durch einige Sandsteinhorizonte gegliedert. Es handelt sich um feinkörnige, häufig glimmerige, bräunliche Sandsteine, oft mit Kreuzschichtung mit kalkigem oder sideritischem Bindemittel. Diese Sandsteine wurden früher vielfach als Bausteine verwendet (z. B. Ruine Staufeneck bei Süßen). In der Gegend von Geislingen (Filstal) liegt schon tief unten im Profil der untere Donzdorfer Sandstein. Von ihm durch sandflaserige Tone getrennt, folgt etwas höher der von Kirchheim an nach Osten überall gut entwickelte Personatensandstein. Ganz oben liegt dann schließlich der obere Donzdorfer Sandstein. In die sandig-flaserigen Tone zwischen Personaten- und oberem Donzdorfer Sandstein schalten sich noch einige weniger mächtige und weniger weit aushaltende Sandsteinbänke ein. Bemerkenswert ist das Vorkommen von Brauneisenoolithen mit kalkigem Bindemittel und einem wechselnd hohen Sandgehalt. Dank ihres relativ hohen Eisengehaltes wurden sie früher als Eisenerz abgebaut. Das untere Eisenerzflöz liegt unmittelbar über dem Personatensandstein. Ungefähr 12 – 14 m höher folgt ein zweites, oberes Flöz, und lokal (in der Gegend von Aalen) liegt dazwischen noch ein kleineres Zwischenflöz. In der mittleren Schwäbischen Alb erreicht der Dogger Beta Mächtigkeiten von 60 – 75 m, nimmt in der Ostalb auf 35 – 40 m ab und auch in der Westalb auf rund 40 m in der Gegend von Balingen und 20 m im Gebiet der Wutach.

Im Fränkischen Jura ist der Dogger Beta als sogenannter „Eisensandstein" vorwiegend sandig ausgebildet. Die sandige Fazies, die schon in der Ostalb mit den eingeschalteten Sandsteinhorizonten einsetzt, wird mit Annäherung an das östliche und südöstliche Festland vorherrschend. Die feinkörnigen und schräggeschichteten Sande und Sandsteine sind in frischem Zustand weiß, grau und grünlich; verwittert werden sie gelb bis braun und rötlich. Ihnen zwischengeschaltet sind Lagen dunkler Tone und Limonitlagen bzw. Roteisenerzflöze. Die Erze sind ooidisch, mehr oder weniger sandhaltig oder Trümmererze. Sie wurden früher an vielen Stellen abgebaut (z. B. Pfraunfeld). Auf den Äckern machen sich die Flöze durch intensive rötliche Färbung des Bodens bemerkbar. Hervorzuheben wäre noch die sogenannte Grabgangfazies, in der Sandsteine und Tone von verschieden dicken, sandgefüllten Grab- und Wühlbauten durchsetzt sind. Sie ist ein Analogon zur Zopfplatte im Schwäbischen Jura. Der Eisensandstein ist sehr fossilarm. Nur einzelne Bänke führen eine reichere Fauna, vor allem von Muscheln. Die Mächtigkeit schwankt schon auf kurze Entfernungen sehr stark zwischen 20 und 120 m. Das zeigt ein relativ starkes Relief des Meeresbodens mit Becken und Schwellen an, wohl auch eine verstärkte Krustenbeweglichkeit. Auch hier handelt es sich um Sedimente durchweg flachen und bewegten Wassers wie im Schwäbischen Jura.

Der relativ feste sandige Meeresgrund und das gut durchlüftete, bewegte Flachwasser bieten günstige Lebensbedingungen. Das wird durch die weit verbreiteten Grab- und Wühlbauten bestätigt, die ein reiches Bodenleben anzeigen. Örtlich kann der Dogger Beta daher recht fossilreich werden. Die Fossilien finden sich vorwiegend in den festeren ooidischen Mergelbänken.

Die Ammonitenfauna bleibt aber noch immer relativ monoton und formenarm. Im untersten Dogger Beta kommt noch das *Tmetoceras scissum* (BENECKE) vor, das wir schon aus dem oberen Opalinuston kennen. Neben ihm kommt in den gleichen Schichten mit *Leioceras comptum* (REINECKE) noch eine Leiocerasart vor, die sich von *Leioceras opalinum* durch das Auftreten flacher Sichelrippen unterscheidet. Im übrigen ist Dogger Beta durch das fast ausschließliche Vorkommen von Sichelrippern gekennzeichnet, die sich – mit recht großer Variabilität – um *Ludwigia murchisonae* (SOWERBY) gruppieren. Als besonders häufige und typische Art hat sie die Bezeichnung Ludwigia- oder Murchisonaeschichten veranlaßt. *Ludwigia murchisonae* ist eine mäßig engnablige, hochmündige Form mit ziemlich dicken Windungen, von deren abgeflachten Flanken sich die Außenseite absetzt, die einen kräftigeren, glatten Mittelkiel trägt. Die Flanken sind mit kräftigen Sichelrippen verziert, die sich am Nabel-

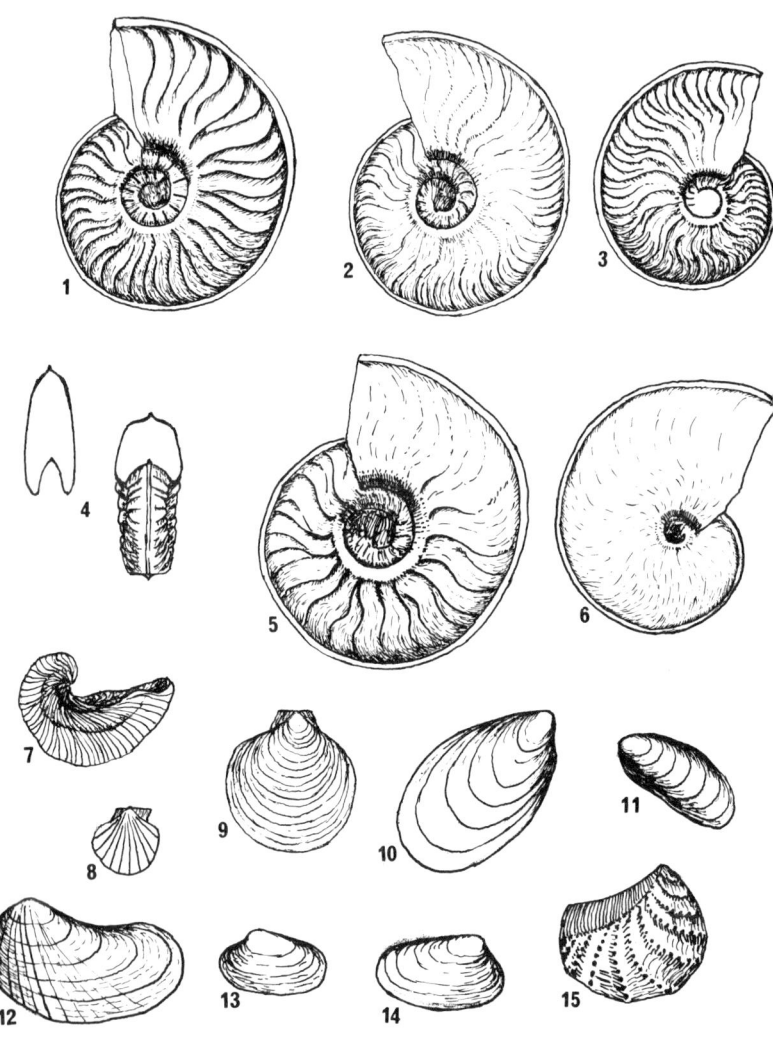

Fossilien des Dogger Beta und Gamma: 1 *Ludwigia murchisonae;* 2 *Ludwigia bradfordensis;* 3 *Graphoceras concavum;* 4 *Ludwigia obtusa;* 5 *Staufenia sinon;* 6 *Staufenia staufensis;* 7 *Liogryphaea calceola;* 8 *Variamussium personatum* (Steinkern); 9 *Entolium demissum;* 10 *Inoceramus fuscus;* 11 *Modiola gregaria;* 12 *Pholadomya;* 13 *Homomya;* 14 *Pleuromya;* 15 *Scaphotrigonia formosa.*

rand vergabeln. *Ludwigia bradfordensis* (BUCKMANN) unterscheidet sich durch schwächere und dichter stehende Rippen. *Ludwigia obtusa* (QUENSTEDT) dagegen wird wesentlich dicker und hat eine ziemlich breite, abgeflachte Außenseite. *Graphoceras concavum* (SOWERBY) wird wesentlich engnabliger, und die Berippung ist stark abgeschwächt. Als Gattung *Staufenia* gliedert man Formen ab, die hochmündiger werden und deren Flanken vom Nabelrand zu der mit Außenkiel versehenen Außenseite deutlich konvergieren. Der Nabel kann sehr eng werden, und die im allgemeinen schwache Berippung kann fast ganz verschwinden. *Staufenia sinon* (BAYLE) hat in seinen Innenwindungen noch eine der *Ludwigia murchisonae* fast gleiche Berippung. Sie schwächt sich auf den Außenwindungen sehr ab und kann schließlich ganz verschwinden. Der Nabel ist relativ weit. *Staufenia staufensis* (OPPEL) wird engnablig und hochmündig, diskusförmig und ist fast ganz glatt. Im ganzen erweisen sich die Ludwigien und Staufenien als sehr variabel und, wenn man eine größere Zahl von Exemplaren hat, wird es schwer, die zahlreichen Arten, die beschrieben worden sind – nur einige wenige haben wir hier herausgegriffen –, klar zu sondern. Es ist unwahrscheinlich, daß die vielen beschriebenen Arten einer gründlichen Analyse standhalten.

Der eintönigen Ammonitenfauna steht eine vielgestaltige Muschelfauna gegenüber. Die Muscheln können recht häufig werden. *Liogryphaea calceola* (QUENSTEDT) erinnert an *Liogryphaea arcuata* des Lias Alpha, hat aber eine weniger tiefe, schüsselförmige Unterschale. Häufig sind Pectiniden: *Entolium demissum* (PHILL.) mit fast kreisrunder, glatter Schale und zwei gleichen, kleinen Ohren kann ziemlich groß werden. *Camptonectes lens* (SOWERBY) bleibt kleiner, hat einen schiefen Umriß, ungleiche Ohren und schwache Radialrippen. Das kleine *Variamussium personatum* (ZIETEN) ist außen glatt, hat aber einige Radialrippen auf der Schaleninnenseite. Es ist im Personatensandstein häufig, der daher seinen Namen hat. Eine dem *Inoceramus dubius* aus dem Posidonienschiefer ähnliche Art ist *Inoceramus fuscus* QUENSTEDT. Die langovale, stark gewölbte *Modiola gregaria* ZIETEN mit endständigem Wirbel ist nicht selten. Der *Scaphotrigonia navis* aus dem Opalinuston ähnlich, aber ziemlich selten ist *Scaphotrigonia formosa* (LYCETT). Häufiger findet man die nach hinten stark verlängerte, ovale *Pleuromya,* bei der sich ein dünner Fortsatz des rechten Schloßrandes über einen ähnlichen Fortsatz des linken Schloßrandes legt. Die ähnliche *Homomya* hat einen glatten Schloßrand, und die beiden Klappen klaffen hinten. Sehr bezeichnend und nicht selten ist die nach hinten verlängerte, hinten

klaffende, sehr kräftig gewölbte *Pholadomya,* bei der außer den Anwachsstreifen einige wenige Radialrippen auftreten. Pholadomyen,
Pleuromyen und Homoyen sind grabende Muscheln mit dünner
Schale und daher häufig verdrückt und mehr oder weniger stark
verformt. Reste von Schnecken und Brachiopoden finden sich selten.

Gelegentlich stößt man auf Seeigelstacheln. Bezeichnend ist vor allem der lange, mit Dornen besetzte Stachel von *Rhabdocidaris horridus* (MERIAN), der einen unregelmäßig abgeplatteten Querschnitt
hat. Auch Pentacrinusstielglieder kommen vor. Selten findet man
auch Reste von Krebsen, so etwa den Panzer der an einen Fluß-
krebs erinnernden *Eryma aalensis* QUENSTEDT.

Dogger Gamma
Unterer Abschnitt des Bajocium

Dogger Gamma setzt im Schwäbischen Jura ein mit harten, knolligen, oft ooidischen, gelegentlich eisenooidischen Mergelkalkbänken. Darüber folgen sandige Tone und Tonmergel, in die sich lokal
nie sehr weit aushaltende Sandbänke einschalten. Sie zeigen auf den
Schichtflächen eigenartige, wedelförmige Kriechspuren, weshalb sie
QUENSTEDT als Wedelsandstein bezeichnet. Es sind im allgemeinen
graue, mürbe Sandsteinbänkchen, in die sich tonige Lagen einschalten. Nach oben hin schließt Dogger Gamma wieder mit den harten,
oft ooidischen Kalksandsteinbänken ab, die ihrer blaugrauen Farbe
wegen als Blaukalke angesprochen werden. Der Sandgehalt, die verbreitete Oolithfazies und die Kriechspuren auf den Wedelsandstei-
nen deuten auch für den Dogger Gamma flaches und bewegtes
Wasser an. Der Dogger Gamma ist nur wenig mächtig. Im äußersten Westen registrieren wir eine Mächtigkeit von 25 m, die in der
Balinger Alb auf 40 m steigen kann; sie nimmt nach Osten auf
15 – 30 m in der mittleren und 3 – 15 m in der Ostalb ab.
Im Fränkischen Jura bleiben die Mächtigkeiten des Dogger Gamma
geringer; sie schwanken zwischen 0 und 6 m, wobei die größten
Mächtigkeiten am nordwestlichen und östlichen Albrand beobach-

Tafel 4
Leioceras opalinum (REINECKE), Aalenium, Dogger Alpha, Boll/Württemberg; *Ludwigia murchisonae* (SOWERBY), Aalenium, Dogger Beta, Aalen; *Sonninia adicra* (WAAGEN), Ba-jocium, Dogger Gamma, Giengen/Fils (× 0,6); *Stephanoceras umbilicum* (QUENSTEDT), Bajocium, Dogger Delta, Öschingen/Württemberg (0,9).

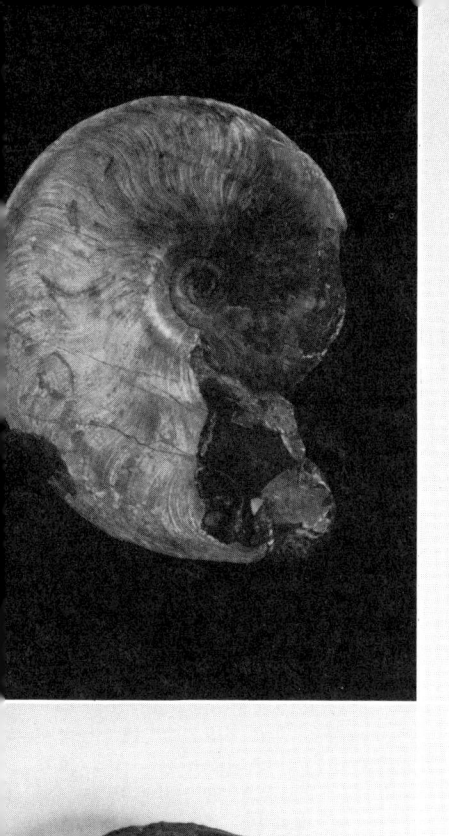

tet werden. Er setzt mit einer konglomeratischen Kalksandsteinbank ein. Es folgen mehr oder weniger harte Mergel- und Kalksandsteinbänke, die meist von plattig zerfallenden, blaugrauen, harten Kalksandsteinen überlagert werden. Das Profil ist also, bei sehr reduzierter Mächtigkeit, dem des Schwäbischen Jura doch recht ähnlich. Örtlich sind Phosphoritknollen und Geröllbänke in tieferen Lagen eingeschaltet. Brauneisenooïde sind klein und treten anders als in den folgenden Schichten nur spärlich auf. Verwitterung wandelt die Färbung der Dogger Gamma-Gesteine ins Bräunliche ab.

Im allgemeinen ist der Dogger Gamma fossilarm, doch kommen örtliche Fossilanreicherungen vor. Interessant ist ein Korallenvorkommen bei Thalmässing. Auch die sandigen Tone und Wedelsandsteine sind im allgemeinen fossilarm, doch in den härteren Bänken des unteren Abschnittes und in den Blaukalken des oberen Abschnittes sind Fossilien örtlich etwas häufiger.

Wie im Dogger Beta, so ist auch im Dogger Gamma die Ammonitenfauna recht monoton. Die Ludwigien sind verschwunden. An ihre Stelle treten in der unteren Hälfte von Gamma als leitende Ammoniten die nur gelegentlich etwas häufigeren Sonninien auf. *Sonninia sowerbyi* (MILLER) ist das Leitfossil für den unteren Dogger Gamma. Der mäßig engnablige Ammonit hat Windungen mit hochovalem Querschnitt und gewölbten Flanken. Ein kräftiger Hohlkiel, der ziemlich hoch werden kann, sitzt auf der Außenseite. Auf den Flanken sind kräftige, weitstehende, schwach sichelförmig geschwungene Rippen entwickelt. Jede dritte oder vierte ist auf der Flankenmitte durch einen kräftigen Knoten verdickt. Neben *Sonninia sowerbyi* kommen noch einige nahe verwandte, ähnliche Arten der Gattung vor. Wir erwähnen die engnablige und schwächer berippte *Sonninia fissilobata* (WAAGEN).

Mit den Sonninien klingt die im oberen Lias einsetzende Zeit der Sichelripper aus. Im oberen Dogger Gamma erscheint mit der Gattung *Otoites* ein ganz andersartiger Typus: Dicke Windungen mit querovalem Querschnitt, deren Breite im allgemeinen größer ist als die Höhe, bilden ein dickes, mäßig engnabliges Gewinde mit ziemlich tief eingesenktem Nabel. Auf der inneren Hälfte der Flanken sind weit gestellte Radialrippen vorhanden, die auf der Flankenmitte in 2 – 3 Teilrippen aufgabeln. Diese ziehen unverändert über die Außenseite weg. Das auffälligste Merkmal ist, daß sich die letzte Windung gegen den Mundrand zu verengt. Der Mundrand selber setzt sich auf beiden Seiten in lange, ovale Ausbuchtungen („Ohren") fort. Mit *Otoites* setzt der Formenkreis der Stephanoceratiden

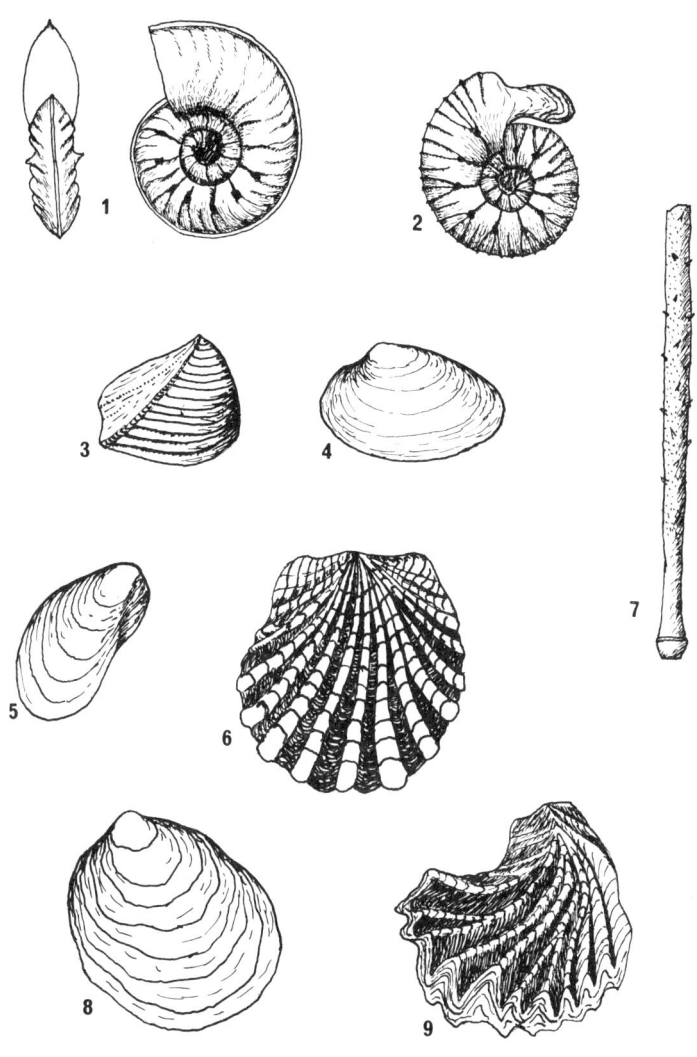

Fossilien des Dogger Gamma und Delta: 1 *Sonninia sowerbyi;* 2 *Otoites sauzei;* 3 *Trigonia costata;* 4 *Gresslya gregaria;* 5 *Modiola cuneata;* 6 *Ctenostreon pectiniforme;* 7 *Cidaris praenobilis;* 8 *Liostrea eduliformis;* 9 *Lopha marshi.*

ein mit im allgemeinen niederen und dicken Windungen und kräftiger Berippung. Die Typusform des Dogger Gamma ist der dicke *Otoites sanzei* (ORBIGNY). Weniger dick gebläht und mit schwächeren Rippen verziert ist *Emileia macrocephala* (QUENSTEDT).

Die Begleitfauna der Ammoniten ist wie im Dogger Beta recht vielgestaltig und vor allem durch die häufigen Muscheln gekennzeichnet. Die Muschelfauna ist im wesentlichen die gleiche wie im Dogger Beta. Es genügt, darauf hinzuweisen, daß das im Dogger Beta häufige *Variamussium personatum* verschwunden ist, daß *Trigonia costata* PARKINSON – es hat statt der Knotenreihen von *Scaphotrigonia navis* schräg gestellte, glatte Rippen auf der vorderen Schalenhälfte – nun etwas häufiger wird, daß zu den Pleuromyen nunmehr als besonders häufige Form *Gresslya gregaria* (ZIETEN) tritt. Bei ihr greift der Schloßrand der rechten Klappe über den der linken und auf der Innenseite des rechten Schloßrandes findet sich eine schwielige Verdickung, an der das Ligament ansetzt. Am Steinkern erscheint diese Verdickung als Furche.

Gelegentlich finden sich kleine Korallen, Pentacrinusstielglieder sowie Seeigelstacheln, unter denen neben dem schon aus Dogger Beta erwähnten *Rhabdocidaris horridus* noch ein langer, zylindrischer, ebenfalls mit kleinen Dornen besetzter Stachel vorkommt (*Cidaris praenobilis* QUENSTEDT). Bryozoenbewuchs auf Muschel- und Ammonitenschalen ist häufig zu beobachten.

Dogger Delta
Oberer Abschnitt des Bajocium

Dogger Delta zeigt im Schwäbischen Jura eine von Ort zu Ort recht wechselnde Profilentwicklung. Im Westen und im Osten der Schwäbischen Alb liegen über den Blaukalken des Dogger Gamma zunächst eisenooidische, oft etwas sandige Kalkmergel. Im mittleren Teil der Schwäbischen Alb werden sie durch dunkle Tone und Tonmergel ersetzt. In ihnen treten in Lagen angeordnete Kalkkonkretionen auf, die oft mit Muschelschalen gespickt sind (Muschelknollen). Im mittleren und oberen Abschnitt des Dogger Delta herrschen tonig-mergelige Schichten vor, die meist dunkel gefärbt sind und in der Verwitterung braun werden. In sie schalten sich immer wieder, in wechselnden Niveaus, festere, oft eisenooidische Mergelkalkbänke ein. Eine ooidische Kalkmergelbank des mittleren Abschnittes läßt sich fast durch das ganze Gebiet von Westen nach Osten verfolgen. Es ist der sogenannte Subfurcatenoolith, der einen guten Leit-

horizont bildet. Eine weitere, weit verbreitete ooidische Mergelkalk-
lage ist der Parkinsonioolith im obersten Teil von Dogger Delta.
Dieser Parkinsonioolith ist von QUENSTEDT schon dem Dogger Epsilon zugerechnet worden. Neuerdings ist vorgeschlagen worden, diesen Leithorizont als oberes Delta noch in den Dogger Delta einzu-
beziehen. Das ist zweckmäßig, weil dann die Grenze Delta/Epsilon
mit der Grenze Bajocium/Bathonium der internationalen Gliederung zusammenfällt.

In der schwäbischen Ostalb treten die tonigen Zwischenlagen zwischen den ooidischen Mergelkalkbänken mehr und mehr zurück,
um ganz im Osten fast völlig zu verschwinden. Die Mächtigkeit von
Dogger Delta, die in der mittleren und der Westalb um 40 – 45 m
beträgt und im Wutachgebiet etwas abnimmt (35 m), schrumpft daher nach Osten bis auf 8 m zusammen.

Im Fränkischen Jura setzt die reduzierte Entwicklung der schwäbischen Ostalb fort mit einer noch weiter verringerten, zwischen 0,5
und 5 m schwankenden Mächtigkeit. Der Dogger Delta besteht zumeist aus Mergel-, Mergelkalk- und Kalksteinen, die gelbbraun bis
braun verwittern, im frischen Zustand aber grau bis blaugrau sind
und zahlreiche Brauneisenooide enthalten. Die Stufe ist im allgemeinen recht fossilreich.

Die Fossilgemeinschaften des Dogger Delta zeigen eine bemerkenswerte Vielgestaltigkeit. Auch die Ammonitenfauna zeigt sich nun
vielgestaltiger als in den vorausgehenden Stufen, freilich nur, wenn
man den Dogger Delta als Ganzes nimmt. Die verschiedenen Typen
erscheinen nacheinander und lösen sich ab. Das gestattet eine
Untergliederung von Delta. Vorherrschendes Element sind die Stephanoceratiden. In den untersten Schichten ist es *Stephanoceras
humphriesianum* (SOWERBY), ein ziemlich weitnabliger Ammonit,
dessen kaum sich umgreifende Windungen breiter als hoch sind. Da
aber die Dickenzunahme der Windungen mäßig ist, ist der Nabel
nicht sehr eingesenkt. Kräftige, weitstehende Radialrippen enden
auf der Flankenmitte in einem Knoten, von dem aus zahlreichere,
kleinere, über die Außenseite wegziehende Rippen ausgehen. Etwas
höher, aber noch mit *Stephanoceras* zusammen vorkommend, setzt
der auffälligste Ammonit des Dogger Delta ein, *Teloceras blagdeni*
(SOWERBY), ein recht groß werdender Ammonit mit sehr niedrigen,
sich kaum umgreifenden Windungen. Ihre Breite aber, die zwei- bis
dreimal so groß wie die Höhe wird, nimmt sehr rasch zu, so daß der
Nabel sehr tief eingesenkt ist. Das wird noch dadurch betont, daß
die weitstehenden, radialen Rippen auf der hoch herausgehobenen

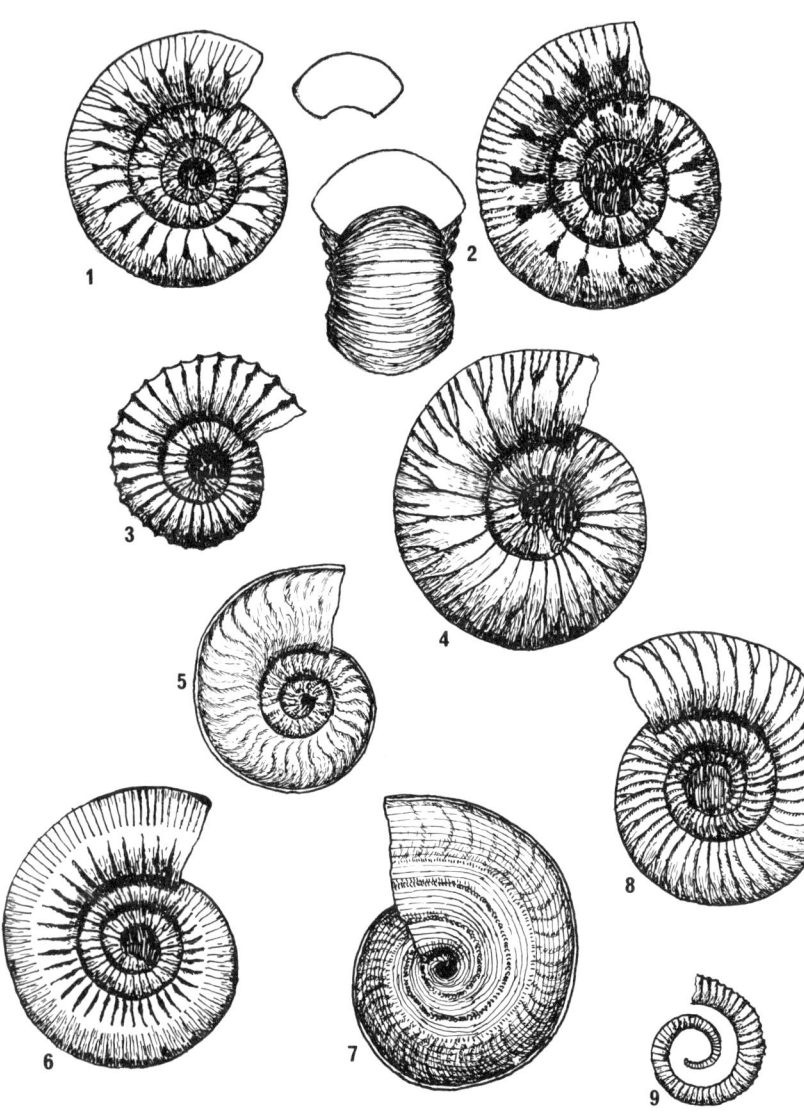

Ammoniten des Dogger Delta: 1 *Stephanoceras humphriesianum;* 2 *Teloceras blagdeni;*
3 *Strenoceras subfurcatum;* 4 *Garantiana garantiana;* 5 *Dorsetensia deltafalcata;* 6 *Bigotites funatus;* 7 *Strigoceras truellei;* 8 *Parkinsonia parkinsoni;* 9 *Spiroceras.*

Flankenmitte in kräftigen Knoten enden. Von diesen ziehen dann je drei feinere Rippen über die sehr breite, nur schwach gewölbte Außenseite weg. Das sind die „Coronaten" QUENSTEDTS.

Es folgt mit *Strenoceras subfurcatum* (ZIETEN) ein Ammonit, der dem Subfurcatenoolith seinen Namen gab. *Stephanoceras* und *Teloceras*, die das untere Delta kennzeichnen, sind verschwunden. Der Subfurcatenoolith leitet das mittlere Delta ein. *Strenoceras subfurcatum* bleibt wesentlich kleiner als *Stephanoceras* oder *Teloceras* und ist relativ weitnablig. Seine Windungen haben einen breitovalen bis fast kreisförmigen Querschnitt. Die weitstehenden, schmalen Flankenrippen bleiben einfach oder gabeln sich auf der Flankenmitte. Auf der gerundeten Schalenaußenseite unterbricht eine Außenfurche die Rippen. Die schon neben *Strenoceras* erscheinende *Garantiana garantiana* (ORBIGNY) reicht etwas weiter nach oben, bis an die Obergrenze von Mitteldelta. Sie wird etwas engnabliger und dicker; die Gabelung der Flankenrippen ist ausgeprägter. Auf eine Flankenrippe kommen 3 – 4 Außenrippen, die auf der Außenseite durch eine Furche unterbrochen werden.

Im Parkinsonioolith, den wir als Oberdelta einreihen, ist *Garantiana* verschwunden. Der nunmehr leitende und typische Ammonit ist *Parkinsonia parkinsoni* (SOWERBY), ein etwas größer werdender Ammonit mit mäßig weitem Nabel und hochovalen Windungen, so daß anders als bei den vorausgehenden Stephanoceraten, die Spirale flacher, scheibenförmig wird. Die schwach nach vorn geneigten Flankenrippen gabeln sich nach außen. Sie sind auf der Schalenaußenseite durch eine Furche unterbrochen. Neben der Typusart *Parkinsonia parkinsoni* finden sich seltener noch einige nahe verwandte Arten der Gattung, die engnabliger und hochmündiger werden.

Zu diesen Leitammoniten des Dogger Delta kommen noch einige weitere. Mit *Dorsetensia deltafalcata* (QUENSTEDT), einer relativ weitnabligen und hochmündigen Form mit hohem Außenhohlkiel und welligen flachen Sichelrippen, reichen die Sonninien noch in die untere Hälfte des Dogger Delta hinein. Mit der hochmündigen, diskusförmigen, engnabligen *Oppelia subradiata* (SOWERBY) setzt der Formenkreis der Oppelien ein, der uns bis in den oberen Malm begleiten wird. *Oppelia subradiata* hat, wenn überhaupt, nur schwach angedeutete Sichelrippen und eine zugeschärfte Außenseite, aber keinen abgesetzten Kiel. Der ziemlich weitnablige *Bigotites funatus* (OPPEL) hat einen hochovalen Windungsquerschnitt und kräftige, weitstehende Radialrippen, die auf der Flankenmitte verschwinden. Auf der äußeren Flankenhälfte setzen zahlreiche feinere

Rippen ein, die über die Außenseite wegziehen. *Leptosphinctes pseudomartinsi* (SIEMIR.) bleibt kleiner, hat dickere Windungen und auf der äußeren Flankenhälfte sich gabelnde Radialrippen. Mit diesen beiden Ammoniten setzt der Formenkreis der Perisphincten ein, der später im Malm eine große Rolle spielen wird. Ein seltener, aber sehr bemerkenswerter Ammonit ist das sehr hochmündige und engnablige, diskusförmige *Strigoceras truellei* (ORBIGNY) mit zugeschärfter Außenseite, aber ohne abgesetzten Außenkiel und mit kräftiger Spiralstreifung.

Ganz besonders bemerkenswert aber sind die Spiroceraten, die nicht überall vorkommen. Bei ihnen bilden die im Querschnitt kreisförmigen und mit Radialrippen verzierten Windungen eine weite Spirale, in der die Windungen sich nicht berühren.

Neben den Ammoniten spielen auch die Belemniten eine ziemlich große Rolle. Bemerkenswert ist die große, einen halben Meter Länge erreichende *Megateuthis gigantea* (SCHLOTHEIM), deren große Rostren häufig mit Röhrenwürmern besetzt sind (*Serpula*). Ein kleineres und schlankes Rostrum mit einer sehr kräftigen Längsfurche, die gegen die Spitze zu sich verliert, hat *Belemnopsis canaliculata* (SCHLOTH.). Bei *Belemnopsis württembergica* (OPPEL), ebenfalls mit Längsfurche, verdickt sich das Rostrum nach hinten etwas, läuft dann aber in eine scharfe Spitze aus.

Die Muschelfauna ist noch formenreicher entwickelt als im Gamma. *Gresslya gregaria* (ZIETEN), die Pleuromyen und Pholadomyen, die wir schon aus dem Gamma kennen, sind auch im Dogger Delta noch häufige Komponenten der Fossilgemeinschaften. Auch *Trigonia costata* kommt noch vor. Am auffälligsten aber und überall häufig sind zwei große Austernarten. Es ist einmal *Liostrea eduliformis* (SCHLOTHEIM), deren unregelmäßig gestaltete, lamellöse Schale der heutigen Speiseauster ähnlich ist. Die zweite Auster ist *Lopha marshi* (SOWERBY), deren Schalen eine kräftige radiale Wellung zeigen, wobei die Wellenkämme zugeschärft sind. Der Schalenrand wird dadurch zickzackförmig („Hahnenkammauster"). Ebenfalls großwüchsig und durch die lamellöse und etwas unregelmäßige Schalengestalt austernähnlich ist das nicht zu den Austern, sondern zu den Limiden gehörige *Ctenostreon pectiniforme* (SCHLOTHEIM) mit breiten, gerundeten Radialrippen. Auch die kleinere, schief ovale, dick gewölbte *Modiola cuneata* SOWERBY mit endständigem Wirbel ist nicht selten.

Schnecken spielen im Dogger Delta nur eine geringe Rolle. Aber die Brachiopoden, die in den tieferen Stufen des Dogger ziemlich

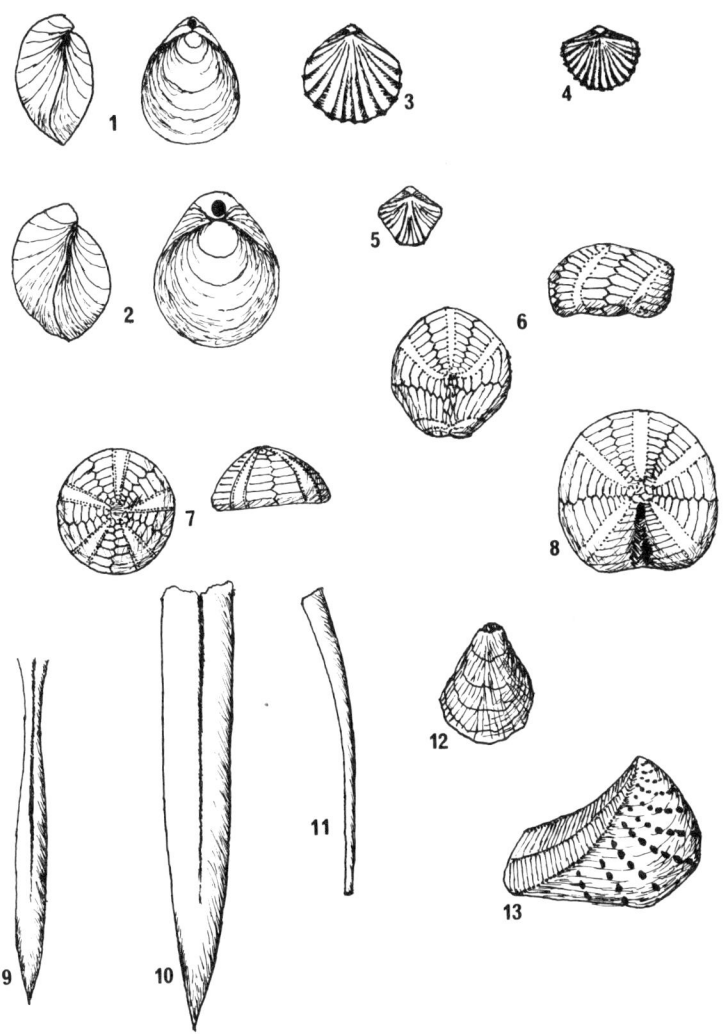

Fossilien des Dogger Delta und Epsilon: 1 *Goniothyris perovalis;* 2 *Wattonithyris würt-tembergica;* 3 *Formosarhynchia quadriplicata;* 4 *Cardinirhynchia acuticosta;* 5 *Rhyn-chonelloidella alemanica* (= ,,Rhynchonella varians''); 6 *Collyrites ringens;* 7 *Holectypus depressus;* 8 *Echinobrissus decollatus;* 9 *Belemnopsis württembergica;* 10 *Belemnopsis canaliculata;* 11 *Dentalium;* 12 *Liostrea knorri;* 13 *Myophorella clavellata.*

zurücktraten, werden nunmehr häufige und bezeichnende Komponenten der Fossilgemeinschaften. Vor allem eine ziemlich große, kräftig gewölbte, ovale Terebratel mit kräftigen Anwachsstreifen ist häufig, die *Goniothyris perovalis* (SOWERBY). Dazu kommen einige Rhynchonellen, so die ziemlich breite *Cardinirhynchia acuticosta* (ZIETEN) mit fast halbkreisförmigem Umriß und zahlreichen Radialrippen. Ebenso kommt dazu die weniger breite, nahezu kreisförmige *Formosarhynchia quadriplicata* (ZIETEN) mit vier relativ breiten Rippen auf dem Medianwulst und einigen wenigen Rippen seitlich davon.

Pentacrinusstielglieder und die Stacheln von *Cidaris* und von *Rhabdocidaris* sind häufiger als im Dogger Gamma. Gelegentlich kann man im Dogger Delta nun auch die Gehäuse von irregulären (bilateralen) Seeigeln finden, so den kreisrunden *Holectypus depressus* LESKE mit flacher Unterseite, auf der hinter der zentral gelegenen Mundöffnung die größere, ovale Afteröffnung liegt. Die Ambulakralzonen gehen strahlenförmig vom zentral gelegenen Scheitelschild auf der mäßig erhobenen, konischen Oberseite aus. Gelegentlich findet sich auch *Echinobrissus decollatus* (QUENSTEDT) mit ovalem Umriß und einer vom Scheitelpol nach hinten verlaufenden tiefen Furche, in welcher die Afteröffnung sitzt. Auch der interessante *Collyrites ringens* AGASSIZ kommt gelegentlich vor. Er ist gekennzeichnet durch einen gerundet pentagonalen Umriß und ein steil abfallendes Hinterende, an dem die Afteröffnung sitzt. Vor allem aber dadurch, daß auf der Oberseite die Ambulakralzonen nicht im Zentrum zusammenlaufen.

Auf den häufigen Schalenbewuchs durch Serpularöhren haben wir schon hingewiesen. Auch auf den Schalen aufgewachsene Bryozoen sind nicht selten.

Dogger Epsilon
Bathonium

Der Parkinsonioolith des oberen Delta geht nach oben in tonige Schichten über, die noch den Parkinsonischichten angehören. Eine im Gesteinscharakter deutlich erkennbare Grenze in den dunklen Tonen und Tonmergeln des Dogger Epsilon fehlt. In den Tonen sind häufig Lagen von Kalkkonkretionen (Laibsteinen) zu finden, die oft schalig verwittern. Nach oben hin werden die Tone kalkiger und mergeliger. Diese normale tonige Entwicklung des Dogger Epsilon findet sich freilich nur in der mittleren und westlichen Schwä-

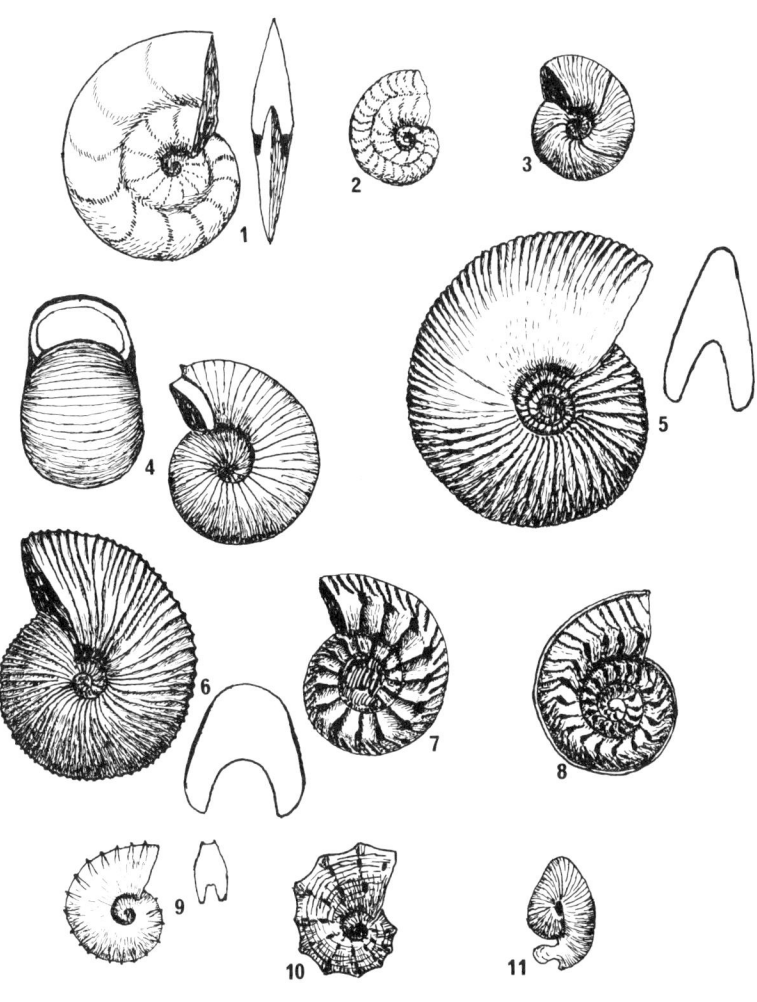

Ammoniten des Dogger Epsilon und Zeta: 1 *Oxycerites aspidoides;* 2 *Oxycerites fuscus;*
3 *Morphoceras polymorphum;* 4 *Tullites microstoma;* 5 *Parkinsonia württembergica;*
6 *Macrocephalites macrocephalus;* 7 *Zigzagiceras zigzag;* 8 *Hecticoceras hecticum;*
9 *Distichoceras bicostatum;* 10 *Phlycticeras pustulatum;* 11 *Oecoptychius refractus.*

bischen Alb. Dogger Epsilon hat in der Reutlinger Alb eine Mächtigkeit von ungefähr 8 m und nimmt nach Westen bis zu einer Mächtigkeit von rund 30 m im Gebiet der Wutach zu. Nach Osten nimmt die Mächtigkeit rasch bis auf 1 – 2 m ab. Bei dieser reduzierten Mächtigkeit besteht die Stufe nur noch aus einigen Kalkmergelbänkchen mit Tonzwischenlagen.

Im Fränkischen Jura wird Dogger Epsilon aus ooidischen, grauen bis bräunlichen, oft auffällig rotbraun bis schokoladenbraun verwitternden Mergeln, Tonmergeln oder Tonen mit eingeschalteten Mergelkalkbänken gebildet. Brauneisenooide sind in wechselnder Menge vorhanden. Sie können relativ groß werden und sind meist größer als die Ooide des Dogger Delta. Nördlich der Linie Nürnberg–Pegnitz herrscht eine Mergeltonfazies und südlich dieser Linie eine Mergelkalkfazies. Die wie in der schwäbischen Ostalb, mit der auch die Fazies weitgehend übereinstimmt, geringe Mächtigkeit schwankt zwischen 0,2 m bei Thalmässing und 4,5 m im westlichen Teil der Alb. In der Oberpfalz kann örtlich eine Mächtigkeit von 7 m erreicht werden.

Leitfossil des Dogger Epsilon ist der sehr engnablige und hochmündige *Oxycerites aspidoides* (OPPEL) (Aspidoides- oder Oxyceritesschichten), ein Angehöriger der Oppelien mit mäßig zugeschärfter Außenseite und fast glatter Oberfläche. Eine daneben vorkommende zweite Art der Gattung, *Oxycerites fuscus* (QUENSTEDT), unterscheidet sich durch etwas ausgeprägtere Berippung. Bei ihr treten auf der inneren Flankenhälfte schwache, nach vorn geneigte Rippen auf, und auf der äußeren Flankenhälfte sind flache Rippen, die einen nach hinten konvexen Bogen bilden. Auf der Flankenmitte kann eine ganz flache Spiralfurche angedeutet sein, die Innen- und Außenrippen trennt. Die Gattung *Parkinsonia*, welche den oberen Dogger Delta kennzeichnet, reicht mit engnabligen, hochmündigen Vertretern noch in das untere Epsilon.

Morphoceras polymorphum (ORBIGNY) ist mäßig engnablig, hat hochovale, ziemlich dicke, die vorhergehenden umgreifende Windungen und schmale nach vorn geneigte Flankenrippen. Zwischen sie schalten sich auf der äußeren Flankenhälfte noch zusätzliche Rippen ein. In unregelmäßigen Abständen sind Einschnürungen vorhanden. Mit *Tullites microstoma* (ORBIGNY) kommt ein an *Otoides* des Dogger Gamma erinnernder, sehr engnabliger und dicker Ammonit vor. Er hat dichtstehende Rippen, die sich gabeln; die letzte Windung geht aus der regelmäßigen Spirale heraus, und die Mündung verengt sich. Auch die Perisphincten sind vertreten mit weitnabligen und nicht sehr groß werdenden Vertretern. Ihre Windungen umgreifen sich wenig und haben mehr oder weniger kreisförmigen Querschnitt.

Unter den Muscheln treffen wir die schon im Delta verbreiteten Pholadomyen, Pleuromyen und Gresslyen an. Die Pectiniden sind durch *Entolium demissum* (PHILL.) und *Camptonectes lens* (SOWERBY) vertreten. Neben der schon im Delta verbreiteten *Trigonia costata* PARKINSON findet sich *Myophorella clavellata* (PARKINSON) mit Knotenreihen ähnlich wie *Scaphotrogonia navis;* aber die Knotenreihen sind hier wesentlich unregelmäßiger. Die großen Austern des Dogger Delta sind verschwunden. Sie fanden in der tonigen Fazies keine zusagenden Lebensbedingungen. Stellenweise sehr häufig ist aber eine kleine, fein berippte Auster, *Liostrea knorri* (ZIETEN): Man spricht deshalb gelegentlich von Knorritonen.

Ein häufiges Fossil in den Epsilontonen ist das leicht gebogene, dünne, nach vorn sich schwach erweiternde Röhrchen von *Dentalium parkinsoni* QUENSTEDT (Dentalienschichten).

Während die große *Megateuthis gigantea* auf Dogger Delta beschränkt bleibt, reichen *Belemnopsis canaliculata* (SCHLOTHEIM) und *Belemnopsis württembergica* (OPPEL) noch in den Dogger Epsilon hinein.

An Brachiopoden treffen wir die ziemlich große und dick gewölbte *Wattonithyris württembergica* (OPPEL), die an *Goniothyris perovalis* aus dem Delta erinnert. Besonders häufig und typisch aber ist *Rhynchonelloidella alemanica* (= *Rhynchonella varians*), die gelegentlich Kalkmergelbänkchen ganz erfüllt (Variansschichten). Es ist eine kleine Rhynchonellide mit gerundet pentagonalem Umriß und kräftigen Radialrippen.

Die Cidarisstacheln und die irregulären Seeigel, die wir im Delta registrierten, finden sich auch im Epsilon.

Dogger Zeta
Callovium

Den Tonen des Dogger Epsilon folgt eine Oolithbank, die durch den ganzen Schwäbischen Jura verfolgt werden kann. Sie hat eine wenig schwankende mittlere Mächtigkeit von 1 m und wird nur im äußersten Südwesten etwas mächtiger. Sie ist häufig eisenooidisch entwickelt, vor allem im Südwesten. Diesen Oolithhorizont, den Macrocephalenoolith, den QUENSTEDT noch in den Dogger Epsilon eingereiht hatte, stellen wir als Unterzeta in diese oberste Dogger-

stufe, um damit die Epsilon-Zeta-Grenze mit der Grenze zwischen Bathonium und Callovium der internationalen Gliederung in Übereinstimmung zu bringen. Über dem Macrocephalenoolith folgt eine geschlossene tonige und tonig-mergelige Serie mit Schwefelkieskonkretionen. Im obersten Abschnitt treten Phosphoritknollen auf; z. T. werden die Tone auch glaukonitisch. Diese Zetatone erreichen ihre größte Mächtigkeit von 35 m bis über 40 m in der Gegend von Hechingen und Balingen. Sie nehmen nach Westen bis auf eine Mächtigkeit von rund 5 m ab; es schalten sich eisenooidische Lagen ein, die im äußersten Westen vorherrschend werden.
Während des 2. Weltkrieges dachte man an ihre Ausbeutung als Eisenerz. Auch nach Osten nimmt die Mächtigkeit auf rund 25 m in der mittleren Alb und 10 – 15 m in der Ostalb ab. Im äußersten Osten des Schwäbischen Jura gehen die Zetatone in eine kalkigmergelige, z. T. eisenooidische Fazies über, und die Mächtigkeit schrumpft auf 2 – 3 m zusammen.
Im Fränkischen Jura ist der Macrocephalenoolith durch ooidische, gelb- bis dunkelbraune Mergel, Tonmergel, Kalkmergel und Mergelkalke mit eingeschalteten Kalksteinbänken vertreten. Die Brauneisenooide sind oft nesterartig angereichert. Südlich der Linie Hersbruck–Pegnitz–Troschenreuth herrscht kalkige Fazies bei einer geringen Mächtigkeit von höchstens 1 m. Nördlich dieser Linie sind die Schichten mehr tonig mit Phosphoriten und Pyrit. Die Mächtigkeit ist größer und kann im Gebiet des Staffelsteins 15 m erreichen. Darüber folgen, den Zetatonen des Schwäbischen Jura entsprechend, graue bis dunkelblaugraue Tonmergel, z. T. auch festere Mergel mit Glaukonitgehalt. Phosphoritknollen und phosphoritische Fossilien, z. T. auch Pyritknollen und pyritisierte Fossilien („Goldschnecken") finden sich häufig. Die Schichten sind im allgemeinen fossilreich. Die Mächtigkeit schwankt zwischen 0,6 m am Hesselberg und rund 9 m im Norden am Staffelstein. Durch eine Abtragungsphase vor Beginn des Oberen Jura kann der Dogger Zeta stellenweise ganz fehlen, so daß der Malm dann unmittelbar tieferen Stufen aufliegt.

Tafel 5
Choffatia homoeomorpha (BUCKMAN), Bathonium, Dogger Epsilon, Blumberg/Baden (× 0,9); *Kosmoceras spinosum* (SOWERBY), Callovium, Dogger Zeta, Boll/Württemberg (× 0,9); oben *Parkinsonia parkinsoni* (SOWERBY), Bajocium, Dogger Epsilon, Geyern/Franken; unten *Hecticoceras quenstedti* TSYTOVITCH, Callovium, Dogger Zeta, Boll/Württemberg; *Macrocephalites macrocephalus* (SCHLOTHEIM), Callovium, Dogger Epsilon, Ehningen/Württemberg (× 0,5).

Die Tonfolge des oberen Dogger (Epsilon und Zeta) ist im allgemeinen schlecht erschlossen. Das liegt daran, daß unmittelbar darüber der durch den Oberen Jura gebildete Steilabfall der Alb folgt, dessen Schuttfuß diese Schichten weitgehend überdeckt.

Im unteren Abschnitt von Dogger Zeta, dem Macrocephalenoolith und den diesem entsprechenden Schichten, ist das Leitfossil der *Macrocephalites macrocephalus* (SCHLOTHEIM). Es ist ein engnabliger, dick geblähter Ammonit mit hochovalen, weit umgreifenden Windungen und vorwärts geneigten, außen sich gabelnden Rippen, die unverändert über die breit gerundete Außenseite wegziehen. Während *Macrocephalites macrocephalus,* der schon in den Grenzschichten von Epsilon zu Zeta einsetzt, auf das untere Zeta beschränkt bleibt, geht das gleichzeitig mit ihm erscheinende *Hecticoceras hecticum* (REINECKE) durch das ganze Zeta hindurch. *Hecticoceras hecticum* ist ein kleiner, ziemlich weitnabliger, flach scheibenförmiger Ammonit mit hochovalen, außen zugeschärften Windungen. Ihre Flanken haben kräftige, auf der Flankenmitte verdickte, vorwärts geneigte Rippen. Sie werden auf der Flankenmitte schmäler und biegen in gerundetem Winkel nach hinten ab, wobei sich gleichzeitig noch zusätzliche Rippen einschalten. *Hecticoceras* variiert sehr stark zwischen weitnabligen, kräftig berippten und engnabligen, schwächer berippten Formen, in ähnlicher Weise, wie wir das bei den Amaltheen des Lias Delta beobachtet haben. Es sind dementsprechend von dem typischen *Hecticoceras hecticum* zahlreiche weitere Arten abgegliedert worden. Doch auch hier dürften einer genaueren Analyse der Variabilität nicht alle ausgeschiedenen Arten standhalten.

Distichoceras bicostatum (STAHL) hat ein engnabliges, scheibenförmiges Gehäuse mit glatten Flanken, auf deren äußerem Abschnitt kurze Rippen einsetzen. Die schmale, aber abgeplattete Außenseite wird von zwei Knötchenreihen umsäumt, in denen die Rippen enden. *Distichoceras baugieri* (ORBIGNY) ist etwas weitnabliger und dicker mit ganz glatten Flanken, während die die Außenseite umsäumenden Knoten größer sind. Durch kräftige Spiralstreifung, Engnabligkeit und Außenkiel erinnert das seltene *Phlycticeras pustulatum* (REINECKE) an *Strigoceras truellei* aus dem Delta. Es unterscheidet sich aber durch geringere Größe, dickere Windungen mit gewölbter Flanke und Radialrippen, die auf der Flankenmitte zu Knoten verdickt sind. Ein eigenartiger und ganz aus dem Rahmen fallender Ammonit ist der kleine, sehr engnablige *Oecoptychius refractus* (REINECKE). Seine geblähten Windungen sind mit feinen Ra-

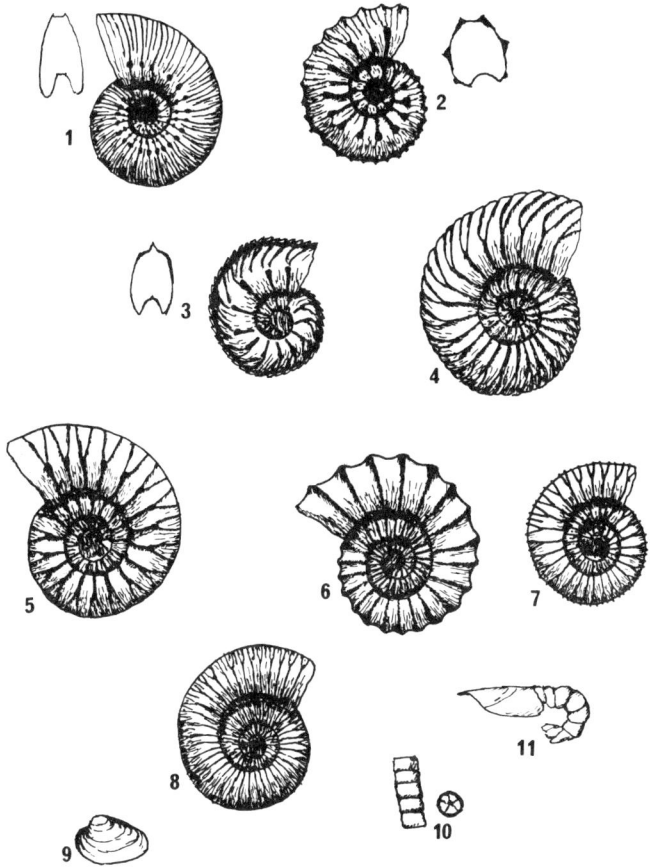

Fossilien des Dogger Zeta: 1 *Kosmoceras jason;* 2 *Kosmoceras ornatum;* 3 *Cardioceras cordatum;* 4 *Quenstedtoceras lamberti;* 5 *Reineckeia anceps;* 6 *Peltoceras athleta;* 7 *Peltoceras annulare;* 8 *Grossouvria convoluta;* 9 „*Nucula";* 10 *Balanocrinus;* 11 *Meco-chirus socialis.*

dialrippen besetzt. Die letzte Windung ist in spitzem Winkel knie-förmig abgebogen, und die Mündung verengt sich etwas, wobei sich der Mündungsrand auf beiden Seiten in ovale Ohren fortsetzt.

Bei *Kepplerites keppleri* (OPPEL), der schon im unteren Zeta erscheint, ist das dicke, engnablige Gehäuse ähnlich berippt wie bei *Macrocephalites*. Aber anders als bei diesem liegt die größte Windungsdicke gleich am Nabelrand, und die Flanken konvergieren von hier aus nach der Außenseite. Die Außenseite selber, die ziemlich schmal ist, zeigt die Tendenz zur Abplattung. Der Windungsquerschnitt wird dadurch gerundet trapezförmig. An *Kepplerites* schließen die eigentlichen Charakterformen des Dogger Zeta an, die Kosmoceraten. Bei ihnen ist die schmale Außenseite abgeplattet und durch eine Knotenreihe beiderseits der Flanken scharf abgesetzt.

Diese Knotenreihen geben der Außenseite das Aussehen einer Außenfurche. Wir erwähnen *Kosmoceras jason* (REINECKE) mit hohem, trapezförmigen Windungsquerschnitt und abgeplatteten Flanken, so daß das mäßig engnablige Gehäuse scheibenförmig wird. Die weitstehenden Flankenrippen sind auf der Flankenmitte durch schwache Knoten verdickt, von dem aus die Flankenrippen sich gabeln und in den Außenknoten enden. Bei *Kosmoceras ornatum* (SCHLOTHEIM) werden die Flanken gewölbt, so daß die größte Windungsdikke mit der Flankenmitte zusammenfällt. Die weitstehenden Flankenrippen enden auf der Flankenmitte in einem stachelförmigen Knoten. Von diesem ziehen zwei Gabelrippen zur Außenseite, wo sie in den stachelförmigen Außenknoten enden. Der Windungsquerschnitt wird dadurch sechseckig. Die Rippen können zugunsten der kräftigen Knoten fast ganz unterdrückt werden. Nach dieser besonders schönen und auffälligen Art hatte QUENSTEDT die Schichten als Ornatentone bezeichnet.

Bei den Kosmoceraten wird die Abplattung der Außenseite, die bei *Kepplerites* angedeutet ist, stark betont. Anders ist das bei *Quenstedtoceras lamberti* (SOWERBY), der im oberen, durch die Phosphoritknollen gekennzeichneten Abschnitt von Dogger Zeta als Leitfossil vorkommt (Lambertiknollen). Bei ihm erfolgt eine Verschmälerung und Zuschärfung der Außenseite. Auch hier liegt, wie bei *Kepplerites*, die größte Windungsdicke nahe am Nabelrand. Die Flanken konvergieren nach außen, so daß der Windungsquerschnitt dreieckig wird. Die nach vorn geneigten Flankenrippen treffen sich auf der schwach zugeschärften Außenseite in einem Winkel, dessen Spitze nach vorn gerichtet ist. Bei *Cardioceras cordatum* (SOWERBY), der sich sehr selten im obersten Zeta findet, wird die zugeschärfte Außenseite als Kiel abgegliedert, der durch die auf ihn sich fortsetzenden Rippen gesägt ist. Dieser Ammonit hat seine Hauptentwicklung in den entsprechenden Schichten des Moskauer Jura und ist auch in Nordwestdeutschland nicht selten.

Wir können somit im Dogger Zeta einen unteren, durch *Macrocephalites* und *Kepplerites,* einen mittleren, durch die Kosmoceraten und einen oberen, durch *Quenstedtoceras* und das seltene *Cardioceras* gekennzeichneten Abschnitt unterscheiden. Die Hecticoceraten gehen durch alle drei Abschnitte.

Im mittleren Abschnitt von Zeta, also in den eigentlichen Ornatentonen, finden wir mit *Reineckeia anceps* (REINECKE) noch einen ziemlich weitnabligen Ammoniten mit kreisförmigem bis querovalem Windungsquerschnitt, mit scharfen, ziemlich weitstehenden Radialrippen, die auf der Flankenmitte zu einem kleinen Knoten verdickt sind und sich in zwei Teilrippen gabeln. Die Teilrippen sind auf der Außenseite durch eine schwache, schmale Außenfurche unterbrochen.

Im oberen Abschnitt von Zeta, also in den Quenstedtocerasschichten, spielt die Gattung *Peltoceras* eine Rolle. Zu ihr zählt man weitnablige Ammoniten mit zahlreichen, sich wenig umgreifenden Windungen, deren Querschnitt annähernd kreisförmig ist – auf der Außenseite mitunter etwas abgeplattet –, und mit scharfen, kräftigen, weitstehenden Radialrippen, die auf der Außenseite meist in zwei Teilrippen gegabelt sind. Bei *Peltoceras athleta* (PHILL.) sind die Radialrippen der Flanken sehr kräftig und weitstehend, außen an der Gabelstelle oft zu Knoten verdickt. Bei *Peltoceras annulare* (REINECKE) sind die Flankenrippen schmäler, feiner und zahlreicher und die Gabelrippen auf der Außenseite leicht zurückgebogen. Schließlich kommt noch dazu als Vertreter der Perisphincten *Grossouvria convoluta* (SCHLOTHEIM), eine weitnablige Form mit nahezu kreisförmigem Windungsquerschnitt und zahlreichen, radialen Flankenrippen, die sich außen gabeln und abgeschwächt über die Außenseite wegziehen.

Dogger Zeta zeichnet sich somit gegenüber den vorausgehenden Stufen durch eine wesentlich vielgestaltigere Ammonitenfauna aus. Die Ammoniten sind in den Tonen zumeist verkiest erhalten. In der Verwitterungszone wird der Schwefelkies in Brauneisen umgewandelt, die Ammoniten werden dann bräunlich. Berühmt geworden sind die schön erhaltenen, gelbbraun glänzenden „Goldschnecken" dieser Schichten im nördlichen Frankenjura.

Der formenreichen Ammonitenfauna steht eine relativ arme Begleitfauna gegenüber. Gelegentlich finden sich die runden Stielglieder einer Seelilie (*Balanocrinus*) oder Seeigelstacheln. Selten kommen auch kleine Rhynchonellen vor. Von Muscheln sind vor allem die kleinen, glatten, dick gewölbten Schälchen von Nuculiden zu erwähnen. Auch kleine turmförmige Schnecken trifft man hin und wieder an. Ziemlich häufig können die länglichen, glatten Kopf-Brust-Panzer eines kleinen Krebses sein (*Mecochirus*). Wenn sie in kleinen Kalkkonkretionen erhalten sind, sind oft auch Reste der Extremitäten noch vorhanden.

Einige Bemerkungen über Ammoniten

Die Ammoniten haben sich in den Stufen des Lias und Dogger als die wichtigsten Fossilien erwiesen. Sie standen nicht nur durch Formenvielfalt und Häufigkeit im Vordergrund, sondern vor allem auch deshalb, weil immer wieder neue Typen erschienen, die an die Stelle von anderen, die verschwanden, traten. Sie erlaubten uns damit als Leitfossilien, die einzelnen Stufen klar abzugrenzen und zu bestimmen. So können wir mit gutem Recht von Psilocerasschichten, Arietenkalk, Amaltheenschichten, Opalinustonen usf. sprechen. Im Rückblick auf Lias und Dogger stellen wir fest, daß sich die neuen Typen jeweils rasch entfalten und danach ebenso rasch wieder verschwinden, um wieder anderen Typen Platz zu machen. So z. B. im Lias *Schlotheimia, Arietites, Oxynoticeras, Echioceras, Uptonia, Amaltheus* und andere. Oder im Dogger *Ludwigia, Sonninia, Otoites, Stephanoceras, Garantiana, Parkinsonia, Macrocephalites* und andere. Nur gelegentlich können wir die Folgetypen unmittelbar von den vorausgehenden ableiten, wie etwa *Arietites* von *Psiloceras, Pleuroceras* von *Amaltheus, Ludwigia* von *Leioceras, Teloceras* von *Stephanoceras, Kosmoceras* von *Kepplerites, Cardioceras* von *Quenstedtoceras.* In der Mehrzahl der Fälle treten die neuen Typen unvermittelt auf. Die Abgrenzung der Stufen wird dadurch erleichtert; sie sind im allgemeinen sehr klar umschrieben.

Im Oberen Jura (Malm) werden wir ein anderes Verhalten der Ammoniten beobachten, das die Abgrenzung und Kennzeichnung der einzelnen Stufen etwas schwieriger als im Lias und Dogger macht. Wir werden langlebige Formenkreise kennenlernen, die nebeneinander durch den ganzen Malm hindurchgehen. Beispiele sind die Perisphincten und Haploceraten, deren frühe Vertreter wir schon aus dem oberen Dogger kennen, oder die Aspidoceraten. Wir werden sogar langlebige Gattungen antreffen, wie etwa *Taramelliceras, Ochetoceras, Sutneria, Glochiceras,* deren Arten vom unteren bis zum oberen Malm eine lückenlose Abwandlungsreihe bilden. Ähnliches können wir im Lias und Dogger nicht einmal bei den langlebigen Formenkreisen der Phylloceraten und Lytoceraten erkennen. Ihre Arten finden sich zwar in verschiedenen Stufen, bilden aber keine geschlossene Abwandlungsreihe. Offenbar handelt es sich bei ihnen um Einwanderer in das süddeutsche Jurameer, die nach kürzerer oder längerer Gastrolle wieder verschwunden sind.

Dieses verschiedene Verhalten der Ammoniten im Lias und Dogger einerseits und im Malm andererseits fordert eine Erklärung.

Die Ammonitenschale ist eine in der Ebene aufgerollte Spirale. Sind ihre Windungen zahlreich, erweitert sie sich langsam, sind sie weniger zahlreich, erweitert sie sich rascher. Im ersten Fall umgreifen sich die Windungen im allgemeinen nur wenig. Der von der Außenwindung umgebene sichtbare Teil der Innenwindungen, der als Nabel bezeichnet wird, ist daher weit, die Spirale ist weitnablig. Im zweiten Fall umfassen sich die Windungen im allgemeinen stärker bis sehr stark: Der Nabel wird eng, die Spirale ist engnablig, involut.

Die ebene Spirale haben die Ammoniten mit dem heute noch lebenden *Nautilus* gemein. Übereinstimmendes Merkmal ist ebenso, daß die Schale durch in regelmäßigen Abständen aufeinanderfolgende Querwände, die sog. Septen, in zahlreiche gasgefüllte Kammern unterteilt wird. Dieser Gaskammerteil der Schale wird als Phragmokon bezeichnet. Der Weichkörper befindet sich in dem Schalenabschnitt, der der letzten Gaskammer folgt, der sog. Wohnkammer. Ihre Länge schwankt sehr zwischen einem halben und eineinhalb Umgängen. Ein die Septen durchbohrender Kanal, die Siphonalröhre, verbindet die Gaskammern des Phragmokons untereinander und mit der Wohnkammer.

Diesen Gemeinsamkeiten der Ammoniten- und Nautilusschale stehen typische Unterschiede gegenüber. Durchbohrt die Siphonalröhre die Septen bei *Nautilus* in mehr oder weniger zentraler Lage, liegt sie bei den Ammoniten unmittelbar an der Peripherie (Schalenaußenseite). Die Septalwand ist bei *Nautilus* nach hinten, gegen den Schalenanfang zu, einfach gewölbt, bei den Ammoniten dagegen schwach nach vorn, gegen die Wohnkammer zu oder flach. Die Linie, in welcher die Septalwand auf die Außenschale trifft, ist bei *Nautilus* mäßig gewellt. Bei den Ammoniten ist der periphere Teil der Septalwand sehr stark verfaltet. Damit wird die Linie, in der das Septum auf die Außenschale trifft, die sog. Suturlinie, entsprechend verfaltet. Bei der Verfaltung unterscheidet man gerundete, nach vorn gerichtete Ausbuchtungen, die sog. Sättel, und nach hinten gerichtete, meist zugespitzte Loben. Die Loben haben bei den Ammoniten der Faltungslinie den Namen Lobenlinie verschafft. Bei den frühen Ammoniten (Goniatiten) sind Sättel und Loben einfach. Bei den fortschrittlicher differenzierten Ammoniten – sämtliche Juraammoniten gehören hierher – sind die Sättel und Loben durch zunehmende randliche Verfaltung des Septums weitgehend unterteilt, so daß die Lobenlinie sehr kompliziert werden kann. Was der Grund für die zunehmende randliche Verfaltung des Septums war, die ihrerseits den komplizierten Verlauf der Lobenlinie bewirkt, wissen wir nicht. Die wahrscheinlichste Erklärung ist die, daß dadurch die Schale gegen den Wasserdruck widerstandsfähiger wird.

Ungeachtet dieser Unterschiede hat man früher Nautiliden und Ammoniten in engere Beziehung gebracht, weil beide eine ebene Schalenspirale haben. Neuere Erkenntnisse haben aber gezeigt, daß die Ammoniten eher mit den Tintenfischen (Sepien) und den Octopoden (Kraken) verwandt sind. Die Nautiliden sind wohl ein konservatives Relikt der frühen, primitiven Cephalopoden.

Die Gaskammern des Phragmokons verleihen der Ammonitenschale im Wasser einen Auftrieb. Man hat die Ammoniten daher als Schwimmformen und wegen ihrer weiten Verbreitung und relativ großen Faziesunabhängigkeit meistens sogar als Hochseeschwimmer betrachtet, vor allem die diskusförmigen oder kugeligen, glatten Typen, die im Wasser nur einen geringen Reibungswiderstand zu überwinden haben. Diese Vorstellung müssen wir heute korrigieren. Die Ammoniten waren sicherlich keine guten Schwimmer. Antriebsorgan für die Schwimmbewegung war wohl wie bei allen Cephalopoden der Trichter. Durch Kontraktion der Kiemenhöhle wurde aus ihm Wasser ausgestoßen, was einen Rückstoßeffekt ergab. Nun liegt aber der Trichter an der peripheren Seite der Schalenmündung. Das heißt, wenn hier ein Rückstoß erfolgt, erhält die Schale einen Drehimpuls. Er würde sich allerdings einpendeln, wenn das Auftriebszentrum des Phragmokons und der Schwerpunkt des Gesamtorganismus (Weichkörper und Schale) weit auseinander liegen. Wenn aber beide nahe beieinander liegen oder gar zusammenfallen, müßte die Schale ins Rotieren kommen. Selbst im günstigsten Falle aber ist das Gesamtsystem Wohnkammer – Phragmokon schwer steuerbar und höchstens zu langsamer Schwimmbewegung befähigt. Wir können das z. B. auch bei *Nautilus* beobachten, der in dieser Hinsicht ähnlichen Bedingungen unterworfen ist wie die Ammoniten.

Die Ammoniten waren also wohl schlechte und langsame, kaum manövrierfähige Schwimmer. Sie waren noch zusätzlich dadurch behindert, daß sie mit dem großen scheibenförmigen Gehäuse stärkeren Wasserbewegungen – Strömungen und Wellen – viel Angriffs-fläche boten. Schwach bewegtes Stillwasser müßte daher der bevor-zugte und günstigste Lebensraum der Ammoniten gewesen sein. Man ist so heute der Ansicht, daß die Ammoniten wohl ähnlich wie der recente *Nautilus* im ruhigen Wasser größerer Meerestiefen ge-lebt haben und langsam über dem Meeresgrund dahinschwebten, von dem sie auch ihre Nahrung aufsammelten. Vom *Nautilus,* der Wassertiefen von 400 – 500 m bevorzugt, kennen wir solches Verhal-ten. Zum Lebensraum im tieferen Wasser würde auch gut die Zer-schlitzung der Lobenlinie passen, weil ja der Phragmokon durch die vielfach ineinandergreifenden Verfaltungen der Septalwand eine erhebliche Festigkeit bekommt, die auch gegenüber dem hier herr-schenden großen Wasserdruck erforderlich ist. Man hat ausgerech-net, daß Ammonitenschalen – obwohl sie ja nicht sehr dick werden –, die eine stark zerschlitzte Lobenlinie haben, sogar noch den Was-serdruck in über 1000 m Tiefe aushalten können, ohne zusammen-gedrückt zu werden. Gelegentlich hat man daher die Ammoniten sogar zu Tiefseebewohnern machen wollen.

Es mag sein, daß Ammoniten gelegentlich auch in größere Tiefen vorgedrungen sind. Aber verallgemeinern darf man dies nicht. Der Vorstellung von den Ammoniten als Tiefseebewohner widerspricht ja schon ihr Vorkommen im Schwäbisch-Fränkischen Jura, dessen Meer ein relativ flaches Schelfmeer gewesen ist. Das Liasmeer war wohl höchstens gelegentlich und vorübergehend tiefer als 100 m – vielleicht im Lias Beta und Delta –, zumeist aber wohl flacher. Im Lias Alpha und Zeta deutet alles auf ein sehr flaches Meer mit stär-kerer Wasserbewegung. Im Dogger war das Meer im allgemeinen wohl flacher als im Lias, und im Dogger Beta, Gamma und Delta gibt es viele Anzeichen für flaches, sogar sehr flaches Wasser und stärkere Wasserbewegung. Und auch im Malm, in dem das Jurameer seine größten Tiefen erreicht haben dürfte, rechnet man im allge-meinen mit Wassertiefen, die nicht wesentlich über 200 – 250 m ge-hen.

Es gibt wie bereits gesagt gelegentlich Anhäufungen von Ammoni-ten, so in einzelnen Arietenkalkbänken des Lias Alpha, in den Dac-tyliceraslagen des Posidonienschiefers, im Jurensismergel des Lias Zeta oder in vielen Vorkommen des Lias und Dogger im Fränki-schen Jura. Sie deuten darauf hin, daß hier Ammonitenschalen durch Strömungen zusammengeschwemmt worden sind. Bei sol-chen Vorkommen kann man sich vorstellen, daß der Ort der Einbet-tung und Fossilisation nicht der ursprüngliche Lebensraum war.

Nach dem Tode des Ammonitentieres und der Verwesung des Weichkörpers mußte ja der gasgefüllte Phragmokon im Wasser aufsteigen, wenn nicht durch eine Schalenverletzung Wasser in die Gaskammern eingedrungen war. In den höheren Wasserschichten schwebend konnten die Schalen durch Wasserströmungen verfrachtet werden, bis sie irgendwo im flachsten Wasser der Küstennähe strandeten. Solches Verhalten kennen wir von *Spirula,* einem Tintenfisch, der einen spiraligen Gaskammer-Phragmokon besitzt und im offenen Ozean in größeren Wassertiefen lebt. Seine leeren Schälchen triften im Wasser schwebend über hunderte von Kilometern und finden sich, oft in gewaltigen Mengen angespült und zusammengeschwemmt, an den Stränden des Ozeans. Gleiches beobachtet man auch beim *Nautilus,* dessen Schalen häufig an den Stränden angespült vorkommen.

Diese Vorstellung gilt freilich nur da, wo wir besondere, lokale Anhäufungen und Konzentrationen von Ammonitenschalen in einzelnen Vorkommen beobachten. Beispiele dafür sind die „Hammerstädter Ammonitenbreccie" des Lias Zeta bei Aalen oder die Dactylocerasbänke der Gegend von Forchheim und anderen ähnlichen Vorkommen. Sie hilft uns aber dort nicht weiter, wo die Ammoniten etwas gleichmäßiger und weniger konzentriert in Flachwasser-Ablagerungen verteilt sind. Derartige Fälle wären etwa die Ludwigien im Dogger Beta, die Stephanoceraten, Teloceraten und Parkinsonien im Dogger Delta, die Amaltheen im Lias Delta und viele andere mehr. Hier fallen doch offenbar Einbettungs- und Fossilisationsraum mehr oder weniger mit dem Lebensraum zusammen.

Nun gibt es Stufen, die durch ausgesprochene Flachwasserfazies gekennzeichnet sind, wie Lias Alpha, Lias Gamma, Lias Zeta, den Dogger Beta, Dogger Gamma und Delta. Und zwischen sie schalten sich immer wieder Stufen ein, die mit ihrer tonigen Fazies Stillwassersedimentation und etwas größere Wassertiefe anzeigen, wie etwa Lias Beta und Delta oder der Opalinuston des Dogger Alpha oder die zum Teil erheblichen Toneinschaltungen zwischen den Oolithhorizonten im Dogger Gamma und Delta. In solchen Stillwasserphasen konnten aus dem offenen Ozean Ammoniten in das süddeutsche Lias- und Doggerbecken einwandern und fanden hier einigermaßen zusagende Lebensbedingungen. Folgte darauf eine Verflachung, wurden die allgemeinen Bedingungen für die Ammoniten auf der einen Seite ungünstiger, weil sich dann auch stärkere Wasserbewegungen bis zum Grunde bemerkbar machten. Auf der anderen Seite aber erhöht sich das Nahrungsangebot für die Ammoniten, weil die stärkere Wasserdurchlüftung auch in Bodennähe eine reichere Bodenbesiedlung auf einem festeren Meeresgrunde im Gefolge hatte. An dem reicher bestückten Tische konnten sich die Tiere zunächst stärker entfalten. Die Ammoniten des Lias Gamma wurden größer als die des Lias Beta, ebenso die Ludwigien des Dogger Beta im Vergleich zu den Leioceraten, ihren Vorläufern im Dogger Alpha, oder die Teloceraten gegenüber den Stephanoceraten im Dogger Delta. Da aber die Bedingungen des bewegten Flachwassers ihrer Organisation nicht entsprechen, konnten sie sich doch nicht endgültig durchsetzen: Sie verschwanden nach einer zwar reichen, aber doch nur kurz dauernden Entfaltung. An ihre Stelle traten neue Einwanderer aus offeneren, ozeanischen Bereichen und leiteten bei neuerlicher Vertiefung mit Stillwasserbedingungen eine neue Entwicklung ein. So mußte es zu diesen immer nur kurzlebigen Entwicklungsreihen kommen, die sich ablösen und einander folgen, zwischen denen aber kein unmittelbarer Zusammenhang erkennbar ist. So wird auch verständlich, daß die aufgrund der Gesteinsfazies ausgeschiedenen Stufen im Lias und Dogger mit den durch die Leitammoniten bestimmten Abschnitten so weitgehend zusammenfallen.

Das Phänomen als solches ist schon frühzeitig aufgefallen. Man hat versucht, es damit zu erklären, daß man einige langlebige, sich wenig abwandelnde Hauptstämme annahm. Als solche „Konservativstämme" hat man die Phylloceraten und Lytoceraten angesehen, die in der Tat durch die ganze Jura-Periode hindurchgehen. Von ihnen sollten sich immer wieder Seitenlinien abgespalten haben, die sich rasch spezialisierten und immer wieder ähnliche Formmerkmale, wie Außenkiel, Außenfurche, starke Berippung usf. hervorbrachten. Infolge dieser Spezialisierung starben sie dann aber immer rasch auch wieder aus und machten neuen Seitenlinien Platz. Diese kurzlebigen Seitenlinien hat man als die „iterativen Seitenlinien" beschrieben. Zugegebenermaßen beschreibt der geschilderte Deutungsversuch das Phänomen als solches recht gut. Aber einleuchtend und verständlich wird es doch erst, wenn man die ökologischen Wechselbeziehungen zwischen begrenzten Anpassungsmöglichkeiten und stark wechselnden Umweltbedingungen berücksichtigt: Die Umwelt des süddeutschen Jurameeres, das sich periodisch eintiefte und dann wieder verflachte und demgegenüber ein Ammonitentier mit einer durch das Gaskammerphragmokon festgeschriebenen Organisation.

Die langlebigen „Konservativstämme" der Phylloceraten und Lytoceraten waren ja in den tieferen und offeneren Meeresbereichen der Tethys beheimatet. Sie konnten sich unter den dort gleichbleibenderen und der Ammonitenorganisation zusagenderen Bedingungen kontinuierlich weiterbilden. Dagegen wurden die Einwanderer in das süddeutsche flache Schelfmeer in den Verflachungsperioden immer wieder vor Umweltbedingungen gestellt, denen ihre Organisation nicht gewachsen war, so daß ihre Weiterbildung immer wieder abgebrochen wurde.

Daß der Entwicklungsmodus von langlebigen „Konservativstämmen" und kurzlebigen „iterativen Seitenlinien" von den Umweltgegebenheiten abhängig ist, wird deutlich unterstrichen durch das andersartige Verhalten der Ammoniten im Malm. Das süddeutsche Malmmeer war mit seinen im Mittel um 200 – 250 m schwankenden Tiefen tiefer als das Lias- und Doggermeer. Die vorherrschende Kalk- und Mergelfazies wie auch die Schwammrasen zeigen fast ausnahmslos Stillwasser an. Anzeichen von periodisch wiederkehrenden Verflachungen mit stärkerer Wasserbewegung fehlen. Die den Ammoniten zusagenden Bedingungen des tieferen und wenig bewegten Wassers bleiben durch den ganzen Malm hindurch nur wenig verändert erhalten. Dementsprechend stellen wir nun auch bei den Malmammoniten ein an die „Konservativstämme" der Phylloceraten und Lytoceraten sich annäherndes Verhalten fest. Es äußert sich in langlebigen Formenkreisen und Gattungen, die durch den ganzen Malm hindurchgehen und deren Arten in kontinuierlicher Weiterbildung lückenlos aneinander anschließen. Daher fallen nun auch anders als im Lias und Dogger im Malm die durch die Gesteinsfazies abgegliederten Stufen nicht mehr so auffällig mit den durch die Leitammoniten bestimmten Abschnitten zusammen. Die stratigraphische Aufgliederung ist daher schwieriger und weniger durchsichtig.

Erst im obersten Weißen Jura, als sich das Jurameer aus dem süddeutschen Raum zurückzieht, werden die Wassertiefen geringer und schalten sich nun auch Faziesbildungen bewegteren Wassers ein. In dieser Zeit werden dann auch die bis dahin im allgemeinen häufigen Ammoniten seltener, und in einzelnen Faziesausbildungen fehlen sie auch fast ganz.

Wir sind bei diesen Betrachtungen davon ausgegangen, daß die Ammoniten keine guten Schwimmer waren, sondern in der Hauptsache tieferes Stillwasser vorzogen. Sie schwebten nahe dem Meeresboden oder schwammen langsam umher und sammelten ihre Nahrung vom Meeresboden auf. Diese Vorstellung entspricht im wesentlichen unseren heutigen Kenntnissen. Sie umschreibt aber sicher nur den allgemeinen Rahmen. Man muß sich hüten, die Ammoniten schematisch über einen Kamm zu scheren. Die Ammonitenschale zeigt so mannigfaltige Abwandlungen im Grad ihrer Einrollung, im Windungsquerschnitt, in der glatten oder mehr oder weniger stark skulptierten Oberfläche, in der so stark wechselnden Länge der Wohnkammer, im Zerschlitzungsgrad und der Ausbildung der Lobenlinie, daß man mit großen Verschiedenheiten der Lebensweise und der Ernährungsgewohnheiten rechnen muß. Die Unterschiede im Windungsquerschnitt, der Wohnkammerlänge und in den Mundrandbildungen dokumentieren unmittelbar auch entsprechende Verschiedenheiten der Weichkörpergestalt und wohl auch Abwandlungen der Grundorganisation. Auch die heutigen Tintenfische (Sepien und Kalmare) sowie die Kraken zeigen uns ja ein bemerkenswert breites Spektrum von Lebensgewohnheiten und Lebensweisen. Aber über die Lebensweisen der verschiedenen Ammonitentypen können wir vorläufig höchstens Vermutungen anstellen. Jedenfalls sollte man sich hüten, aus der Schalengestalt unmittelbar auf die Lebensweise zu schließen bzw. diese als einfache Anpassung an bestimmte Lebensgewohnheiten zu deuten.

Über ein Jahrhundert lang bauten die Vorstellungen, die man sich vom Ammonitentier und seinen Lebensgewohnheiten machte, auf nur wenig begründeten Vermutungen auf und gingen generell von der Ansicht aus, daß die Ammoniten gute Schwimmer waren. Im Vergleich dazu haben uns die beiden letzten Jahrzehnte bemerkenswerte Fortschritte in der Kenntnis der Ammoniten gebracht, die uns zwingen, in vielem umzudenken. Wir sehen vieles klarer. Aber trotz all dieser Fortschritte bleiben noch viele Fragen offen.

Der Obere Jura (Weißer Jura oder Malm) und seine Fossilien

Die wichtigsten Formenkreise der Malmammoniten

Die Kontinuität in der Entwicklung der Malmammoniten macht es zweckmäßig, zunächst ihre wichtigsten Formenkreise, die durch den Malm hindurchgehen, zu behandeln.

Der wichtigste und bedeutungsvollste Formenkreis unter den Malmammoniten ist der der **Perisphincten.** Ihre Vorläufer und Frühformen haben wir schon im oberen Dogger angetroffen; sie sind wohl an die Stephanoceraten des mittleren Dogger anzuschließen. Die Perisphincten bringen im Malm eine schwer zu gliedernde Formenfülle hervor, da ihre Vertreter im allgemeinen sehr stark variieren und vielfach zwischen den verschiedenen Typen fließende Übergänge bestehen. Die Abgrenzung der zahlreichen ausgegliederten Gattungen ist oft schwierig. Zusätzliche Schwierigkeiten schafft ein unübersehbares Schrifttum und die darin festzustellende Tendenz zur systematischen Aufsplitterung, die die Variabilität nicht immer genügend berücksichtigt. Sie scheidet kleine Formengruppen als selbständige Gattungen aus und faßt die Artabgrenzungen oft sehr eng, was zu einer Überfülle von Namen führt.

So schwierig die spezielle Bestimmung im einzelnen ist, so klar ist der gesamte Formenkreis umschrieben. Es handelt sich im allgemeinen um mehr oder weniger flache, scheibenförmige Gehäuse mit weitem, gelegentlich enger werdendem Nabel. Der Windungsquerschnitt ist rundlich und variiert von fast kreisförmig bis hochoval. Es sind radiale Flankenrippen vorhanden, die sich nach außen gabeln. Die Gabelungsstelle kann ganz außen auf der Flanke liegen oder sich auf die Flankenmitte verschieben. Im Extremfall wird sie sogar an den Nabelrand verlegt; dann ist die Flankenrippe zu einem rundlichen Knoten verkürzt und verdickt, von dem die Gabelrippen ausgehen. Neben den Gabelrippen, die aus der Flankenrippe hervorgehen, können auf der Flankenmitte oder weiter außen auch zusätzliche Schaltrippen auftreten. Die Rippen können über die Außenseite wegziehen oder auf dieser unterbrochen werden. Dadurch kann sich gelegentlich eine ausgeprägte Außenfurche bilden. Der Mundrand kann sich seitlich in ovale, lappenförmige Fortsätze verlängern, die sogenannten Ohren.

An die Perisphincten können wir den kleinen Formenkreis der **Sutnerien** anschließen. Sie bleiben kleinwüchsig, während die Perisphincten recht groß werden können. Die Innenwindungen der Sutnerienspirale zeigen die Merkmale der Perisphincten. Die Außenwindung ist mehr oder weniger deutlich knieförmig abgeknickt und hat eine abgeplattete Außenseite.

Ebenfalls sehr häufig und bezeichnend ist der Formenkreis der **Haploceraten.** Wie die Perisphincten zeichnet ihn eine große, die Spezialbestimmung erschwerende Variabilität aus. Auch ihre Vorläufer und Frühformen der Haploceraten lernten wir schon im oberen Dogger kennen *(Oxycerites aspidoides, Distichoceras).* Der Formenkreis umfaßt eng- bis sehr engnablige Ammoniten mit Windungen von sehr hohem Querschnitt, die sich stark umgreifen. Die Windungsflanken sind flach oder ganz schwach gewölbt. Die Außenseite ist einfach gerundet oder zugeschärft und trägt oft eine oder drei Knotenreihen; doch fehlt ein abgesetzter Außenkiel. Die Oberfläche ist glatt oder berippt. Allerdings ist die Berippung im allgemeinen schwach ausgeprägt und wird nur gelegentlich kräftiger. Die Flankenrippen sind auf der inneren Flankenhälfte nach vorn geneigt und biegen auf der Flankenmitte mehr oder weniger plötzlich in einen nach hinten konvexen Bogen ab. Dieser Rippenverlauf entspricht dem Verlauf der Anwachsstreifen. An ihrer Knickstelle sind die Rippen oft abgeschwächt und können auch ganz unterbrochen werden, so daß sich im Extremfall eine Spiralfurche bildet. Mit der scheibenförmigen Spirale und dem Berippungstypus erinnern die Haploceraten an die Sichelripper des oberen Lias und unteren Dogger. Von ihnen unterscheiden sie sich durch die stets ausgeprägte Engnabligkeit, den betonten Rippenknick auf der Flankenmitte sowie das Fehlen eines deutlich abgesetzten, glatten Außenkieles. Doch darf man die Haploceraten wohl als abgewandelte Abkömmlinge des Sichelripper-(Harpoceraten-)typus ansehen.

Als dritten, für den Oberen Jura kennzeichnenden Formenkreis haben wir die **Aspidoceraten** zu nennen. Sie schließen an die im obersten Dogger auftretenden Peltoceraten an und haben eine mäßig weit- bis engnablige Spirale, in der sich die Windungen im allgemeinen nur wenig umgreifen. Der Windungsquerschnitt ist gerundet rechteckig und kann gebläht, fast kreisförmig werden – das sind dann die „Inflaten" von QUENSTEDT. Die weitstehenden, breiten und flachen Radialrippen auf den Flanken bleiben im allgemeinen einfach und ungegabelt. Sie ziehen nicht über die Außenseite weg, sind aber innen und außen durch Knoten verdickt, die sich zu spitzen Dornen auswachsen können. Zugunsten der sich kräftig entwickelnden Knoten werden die Rippen oft abgeschwächt und können schließlich ganz verschwinden. Dann ist die Oberfläche glatt und nur noch durch kräftige Knoten oder Dornen verziert.

Erwähnt werden sollen hier auch die im Oberen Jura nicht seltenen **Aptychen.** Es sind schwach gewölbte, gerundet dreieckige Gebilde, die paarweise zusammengehören und entfernt an Muschelklappen erinnern. Daß sie zu den Ammoniten gehören, ist heute nicht mehr zweifelhaft. Da sie kalzitisch sind, sind sie im allgemeinen gut erhalten, während die aragonitische Ammonitenschale meist verschwunden ist. Man hat die Aptychen früher analog zum Operculum der Schnecken meist als Deckel gedeutet, mit denen die Ammoniten die Mündung der Schale verschließen konnten. Neuere Erkenntnisse machen wahrscheinlicher, daß sie dem Kieferapparat der Ammoniten zugehören und dem durch kräftige Kalkauflage verstärkten Unterkiefer entsprechen. Die älteren und primitiveren Ammoniten hatten einen einfachen, hornigen Unterkiefer, der als *Anaptychus* bezeichnet wird. Er blieb, weil nicht verkalkt, nur selten erhalten. Echte Aptychen mit einer nur dünnen Kalkauflage, die durch eine Mittelnaht zweigeteilt ist, treten im oberen Lias und Dogger auf: Es sind die Cornaptychen, die den Sichelrippern (Harpoceraten) zuzuordnen sind. Auch sie sind wegen der nur dünnen Kalkauflage selten fossil erhalten. Erst im Oberen Jura bilden die Ammoniten Aptychen mit dicker und daher gut erhaltungsfähiger Kalkauflage und werden nunmehr häufigere Fossilien. Die Lamellaptychen mit berippter Oberfläche sind durch ihre Form und Struktur den Cornaptychen ähnlich und wohl deren Weiterbildung; sie gehören zu den Haploceraten. Die Striaptychen mit breiterem, fast halbkreisförmigem Umriß und konzentrischer Streifung oder Runzelung der Oberfläche bleiben wesentlich dünner; sie gehören zu den Stephanoceraten und Perisphincten. Die ebenfalls breiten, fast halbkreisförmigen Laevaptychen sind dick und massiv und haben eine glatte oder fein punktierte Oberfläche; sie gehören zu den Aspidoceraten.

Malm Alpha
Unterer Abschnitt des Oxfordium

Über den dunklen Tonen mit den Lambertiknollen des oberen Dogger Zeta folgen noch wenig mächtige, dunkle, glimmerige Tone mit schwachem Glaukonitgehalt. Dann erfolgt bei gleichzeitiger Zunahme des Kalkgehaltes, wodurch die Tone in Mergel übergehen, ein Farbumschlag zu hellgrau. Damit leitet man den Malm Alpha ein. In die unteren Lagen dieser hellgrauen Mergel schalten sich einige feste Kalkmergelbänke ein, die meist noch einen schwachen Glaukonitgehalt zeigen. Diese wenig mächtige, noch schwach glaukonitische Folge der hellen Mergel bildet den unteren Abschnitt von Malm Alpha. Darüber folgen die monotonen, hellgrauen Mergel des eigentlichen Malm Alpha, die keinen Glaukonit mehr enthalten. Sie

Farbtafel 5
Oben links: Obere Solnhofener Plattenkalke mit hangender Krummer Lage, Weißer Jura Zeta 2, Mörnsheim (Foto: K. W. Barthel). Oben rechts: Solnhofener Plattenkalke mit „Spaltenfüllung", darüber „Lehmige Albüberdeckung", Eichstätt (Foto: H. Gall). Unten: Oberpfälzer Braunkohle, Tertiär, Miozän, Tagebau Wackersdorf (Foto: W. Jung).

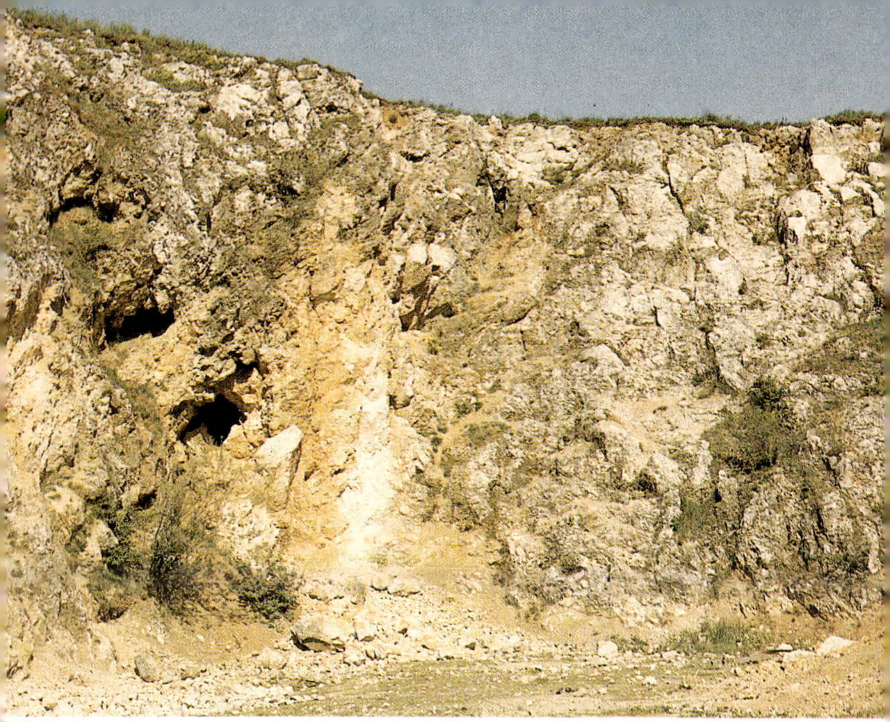

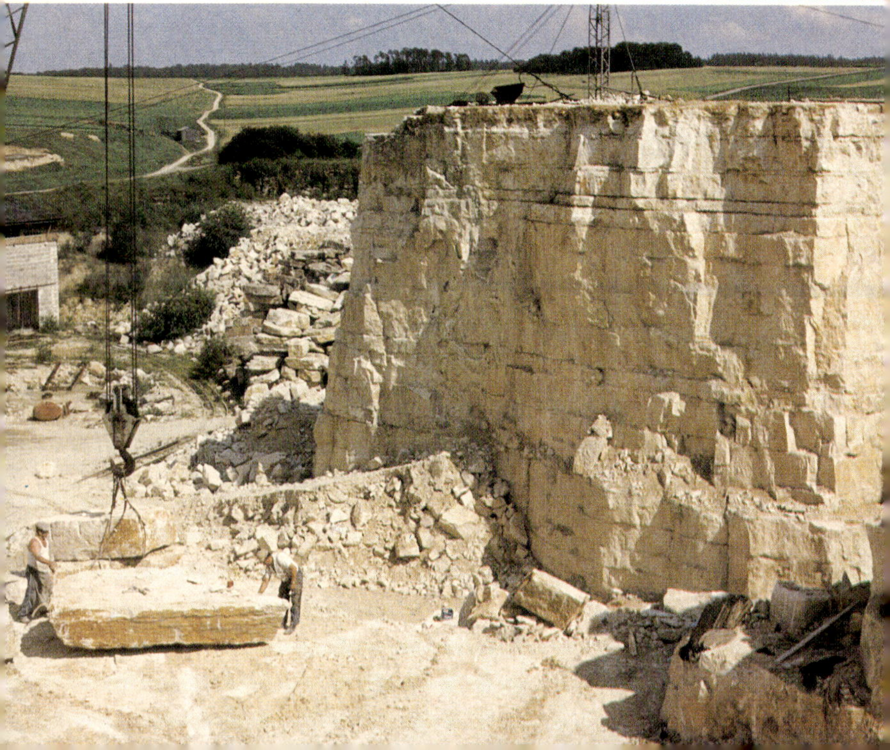

haben in der mittleren Schwäbischen Alb eine um 100 m schwankende Mächtigkeit, nehmen in der Westalb bis auf eine Mächtigkeit von 25 m ab und in der Ostalb auf eine Mächtigkeit von 50 – 80 m. In die Mergelfolge schalten sich einzelne, wenig mächtige, etwas festere Mergelkalkbänkchen ein. Im obersten Abschnitt treten die Kalkmergelbänke in dichterer Folge auf, und die Mergelzwischenlagen nehmen an Mächtigkeit ab. Wo sich dann schließlich die Kalkmergelbänke nur noch durch dünne Mergelfugen getrennt dicht aufeinanderlegen, setzen wir die Obergrenze von Malm Alpha.

Im Fränkischen Jura folgt über dem Ornatenton des Dogger Zeta eine Lage dunklerer, sehr glaukonitreicher Mergel, z. T. auch Mergelkalk. Diese Lage, die dem obersten Dogger Zeta des Schwäbischen Jura entspricht, scheint nicht überall ausgebildet zu sein. Es folgen eine oder mehrere Bänke aus gelbem, knolligem, hartem, glaukonitischem Kalkstein („Glaukonitbank"). Diese Glaukonitbank, die in der ganzen Fränkischen Alb vorhanden zu sein scheint, entspricht dem unteren Malm Alpha des Schwäbischen Jura. Es folgen Mergel, Kalkmergel, mergelige Kalke und Kalke von grauer Farbe. Der Kalkanteil nimmt vom Liegenden zum Hangenden, aber auch von Westen nach Osten zu. In den westlichen Teilen der Fränkischen Alb registrieren wir also eine Ausbildung, die der schwäbischen Entwicklung des Malm Alpha ähnlich ist, während nach Osten zu die Fazies kalkiger wird. Im höheren Abschnitt, in dem sich auch im Schwäbischen Jura häufiger Kalkmergelbänke einschalten, herrscht im Fränkischen Jura die Kalkmergel- und Kalkfazies vor. Die Mächtigkeit ist im Fränkischen Jura geringer als im Schwäbischen; sie erreicht am Riesrand noch 40 m und nimmt bei Pegnitz bis auf 7 m ab.

Als leicht kenntliches Leitfossil des Malm Alpha nennen wir das kleine, zierliche *Amoeboceras alternans* (BUCH). Es ist ein Abkömmling von *Cardioceras cordatum,* das wir im obersten Dogger Zeta kennenlernten und das noch in die unteren Grenzschichten von Malm Alpha hineinreicht. *Amoeboceras alternans* hat ein kleines, engnabliges, hochmündiges Gehäuse. Der Windungsquerschnitt ist hochrechteckig geworden; die Außenseite ist daher etwas breiter

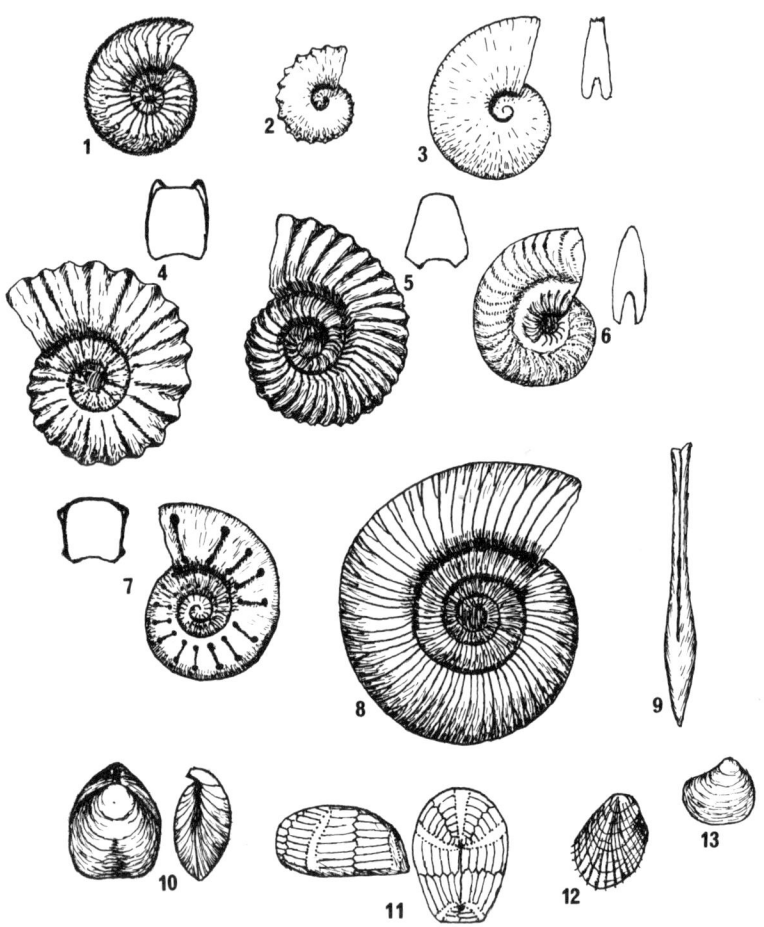

Fossilien des Malm Alpha: 1 *Amoeboceras alternans;* 2 *Creniceras crenatum;* 3 *Trimarginites arolicus;* 4 *Epipeltoceras bimammatum;* 5 *Gregoryceras transversarium;* 6 *Ochetoceras canaliculatum;* 7 *Euaspidoceras perarmatum;* 8 *Perisphinctes plicatilis;* 9 *Hibolites hastatus;* 10 *Aulacothyris impressa;* 11 *Disaster granulosus;* 12 *Plicatula;* 13 *Nuculoma.*

und von der Flanke abgesetzt. Der fein gesägte Außenkiel ist von zwei Außenfurchen begleitet. Die sichelförmig geschwungenen Rippen gabeln sich auf der Flankenmitte.

Zu den Haploceraten, die klein bleiben, zählen auch das engnablige, glatte *Glochiceras subclausum* (OPPEL) mit gerundeter Außenseite und das ebenfalls glatte, engnablige *Creniceras crenatum* (OPPEL), bei dem die Außenseite der Wohnkammer mit einer Zackenreihe verziert ist. Etwas größer wird der sehr engnablige und hochmündige, scheibenförmige *Trimarginites arolicus* (OPPEL) mit glatten Flanken und drei scharfen Kielen auf der schmalen, aber abgeplatteten Außenseite. Leicht kenntlich ist das ebenfalls engnablige, scheibenförmige *Ochetoceras canaliculatum* (BUCH) mit vorwärts geneigten Rippen auf der inneren Flankenhälfte und rückwärts gebogenen Rippen auf der äußeren Flankenhälfte; die beiden Flankenhälften trennt eine deutliche Spiralfurche auf der Flankenmitte. Mit mehreren, wegen ihrer Variabilität nur schwer zu sondernden Arten ist die Gattung *Taramelliceras* vertreten. Ihr engnabliges, hochnabliges, hochmündiges Gehäuse kennzeichnet die mäßige Wölbung der Windungsflanken; daraus resultiert eine etwas geblähtere Scheibenform mit gerundeter Außenseite. Auf dieser finden sich meist drei Knotenreihen, eine mittlere und zwei seitliche. Die Flanken haben eine wechselnd kräftige oder schwache Berippung durch sich unregelmäßig gabelnde Sichelrippen mit einem deutlichen Knick auf der Flankenmitte.

An die Peltoceraten des oberen Dogger Zeta schließt sich als typisches Leitfossil des unteren Malm Alpha an das ziemlich seltene *Gregoryceras transversarium* (QUENSTEDT). Es ist ein mittelgroßer, ziemlich weitnabliger Ammonit mit trapezförmigem Windungsquerschnitt. Er entsteht dadurch, daß die abgeflachten Flanken vom Nabelrand, wo die größte Windungsdicke liegt, nach außen konvergieren und eine schmale, abgeplattete Außenseite von den Flanken deutlich abgesetzt ist. Die kräftigen, nach rückwärts gebogenen Flankenrippen verstärken sich nach außen und ziehen ungegabelt über die Außenseite weg.

Im oberen Abschnitt von Malm Alpha ist das etwas größer werdende, ebenfalls seltene *Epipeltoceras bimammatum* (QUENSTEDT) ein typisches Leitfossil. Die Windungen des ziemlich weitnabligen Gehäuses haben einen gerundeten, hochrechteckigen Querschnitt. Auf den abgeflachten Flanken finden sich weitstehende, breite Radialrippen. Sie verlaufen radial und enden außen in kräftigen, vorspringenden Knoten, so daß die Windungsaußenseite zwischen den beiden Knotenreihen eingesenkt erscheint.

Von den eigentlichen Aspidoceraten erwähnen wir das ziemlich groß werdende *Euaspidoceras perarmatum* (SOWERBY), ein ebenfalls ziemlich weitnabliger Ammonit mit dickem, gerundet-rechteckigem bis quadratischem Windungsquerschnitt. Weitstehende, einfache, flache Radialrippen tragen einen Knoten am Nabelrand und enden in einem kräftigen Knoten am Flankenaußenrand.

Die Perisphincten sind vor allem vertreten durch den Formenkreis, der als *Perisphinctes* im eigentlichen Sinne zusammengefaßt wird. Das sind ziemlich weitnablige, flach scheibenförmige Spiralen mit hochovalem oder gerundet-rechteckigem Windungsquerschnitt. Die Flanken tragen zahlreiche, schwach vorwärts geneigte, ziemlich scharfe Radialrippen, die über die ganze Flanke wegziehen. Sie gabeln sich erst ganz außen, da, wo die Flanke sich zur Außenseite abbiegt, und zwar im allgemeinen in zwei, gelegentlich auch in drei Teilrippen, die über die Außenseite wegziehen. Neben den Teilrippen kann gelegentlich auch eine Schaltrippe auftreten. *Perisphinctes plicatilis* (SOWERBY) hat etwas höhere, *Perisphinctes wartae* BUKOWSKI etwas niedrigere Windungen. Daneben werden noch weitere Arten unterschieden; doch ist ihre Unterscheidung immer etwas schwierig.

Die Begleitfauna der Ammoniten in den Alphamergeln ist relativ dürftig; sie besteht aus zumeist nur kleinwüchsigen Arten. Recht häufig findet man Bruchstücke eines Belemniten, des *Hibolites hastatus* (BLAINVILLE), dessen Rostrum zum Vorderende (Alveolenende) hin dünner wird; eine kräftige Längsfurche verliert sich gegen die Spitze des Rostrums.

Dann gibt es eine kleine Terebratel, *Aulacothyris impressa* (BROWN). Sie hat eine ovale Umrißform und gegen den Vorderrand zu eine flache, mediane Eindellung. Da diese Terebratel in den Mergeln ziemlich häufig vorkommt, hat QUENSTEDT diese als Impressamergel bezeichnet. Von den Muscheln erwähnen wir vor allem eine kleine *Plicatula* und die dick gewölbte, ovale Nuculidengattung *Nuculoma*. Gelegentlich kommen auch Steinkerne kleiner Schnecken vor.

Cidarisstacheln treffen wir nicht selten an. Die irregulären Seeigel *Holectypus* und *Collyrites,* die wir schon im Dogger Delta erwähnt haben, kommen auch hier vor. Zu ihnen tritt nun noch der zu *Collyrites* verwandte *Disaster granulosus* MÜNSTER. Wie bei *Collyrites* laufen auch bei ihm die fünf Ambulakralzonen nicht im Scheitelschild zusammen. Zur Unterscheidung von *Collyrites* dient die länglich-dreieckige Umrißform. Die kleinen runden Stielglieder der Seelilie *Balanocrinus* – wir kennen sie schon aus dem Dogger Zeta – finden sich auch in den Impressamergeln.

Eine reichere Begleitfauna der Ammoniten ist in der verschwammten Fazies von Malm Alpha (Lochenschichten) vorhanden. Wir werden auf sie weiter unten zurückkommen.

Malm Beta
Oberer Abschnitt des Oxfordium

Malm Beta wird durch eine Folge regelmäßig gebankter Mergelkalke gebildet. Die einzelnen Bänke haben eine mittlere Mächtigkeit von wenigen Dezimetern und sind durch feine Tonfugen voneinander getrennt. Sie liegen einander gleichmäßig auf und sehen wie Mauerwerk aus, ein Eindruck, der noch durch die Klüftung unterstützt wird. QUENSTEDT sprach daher bei dieser sehr typischen und auffälligen Stufe von den „wohlgeschichteten Kalken".
Ähnlich wie im Schwäbischen ist im Fränkischen Jura der Malm Beta sehr gleichförmig ausgebildet mit regelmäßig übereinanderliegenden, 10 – 40 cm dicken Kalksteinbänken, zwischen die sich dünne Mergellagen schieben können. Im untersten und obersten Teil treten dickere Mergellagen auf. Die hellen Kalksteine sind dicht, brechen splittrig bis muschelig und verwittern scherbig. In den östlichen Teilen der Frankenalb können Kieselknollen eingelagert sein.
In der schwäbischen Westalb erreicht der Schichtenstoß des Malm Beta Mächtigkeiten von 80 m und mehr und nimmt bis zur östlichen Schwäbischen Alb bis auf rund 10 m ab; in der mittleren Alb schwankt die Mächtigkeit um 20 – 40 m. In der Frankenalb schwankt im Westen und Süden die Mächtigkeit um 15 – 18 m, hat also Mächtigkeiten, die ungefähr der östlichen Schwabenalb entsprechen. In der Oberpfalz nimmt die Mächtigkeit wieder auf 20 – 28 m zu.
Die Juraschichttafel fällt gegen Südosten schwach ein und nimmt in der Mächtigkeit von Westen nach Osten ab. Daraus erklärt sich, daß in der westlichen Schwäbischen Alb von Spaichingen bis gegen Hechingen die wohlgeschichteten Betakalke die Oberkante des Albsteilrandes bilden und auch noch den die Oberkante begleitenden Streifen der Albhochfläche – Dreifaltigkeitsberg bei Spaichingen und Plettenberg bei Balingen –. Noch der Dreifürstenstein und Schömberg bei Mössingen sind Betaplateaus, denen sich dann in der Salmendinger Kapelle und dem Roßberg Bergkegel aufsetzen, die von höheren Schichten gebildet sind. Weiter nach Osten, in der mittleren und östlichen Schwäbischen Alb, bilden die hier weniger mächtigen Betakalke eine untere Steilstufe im Anstieg zur Albhoch-

fläche; die Oberkante des Steilabfalles wird von höheren Malm-schichten gebildet. Und ähnlich bilden auch in der Frankenalb die Betakalke einen unteren Steilanstieg über den sehr flachen Hängen des oberen Dogger und des Malm Alpha.

Die starke Zerklüftung der Betakalke begünstigt die Wasserdurchlässigkeit, während die liegenden Impressamergel wasserundurchlässig sind und daher das Wasser stauen. Die Grenze von Malm Alpha zu Beta ist daher ein Quellhorizont. Die zahlreichen Quellen, die hier austreten, setzen fast immer Kalksinter ab, weil sich die Grundwässer, wenn sie durch die Malmkalke sickern, stark mit Kalk anreichern. Und dieser Kalk wird da, wo das Wasser als Quelle austritt, wieder ausgeschieden.

Die wohlgeschichteten Kalke des Malm Beta sind im allgemeinen ziemlich fossilarm. Nur lokal und in einzelnen Bänken – vor allem im oberen Abschnitt von Beta – können die Fossilien etwas reichlicher auftreten. Die Fossilgemeinschaft besteht fast ausschließlich aus Ammoniten und schließt eng an die des Malm Alpha an.

An die Stelle des *Amoeboceras alternans* aus dem Malm Alpha tritt nun das seltene, feiner berippte und etwas dickere *Amoeboceras bauhini* (OPPEL).

Von den Haploceraten ist vor allem das kleine, glatte, engnablige *Glochiceras lingulatum* (QUENSTEDT) sehr häufig, das sich durch seine lang ausgezogenen Seitenohren am Mündungsrand auszeichnet. *Trimarginites trimarginatus* (OPPEL), der dem im Malm Alpha typischen *Trimarginites arolicus* sehr ähnlich ist und auch schon im Alpha auftritt, reicht noch in Beta hinein. Ebenso geht auch *Ochetoceras canaliculatum* (BUCH) noch durch das ganze Beta hindurch. Von der Gattung *Taramelliceras* erwähnen wir *Taramelliceras wenzeli* (OPPEL) mit einfachen, ziemlich weitstehenden Sichelrippen. Etwas größer wird *Taramelliceras costatum* (QUENSTEDT) mit flachen Rippen, die sich an der Knickstelle unregelmäßig gabeln und drei Knotenreihen auf der Außenseite. *Taramelliceras hauffianum* (OPPEL) unterscheidet sich durch etwas breiter geblähte Windungen. Diese Arten finden sich vor allem zusammen mit *Epipeltoceras bimammatum* (QUENSTEDT) im oberen Alpha, reichen aber noch in das untere Beta hinein.

Fossilien des Malm Beta: 1 *Glochiceras lingulatum*; 2 *Taramelliceras costatum*; 3 *Euaspidoceras rüppelense*; 4 *Rasenia bifurcata*; 5 *Orthosphinctes tiziani*; 6 *Physodoceras circumspinosum*; 7 *Orthosphinctes virgulatus*; 8 *Rasenia fascigera*; 9 *Idoceras planula*; 10 *Entolium cornutum*; 11 *Plagiostoma ovatissimum*; 12 *Pholadomya*; 13 und 15 *Pleurotomaria clathrata* (Schale und Steinkern); 14 *Alaria bicarinata*.

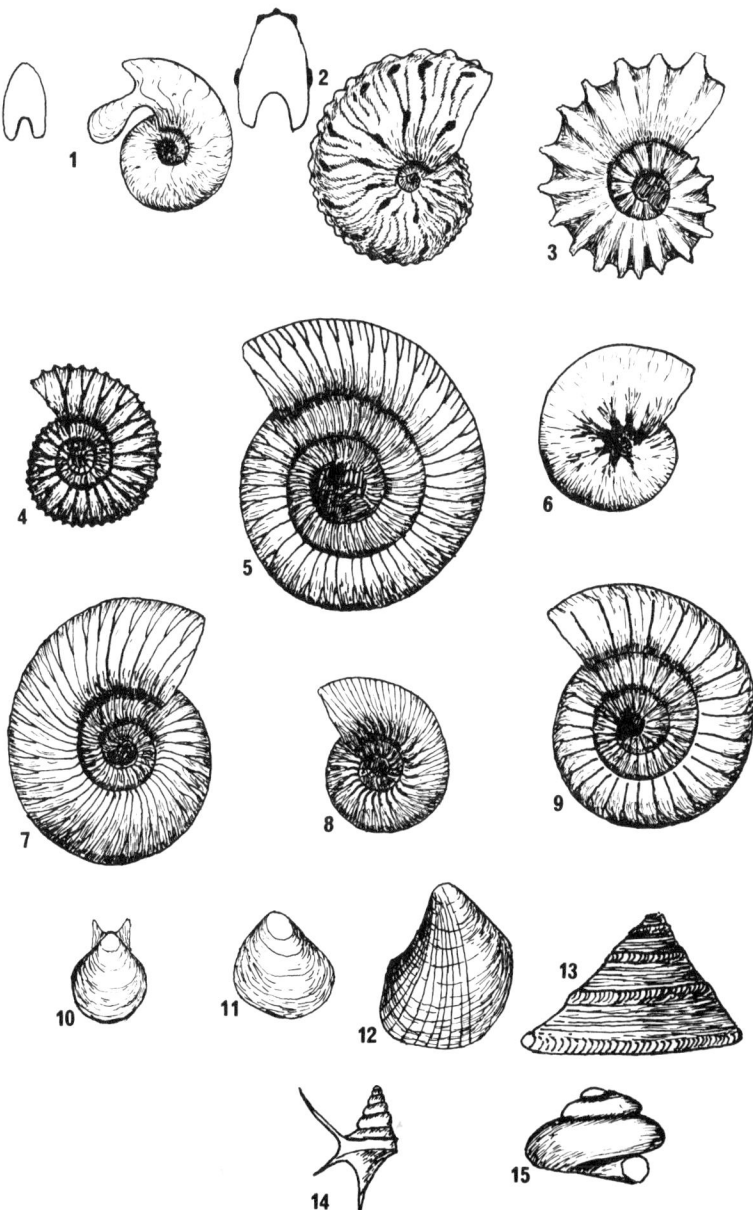

Euaspidoceras perarmatum (SOWERBY) reicht ebenfalls noch in das untere Beta hinein. Gleiches gilt für das mit ihm zusammen vorkommende *Euaspidoceras rüppelense* (ORBIGNY), bei dem die Nabelrandknoten und die Radialrippen stark abgeschwächt, die Außenknoten aber zu Stacheln verstärkt sind. *Physodoceras circumspinosum* (OPPEL) ist ein sehr engnabliger Aspidoceratide mit geblähtem Gehäuse. Der Windungsquerschnitt ist fast kreisrund. Eine Radialrippung fehlt; es sind nur Nabelrandknoten vorhanden, die zu Stacheln ausgezogen sind, deren Spitze gegen den Nabel gerichtet ist.

Von den Perisphincten erwähnen wir *Orthosphinctes tiziani* (OPPEL) und *Orthosphinctes virgulatus* (QUENSTEDT). *Orthosphinctes tiziani* hat relativ niedere, hochrechteckige Windungen und mäßig weitstehende Radialrippen, die sich erst ganz außen in zwei Teilrippen aufgabeln. Etwas hochmündiger ist *Orthosphinctes virgulatus* (QUENSTEDT) mit flacheren Windungen und etwas engerem Nabel. Die zahlreicheren, etwas feineren Flankenrippen sind schwach nach vorn geneigt und gabeln sich nahe der Flankenmitte in zwei oder gelegentlich drei Teilrippen.

Das eigentliche Leitfossil des Malm Beta ist *Idoceras planula* (HEHL), eine weitnablige, flach scheibenförmige Spirale. Ihre Windungen sind hochoval und tragen weitstehende, kräftige Radialrippen, die sich ganz außen in zwei, nach vorn geneigte Teilrippen gabeln. Sie stoßen auf der schmalen Außenseite in einem Winkel zusammen, dessen Scheitel nach vorne gerichtet ist.

Im Malm Beta erscheint nun auch die Gattung *Rasenia,* die engnabliger und z. T. auch etwas dicker wird. Bei ihr verlagert sich die Gabelungsstelle der Flankenrippen zum Nabelrand hin. Hierher kann man *Rasenia bifurcata* (QUENSTEDT) stellen, deren dicke Windungen fast kreisrunden Querschnitt haben; die scharfen, kräftigen Radialrippen gabeln sich ungefähr auf der Flankenmitte in zwei Teilrippen. Die Art ist noch kein typischer Vertreter von *Rasenia* und erinnert in manchem noch an *Perisphinctes.* Ein typischer Angehöriger von *Rasenia* ist *Rasenia fascigera* (QUENSTEDT). Bei ihr wird die Spi-

Tafel 6
Oben *Amoeboceras lineatum* (QUENSTEDT), Kimmeridgium, Malm Gamma, Messelberg/ Württemberg; unten *Sutneria platynota* (REINECKE), Kimmeridgium, Malm Gamma, Oberkochen/Württemberg (× 1,6); oben *Taramelliceras compsum* (OPPEL), Kimmeridgium, Malm Delta, Wemding/Ries; unten *Glochiceras lingulatum* (QUENSTEDT), Oxfordium, Malm Beta, Messelberg/Württemberg; *Ochetoceras hispidum* (OPPEL), Oxfordium, Malm Alpha, Blumberg/Baden; *Physodoceras altenense* (ORBIGNY), Kimmeridgium, Malm Gamma, Weißenburg/Bayern (× 0,7).

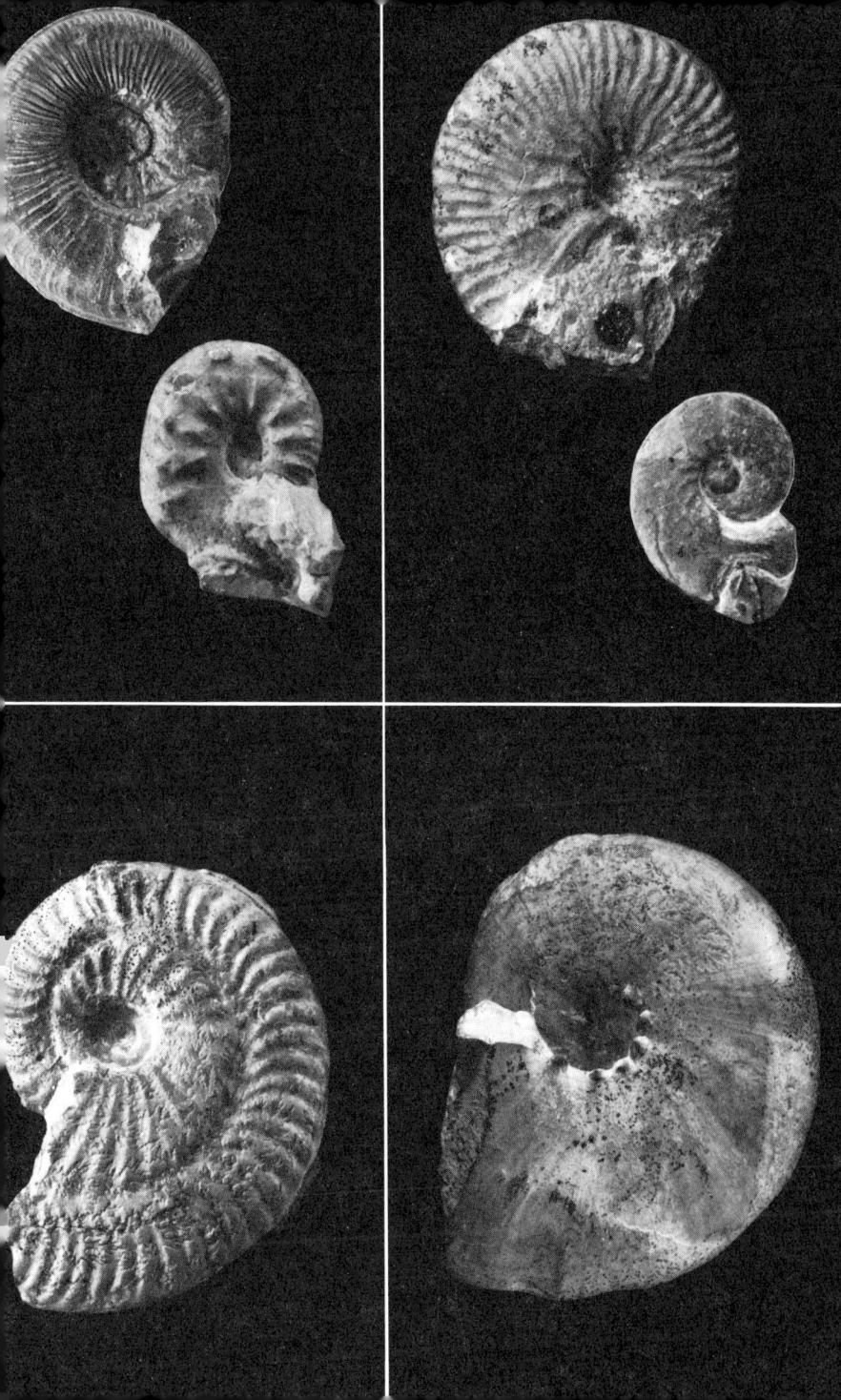

rale engnablig. Die hochovalen Windungen haben ihre größte Dikke nahe der Nabelkante. Die Flankenrippen sind an der Nabelkante zu einem länglichen Knoten verkürzt, von dem im Mittel drei Teilrippen ausgehen, die über die Flanken und die Außenseite wegziehen. Knoten und Teilrippen sind schmal und stehen ziemlich dicht. Im obersten Abschnitt von Malm Beta tritt auch die Gattung *Sutneria* auf. Sie ist vertreten durch die nicht sehr kräftig skulptierte *Sutneria galar* (OPPEL). Ergänzt wird diese relativ vielgestaltige Ammonitenfauna durch das gelegentliche Vorkommen von Aptychen. Es finden sich sowohl *Lamellaptychus* wie auch *Laevaptychus*.

Vom Belemniten *Hibolites semisulcatus* (MÜNSTER), der dem *Hibolites hastatus* ähnlich ist, finden sich Bruchstücke. *Hibolites hastatus* kennen wir aus dem Malm Alpha.

Im übrigen ist die Begleitfauna der Ammoniten recht dürftig. Gelegentlich trifft man Reste oder Bruchstücke von Muschelsteinkernen; so etwa von dem glatten, fast kreisförmigen Pectiniden *Entolium cornutum* (QUENSTEDT) mit seinen zwei gleichen Ohren oder von dem schief dreieckigen, glatten *Plagiostoma ovatissimum* (QUENSTEDT) oder von einer *Pholadomya*. Auch Schneckensteinkerne treten selten auf. Wir erwähnen die relativ groß werdende, konische *Pleurotomaria clathrata* MÜNSTER mit ebenen Flanken, feiner Spiralstreifung und scharfer Peripherie oder die turmförmige, mäßig schlanke *Alaria bicarinata* (QUENSTEDT) mit zwei Spiralkanten auf jeder Windung und langen Stachelfortsätzen am Mundrand.

Malm Gamma
Unterer Abschnitt des Unterkimmeridgium

Den wohlgebankten Betakalken folgt wieder eine mehr mergelige Stufe, die den mittleren Malm einleitet. In sie schalten sich aber, reichlicher als in den Impressamergeln, auch festere Kalkmergelbänke ein, die scherbig zerfallen. Man kann nach der Gesteinsausbildung drei Abschnitte unterscheiden: einen unteren, in dem festere Mergelkalkbänke vorherrschen, einen mittleren, der vorwiegend mergelig ist, und einen höheren, oberen Abschnitt, der wieder durch festere Mergelkalkbänke mit Mergelzwischenlagen gekennzeichnet ist. Diese drei Abschnitte des Malm Gamma sind auch durch ihren Fossilinhalt unterscheidbar. Die größte Mächtigkeit erreicht die Stufe in der mittleren Schwäbischen Alb mit 40 – 60 m; in der Westalb geht die Mächtigkeit nur wenig zurück auf Werte, die zwischen 35 und 55 m schwanken. Eine etwas stärkere Abnahme der Mächtigkeit ist gegen Osten zu registrieren, wo sie um 20 – 30 m schwankt. Der Abschnitt des unteren Gamma ist der geringmächtigste, während die Mergelfolge des mittleren Gamma meistens etwas mehr als die Hälfte der Gesamtmächtigkeit von Gamma einnimmt.

Im nordwestlichen Abschnitt des Frankenjura ist Malm Gamma weitgehend mergelig entwickelt wie im Schwäbischen Jura. In der südlichen Frankenalb dagegen herrscht eine mehr kalkige Ausbildung vor, wobei von Westen nach Osten die kalkige Fazies auf Kosten der mergeligen zunimmt. Der untere Malm Gamma besteht aus Mergeln und knollig verwitternden Mergelkalken mit einzelnen Kalksteinbänken. Wie im Schwäbischen ist auch im Fränkischen Jura dieser untere Abschnitt relativ fossilreich und zeigt gelegentlich Fossilkonzentrationen. Der mittlere Malm Gamma ist kalkiger als im Schwäbischen Jura. Er wird aus dicht gepackten, grauen, mehr oder weniger mergeligen Kalksteinen gebildet, die oben in hellere, harte, dickbankige Kalksteine übergehen. Der obere Malm Gamma ist von grauen, weichen Mergeln mit einigen eingeschalteten Mergelkalkbänken und harten, z. T. dickbankigen, bräunlichen Kalken aufgebaut. Die Mächtigkeiten schwanken sehr stark; im Untergamma zwischen 2 und 14 m, im Mittelgamma zwischen 8 und 29 m und im Obergamma zwischen 3 und 4 m.

Verglichen mit den wohlgebankten Betakalken ist die Widerstandsfähigkeit der Gammamergel geringer. Das führt dazu, daß in der mittleren und östlichen Schwäbischen Alb, wo Malm Gamma noch im Steilabfall erscheint, über der Betasteilstufe wieder etwas flachere Hangpartien folgen. Zwischen Hechingen und Tübingen bilden die Betakalke, wie wir erwähnten, vorgelagerte Plateaus im Albsteilrand. Die folgenden, mit den Gammamergeln einsetzenden Schichten sind in einem zweiten Steilanstieg weiter zurückversetzt oder in isolierten Bergkuppen den Betaplateaus aufgesetzt. Im Fränkischen Jura bildet das mehr mergelige Untergamma eine deutliche Hangverflachung, während das kalkigere Mittel- und Obergamma sich in einem wieder steileren Anstieg markieren.

Die Fossilführung des Malm Gamma ist wesentlich reicher als im Malm Beta. Gelegentlich, vor allem im unteren Gamma, können die Ammoniten sehr häufig und lokal sogar konzentriert auftreten. Die Erhaltung ist freilich oft nicht sehr gut. Vor allem in den Mergeln sind die Ammoniten oft verdrückt; vielfach sind sie auch als Bruchstücke im Gestein eingebettet.

Unter den Haploceraten reicht das *Glochiceras lingulatum* aus dem Beta noch in das Gamma hinein. Dazu kommt noch *Glochiceras*

nimbatum (OPPEL), das sich durch eine Spiralfurche aus der Flankenmitte des Wohnkammerabschnittes der Schale unterscheidet. Das kleine, glatte, engnablige *Creniceras dentatum* (REINECKE) mit lang ausgezogenem Seitenohr am Mundrand hat eine Zackenreihe auf der Schalenaußenseite. *Ochetoceras* ist vertreten durch *Ochetoceras semifalcatum* (OPPEL) mit einer gegenüber dem vorausgehenden *Ochetoceras canaliculatum* abgeschwächten Berippung. Von der Gattung *Taramelliceras* registrieren wir *Taramelliceras costatum* (QUENSTEDT), das wir schon aus dem Beta kennen, sowie *Taramelliceras trachinotum* (OPPEL) mit drei stark betonten Knotenreihen auf der Außenseite; dazu kommen einige weitere, recht ähnliche Arten. Neu tritt auf die Gattung *Streblites* mit sehr engnabligem, außen zugeschärftem, diskusförmigem Gehäuse und nur ganz schwacher Skulptur. *Streblites tenuilobatus* (OPPEL) mit nur ganz schwach angedeuteter Berippung ist ziemlich verbreitet (Tenuilobatusschichten). *Streblites weinlandi* (OPPEL) hat etwas deutlichere Berippung, vor allem auf der Außenhälfte der Flanke. Auf der Innenhälfte dagegen zeigen sich nur ganz feine und schwache Rippen.
Weniger formenreich sind die Aspidoceraten vertreten. *Physodoceras circumspinosum* (OPPEL) schließt an das *Physodoceras altenense* (ORBIGNY) des Beta an. *Aspidoceras binodum* (OPPEL) ist relativ weitnablig, hat dicke Windungen mit zwei Knotenreihen auf den Flanken, aber keine Rippen. *Aspidoceras uhlandi* (OPPEL) dagegen weist breite, flache Radialrippen auf, welche die beiden Knotenreihen verbinden; die dicken Windungen sind gerundet rechteckig.
Sehr formenreich sind die Perisphincten entfaltet, die nun auch die häufigsten Ammoniten sind. *Orthosphinctes tiziani* (OPPEL) reicht aus dem Beta auch noch in Gamma hinein. Dazu kommt noch *Orthosphinctes polygyratus* (REINECKE), bei dem die Rippengabelung mehr zur Flankenmitte verlagert ist und neben den Teil- auch Schaltrippen vorkommen können.
Die im Gamma vorherrschende und besonders bezeichnende Perisphinctengruppe aber ist die Gattung *Ataxioceras*, deren flach scheibenförmige Spirale hochovale Windungen hat und etwas engnabliger werden kann. Typisch ist die Berippung mit kräftigen, meist

Ammoniten des Malm Gamma: 1 *Glochiceras nimbatum;* 2 *Creniceras dentatum;* 3 *Streblites tenuilobatus;* 4 *Aspidoceras binodum;* 5 *Aspidoceras uhlandi;* 6 *Orthosphinctes polygyratus;* 7 *Ataxioceras planulatum;* 8 *Ataxioceras hypselocyclum;* 9 *Sutneria platynota;* 10 *Idoceras balderum;* 11 *Katroliceras divisum.*

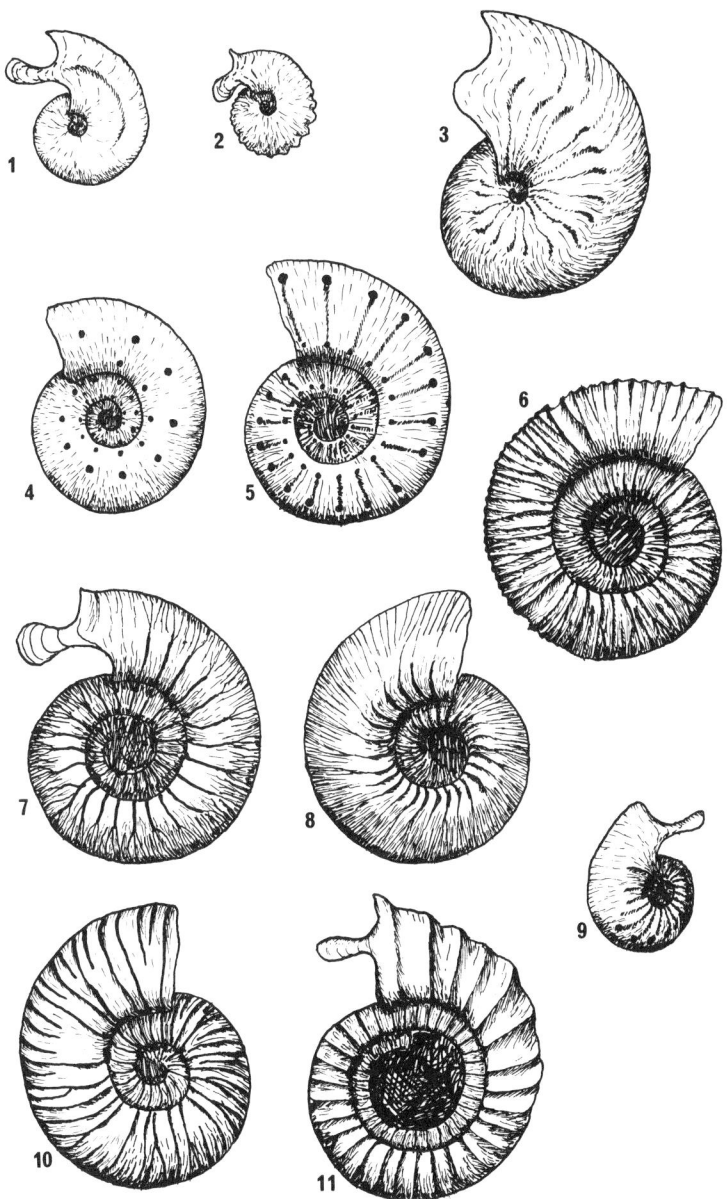

131

weitstehenden, schwach vorwärts geneigten Flankenrippen. Sie zeigen „polyploke" Rippenspaltung, bei der aus der Hauptrippe 3 oder 4 Teilrippen hervorgehen und die Teilrippen an verschiedenen Stellen aus der Hauptrippe abspalten. Neben den Gabel- treten dann auch Schaltrippen auf. So entstehen etwas unregelmäßige Rippenbündel auf der äußeren Flankenhälfte. Im Wohnkammerabschnitt können kräftige Einschnürungen auftreten, und der oft etwas eingeschnürte Mundrand kann sich in Seitenohren fortsetzen.

Ataxioceras ist sehr vielgestaltig und die Variabilität groß, was die Abgrenzung und Bestimmung der Arten nicht immer einfach macht. *Ataxioceras planulatum* (QUENSTEDT) ist ziemlich weitnablig, die Flankenrippen sind weitstehend und kräftig und gabeln sich in 3 bis 4 Teilrippen („Kragenplanulaten" QUENSTEDTs). *Ataxioceras polyplocum* (REINECKE) ist sehr ähnlich, aber die Rippen sind stärker gegabelt. *Ataxioceras hypselocyclum* FONTANNES wird engnabliger, die Windungshöhe nimmt stärker zu. Die Rippen sind schwächer, aber zahlreicher und stehen enger. *Idoceras balderum* (OPPEL) – Leitfossil des oberen Gamma – unterscheidet sich von *Idoceras planula* des Beta dadurch, daß die Spirale etwas engnabliger wird, die Windungen höher werden und die Rippen breiter und gerundet sind, vor allem auf der äußeren Flankenhälfte. Ein ganz anderer Typus ist das, ebenfalls für das obere Gamma typische *Katroliceras divisum* (QUENSTEDT), das ziemlich groß werden kann und weitnablig ist. Die Windungen haben einen breitrechteckigen Querschnitt, und die letzte Windung trägt sehr weitstehende, kräftige, zugeschärfte, einfache Radialrippen, die sich nur gelegentlich in zwei Teilrippen gabeln. Auch die Gattung *Rasenia* erlebt im Malm Gamma ihre Hauptentfaltung. Der langgestreckte, noch an eine kurze Flankenrippe erinnernde Nabelknoten von *Rasenia fascigera* des Malm Beta ist bei den Arten des Gamma zu einem kurzen, dicken Nabelknoten geworden, von dem 3 bis 4 Teilrippen ausgehen. Ein Beispiel dafür ist *Rasenia trimera* (OPPEL), die mittlere Größe erreichen kann. Bei *Rasenia stephanoides* (OPPEL) werden die Windungen dicker und niedriger.

Die kleine, meistens aber häufige *Sutneria platynota* (REINECKE), die an *Sutneria galar* des oberen Beta anschließt, ist das typische und

Ammoniten des Malm Gamma und Malm Delta: 1 *Rasenia trimera*; 2 *Lamellaptychus*; 3 *Striaptychus*; 4 *Laevaptychus*; 5 *Nebrodites agrigentinus*; 6 *Aulacostephanus eudoxus*; 7 *Aulacostephanus eulepidus*; 8 *Aspidoceras acanthicum*; 9 *Aspidoceras longispinum*.

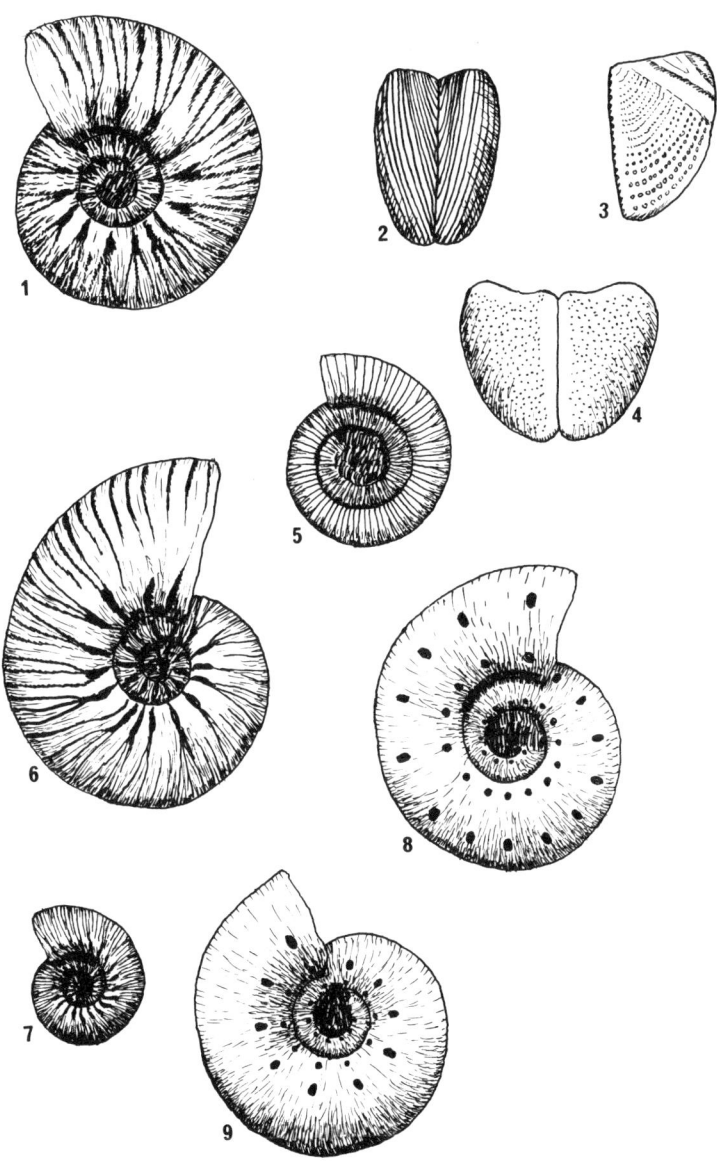

unverkennbare Leitfossil des unteren Malm Gamma (Platynotaschichten). Die dicke, knieförmig abgebogene Außenwindung hat eine abgeplattete, breite Außenseite, die von den ebenfalls abgeplatteten Flanken abgesetzt ist. Auf der Flanke sind einfache Radialrippen, die außen in Knötchen enden.

Die vielgestaltig entfalteten, stets häufigen Ataxioceraten, die selteneren Rasenien und *Katroliceras* sowie *Streblites* geben der Ammonitenfauna des Malm Gamma ein Gepräge, das sehr von dem Gepräge der Beta-Ammonitenfauna abweicht. Relativ häufig sind die Aptychen. Die nicht seltenen Belemnitenreste gehören zu der Gattung *Hibolites,* die wir schon aus Malm Alpha und Beta kennen. Abgesehen davon ist wie in den Betakalken die Begleitfauna recht dürftig und umfaßt im wesentlichen die gleichen Formen wie im Beta. Das Gamma ist wie das Beta eine ausgesprochene Ammonitenfazies.

Malm Delta
Mittlerer Abschnitt des Unterkimmeridgium

Wo sich die Mergelkalkbänke, die schon im oberen Gamma in etwas dichterer Folge auftraten, zu einer geschlossenen Folge vereinen, lassen wir Malm Delta beginnen. In seinem unteren Abschnitt sind trennende Tonmergelfugen zwischen den Kalkbänken noch gut ausgeprägt, werden aber nach oben hin immer dünner. Die Kalkbänke sind in diesem unteren Abschnitt nicht sehr dick, im Mittel bis zu 30 cm. Nach oben hin werden die Kalkbänke etwas dicker. Im oberen Abschnitt von Delta verschwinden trennende Tonmergelfugen fast ganz. Die Kalkbänke, die eine helle bis gelbliche Farbe haben, werden bis zu 1 m dick. Es sind das die eigentlichen Quaderkalke von QUENSTEDT. Eine ungefähr 1 m mächtige Einschaltung tonig mergeliger Schichten, grünlich gefärbt von Glaukonit, trennt die Quaderkalke des oberen Abschnittes von den dünnerbankigen Kalken der unteren Hälfte. Diese grünliche Einschaltung ist im gesamten Raum der Schwäbischen Alb nachweisbar und bildet daher einen guten Leithorizont. In der mittleren Schwäbischen Alb erreichen die Deltakalke eine Mächtigkeit von rund 50 m,

sie nehmen in der Westalb auf ungefähr 35 m und in der Ostalb auf ungefähr 40 m ab.

Die Widerstandsfähigkeit der harten Deltakalke bedingt über der Hangverflachung des mergeligen Gamma einen steileren oberen Anstieg. In der mittleren und östlichen Schwäbischen Alb wird die Oberkante des Steilabfalls im allgemeinen durch die Kalke des Malm Delta gebildet. Da über den Gammamergeln das Wasser, das durch die Kalke einsickert, gestaut wird, bildet die Grenze von Gamma zu Delta einen oberen Quellhorizont.

In der Fränkischen Alb leiten die Kalkbänke des oberen Malm Gamma zu den auch hier oft dickbankigen Kalken des Malm Delta über. Die Grenze von Gamma zu Delta ist in der Fränkischen Alb wegen der kalkigeren Ausbildung des Malm Gamma schwer festzulegen. In der südlichen Frankenalb ist die Stufe in der Fazies des „Treuchtlinger Marmors" ausgebildet. Das sind gutgeschichtete, gelbliche bis bräunliche, aber auch blaugraue Kalksteine mit dunkleren, unregelmäßigen bis eckigen Einlagerungen (Tuberoide, Schwammreste) und weißen „Flämmchen". Bei diesen Flämmchen soll es sich um sessile Foraminiferen handeln. Die Mächtigkeit der Bänke im Treuchtlinger Marmor schwankt zwischen 40 und 135 cm. Oft finden sich im Treuchtlinger Marmor auch Schwämme und größere Schwammfragmente, die z. T. pyritisert sind. Gegen Osten und Norden wird der Treuchtlinger Marmor, der eine Mächtigkeit von 50 m erreicht, durch hornsteinführende Kalksteine abgelöst. Die Schichtfazies kann in wechselnd starkem Ausmaß dolomitisiert sein.

Die Malmstufe des Kimmeridgium ist in England ausgeschieden, definiert und von dort in die internationale Gliederung übernommen worden, ebenso wie auch das ebenfalls in England ausgeschiedene Oxfordium. Malm Gamma und Delta und auch noch die folgende Stufe des Malm Epsilon entsprechen dem Unteren Kimmeridgium der englischen Einteilung.

Die Bank- und Quaderkalke des Malm Delta sind im allgemeinen nicht sehr fossilreich. Auch bei ihnen handelt es sich um eine ausgesprochene Ammonitenfazies.

Amoeboceras ist durch das sehr feinrippige *Amoeboceras lineatum* (QUENSTEDT) vertreten, das aber selten ist.

Von den Haploceraten reicht *Glochiceras nimbatum* (OPPEL) noch in das Delta hinauf. Auch *Creniceras dentatum* (REINECKE) kommt in den Deltakalken noch vor. Von dem langlebigen *Ochetoceras,* das uns seit dem Malm Alpha begleitet und durch eine Spiralfurche auf der Flankenmitte gekennzeichnet ist, registrieren wir mit *Ochetoceras canaliferum* (OPPEL) auch aus dem Malm Delta eine Art. Auch die Gattung *Taramelliceras* ist mit einigen Arten vertreten. *Streblites tenuilobatus* reicht noch in Malm Delta hinauf; daneben findet sich der fast glatte, diskusförmige *Streblites levipictus* (FONTANNES).

Von den Aspidoceraten finden wir das dick geblähte, nicht sehr engnablige, rippenlose, glatte *Aspidoceras acanthicum* (OPPEL) mit einer schwachen Knotenreihe am Nabelrand und einer zweiten, kräftigeren, die ziemlich weit außen auf der Flanke liegt. Daneben treten einige weitere, ähnliche Arten auf, wie *Aspidoceras liparum* (OPPEL) mit einer kräftigen Knotenreihe am Nabelrand und einzelnen, weitstehenden, schwächeren Knoten auf der Flanke oder das ebenfalls rippenlose, glatte, geblähte und mäßig weitnablige *Aspidoceras longispinum* (SOWERBY) mit einer Knotenreihe am Nabelrand und einer kräftigeren Knotenreihe ziemlich weit innen auf der Flanke.

Unter den Perisphincten reicht die Gattung *Orthosphinctes,* die wir schon aus den vorausgehenden Stufen kennen, auch noch in das Delta hinein. Vorherrschend werden nun etwas engnabligere und hochmündigere, flach scheibenförmige Perisphincten, deren Flankenrippen meist ziemlich dicht stehen, auf der Flankenmitte etwas verflachen und nach vorne geneigt sind. Neben den Teilrippen, die aus der Gabelung entstehen, schalten sich auf der Flankenmitte zahlreiche Schaltrippen ein. Als typischen Vertreter nennen wir *Lithacoceras lictor* (FONTANNES).

Die im Gamma so reich entfalteten Ataxioceraten sind im Delta verschwunden. Eine eigenartige Form ist die Gattung *Nebrodites* – sie kommt auch im Gamma schon vor –, eine weitnablige, flach scheibenförmige Gestalt mit zahlreichen, sich kaum umgreifenden Windungen, deren Querschnitt gerundet, hochrechteckig ist. Gabeln

Tafel 7
Perisphinctes plicatilis (SOWERBY), Oxfordium, Malm Alpha, Blumberg/Baden (× 0,8); *Ataxioceras genuinum* SCHNEID, Kimmeridgium, Malm Gamma, Obernheim/Württemberg (× 0,8); *Lithacoceras ulmense* (OPPEL), Tithonium, Malm Zeta, Ulm (× 0,5); *Isterites palmatus* (SCHNEID), Tithonium, Malm Zeta, Unterhausen/Franken (× 0,7).

sich die zahlreichen, dichtstehenden Radialrippen weit außen in zwei Teilrippen, dann ist es die Art *Nebrodites agrigentinus* (GEMMEL-LARO). Mit den Ataxioceraten sind auch die Rasenien des Gamma verschwunden. An ihre Stelle tritt nun *Aulacostephanus,* die eigentliche Typusgattung des Delta. Die mehr oder weniger engnablige Spirale hat, wie *Rasenia,* zu länglichen Nabelknoten verkürzte Flankenrippen, von denen drei oder vier Teilrippen ausgehen. Diese aber ziehen nicht, wie bei *Rasenia,* über die Außenseite weg, sondern sind hier durch eine Außenfurche unterbrochen. Wir erwähnen *Aulacostephanus eulepidus* (SCHNEID) mit zahlreicheren, feineren und stärker nach vorn geneigten Rippen und *Aulacostephanus eudoxus* (ORBIGNY), der dicker wird und kräftige Rippen hat, sowie den größer werdenden, engnabligen *Aulacostephanus pseudomutabilis* (LORIOL). Auch die Gattung *Sutneria* kommt, wenn auch selten, vor mit *Sutneria eumela* (ORBIGNY), die nur schwach berippt ist.

Die Begleitfauna der Ammoniten ist im Malm Delta noch dürftiger als in den vorausgehenden Stufen. Gelegentlich finden sich Aptychen. Reste der Belemnitengattung *Hibolites* kommen vor. Muscheln und Schnecken wie auch Brachiopoden sind selten und nur in wenigen Arten nachgewiesen.

Zu vermerken aber ist, daß kleine – sie werden selten größer als 1 cm – Kopf-Brust-Panzer von primitiven Kurzschwanzkrebsen (Taschenkrebsen) nicht allzu selten vorkommen. Sie haben gerundetrechteckigen, ovalen oder fast kreisförmigen Umriß, eine gewölbte Oberseite und zwei nach hinten gebogene Querfurchen. Am Vorderrand kann man bei guter Erhaltung die Augenhöhlen erkennen. Zwischen ihnen springt der Vorderrand etwas vor; ein eigentliches Rostrum aber ist nicht entwickelt. Diese Krebse gehören zu der durch mehrere Gattungen vertretenen Familie der Prosoponiden, die ursprünglichste und primitivste Gruppe der Taschenkrebse. Vertreter der Familie sind selten auch schon in den tieferen Malmstufen vorhanden. Im Delta werden sie etwas häufiger und entfalten sich formenreich. Neben ihnen findet sich auch ein Vertreter der Krebsfamilie Galatheiden, die Gattung *Gastrosacus* mit ebenfalls kleinem, rechteckigem Kopf-Brust-Panzer und dreieckigem Rostrum.

Malm Epsilon
Oberer Abschnitt des Unterkimmeridgium

Den dickbankigen Quaderkalken folgen wieder etwas dünnerbankige Kalke. Ton- und Tonmergeleinschaltungen sind nicht vorhanden.

Die Bänke trennen höchstens sehr feine Tonfilmzwischenlagen. Die Farbe der Kalkbänke ist hellgrau oder gelblich-weiß. Die Tonbeimengungen im Kalk sind sehr gering, so daß recht reine Kalke vorkommen können. Die Kalke sind dicht und können gelegentlich fein kristallin werden; sie nehmen dann oft ein feinkörniges Aussehen an. Sie zerbrechen splitterig und scherbig.

Die den Malm Epsilon bildenden Kalke haben nur eine zwischen 25 und 35 m schwankende Mächtigkeit. Sie sind nicht sehr verbreitet, da im Malm Epsilon die Massenkalkfazies vorherrschend ist. Oft erscheinen sie nur lokal als Einschaltungen und große Linsen im Massenkalk. In der Ostalb, z. T. auch schon in der mittleren Alb, treten in ihnen reichlich Verkieselungen auf, die zum großen Teil in Form von Kieselknollen konzentriert sind. In der Verwitterungsdecke auf der Albhochfläche bleiben dann, wenn der Kalk aufgelöst wird, Feuersteinknollen übrig, die auf der Oberfläche oft reichlich herumliegen.

Die Bankkalke des Epsilon erscheinen an der Oberkante des Albsteilrandes gelegentlich noch im Hangenden der Quaderkalke. Weiter verbreitet sind sie auf der Albhochfläche, die sich dem Steilrand anschließt. Hier sind sie gelegentlich flächenbildend verbreitet. Landschaftlich treten sie als besondere Stufe nicht hervor.

Auch im Fränkischen Jura ist der Malm Epsilon, vor allem im nördlichen Teil, überwiegend in der Massenkalkfazies entwickelt. Nur in der südlichen Frankenalb tritt die geschichtete Fazies etwas verbreiteter auf. Es überwiegen Bankkalke im Westen, während im Osten über einem unteren, aus Bankkalken gebildeten Abschnitt feingeschichtete, z. T. verkieselte Plattenkalke folgen, in die sich feingeschichtete Mergel einschalten. In diesen feingeschichteten Sedimenten finden sich „Krumme Lagen", die durch Abrutschen der noch nicht verfestigten Ablagerungen entstanden sind. Örtlich ist der Weißjura Epsilon durch Schillkalke oder durch Korallen-Diceras-Kalk vertreten, z. B. im Raume von Kelheim. Die Mächtigkeit schwankt zwischen 20 und 35 m. Im mittleren Bereich der Frankenalb finden sich in mehr oder weniger gut gebankten, auch verschwammten Kalksteinen zahlreiche verkieselte Brachiopoden und Echinodermenreste. In der mittleren und nördlichen Frankenalb überwiegt jedoch die Massenfazies (Felsenkalk).

Wie in den Quaderkalken sind auch in den Bankkalken des Epsilon Fossilien ziemlich selten. Und auch hier kommen im wesentlichen Ammoniten vor; aber auch sie sind nicht häufig. Es herrschen im allgemeinen kleinere Formen vor.

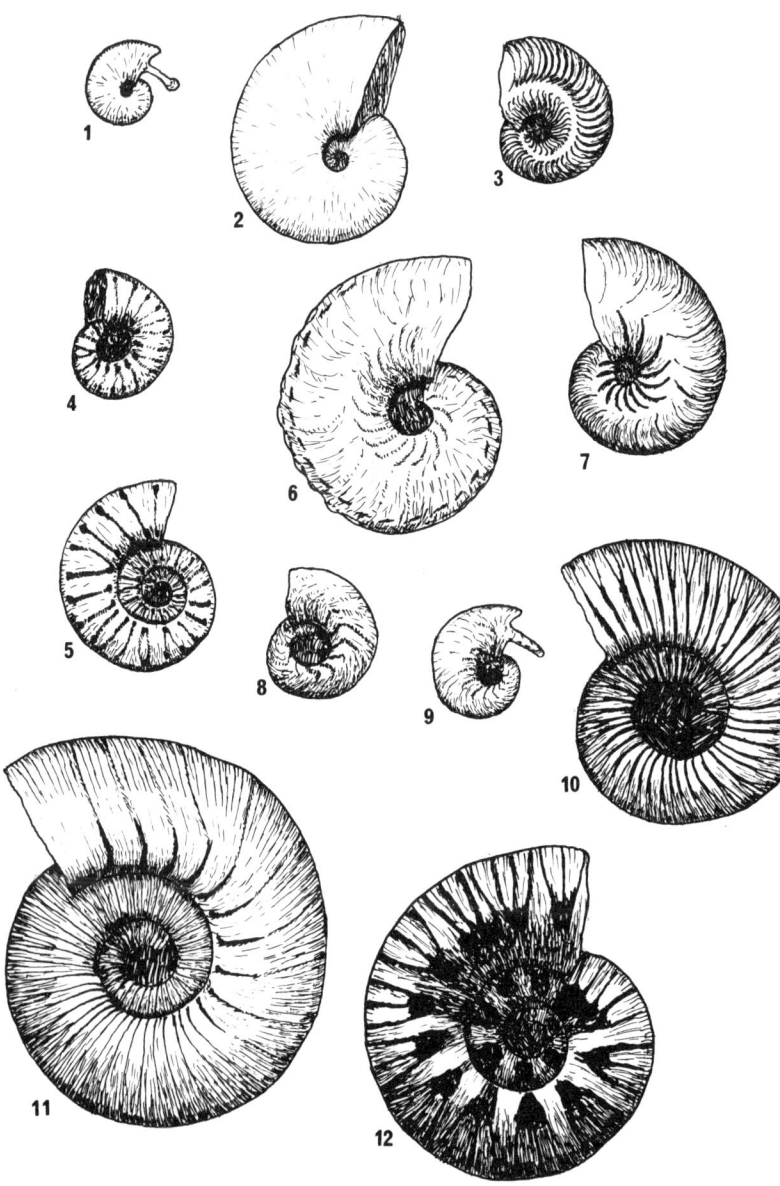

Bei den Haploceraten findet sich wieder das weitverbreitete *Glochiceras* mit dem kleinen, glatten *Glochiceras lens* (BERCKHEMER), eine sehr engnablige Form mit langen Seitenohren am Mundrand und einer feinen Außenzähnelung auf der Wohnkammer. Auch das langlebige *Ochetoceras* ist vertreten. *Ochetoceras canaliferum* (OPPEL) reicht aus dem Delta noch in das untere Epsilon. *Ochetoceras semimutatum* FONTANNES kennzeichnet sich dadurch, daß die Spiralfurche auf der Flankenmitte fast ganz verschwinden kann. Sie macht sich nur noch in einem scharfen Knick zwischen den vorwärts gerichteten Rippen der inneren Flankenhälfte und den rückwärts gebogenen Rippen der äußeren Flankenhälfte bemerkbar. Dazu kommt auch jetzt wieder die Gattung *Taramelliceras* mit *Taramelliceras fischeri* (BERCKHEMER). Der Ammonit hat einen gezähnten Außenkiel, der seitlich von Knotenreihen begleitet wird. Die innere Flankenhälfte trägt flache, stark nach vorn geneigte Rippen, während die äußere Flankenhälfte glatt bleibt. Auch *Taramelliceras wepferi* (BERCKHEMER) hat einen von zwei Knotenreihen begleiteten Außenkiel. Die Berippung fehlt aber ganz, und nur auf der Wohnkammer tritt eine feine, sichelförmig geschwungene Streifung auf.

Von den Aspidoceraten erwähnen wir das im Vergleich zu den Aspidoceraten des Gamma und Delta klein bleibende *Aspidoceras hermanni* BERCKHEMER. Es hat einen mäßig weiten Nabel, gerundet rechteckigen, dicken Windungsquerschnitt und zwei Knotenreihen, eine am Nabelrand und eine am Außenrand der Flanke, zwischen denen undeutliche, schwache, radiale Flankenrippen verlaufen. Vor allem aber zeichnet sich die Art durch eine mediane Außenfurche aus, die auf der Wohnkammer verschwindet. Neu erscheint nun die Aspidoceratengattung *Hybonoticeras,* eine ziemlich weitnablige Form mit hochrechteckigem Windungsquerschnitt, einer kräftigen medianen Außenfurche und einer Knotenreihe am Nabelrand und einer zweiten am Außenrand der Flanken. *Hybonoticeras beckeri* (NEUMAYR) hat auf den Flanken eine feine Radialstreifung, und die Knoten der äußeren Reihe verlängern sich in auswärts gerichtete Stacheln.

Unter den Perisphincten setzt sich *Lithacoceras* im Epsilon noch

Ammoniten des Malm Epsilon und Zeta: 1 *Glochiceras lens;* 2 *Haploceras elimatum;* 3 *Ochetoceras semimutatum;* 4 *Aspidoceras hermanni;* 5 *Hybonoticeras hybonotum;* 6 *Taramelliceras fischeri;* 7 *Ochetoceras zio;* 8 *Sutneria subeumela;* 9 *Sutneria bracheri;* 10 *Virgataxioceras setatum;* 11 *Lithacoceras ulmense;* 12 *Gravesia gigas.*

fort. Bezeichnend wird nun die Gattung *Virgataxioceras* mit scheibenförmiger, flacher Spirale, deren Windungen hochoval sind. Die schwach vorwärts geneigten Flankenrippen stehen ziemlich dicht und gabeln sich auf der äußeren Flankenhälfte in zwei bis drei Teilrippen. Dazwischen kann sich gelegentlich noch eine Schaltrippe einstellen. Bei *Virgataxioceras setatum* (SCHNEID) ist die Berippung relativ kräftig und grob, bei *Virgataxioceras comatum* (SCHNEID) sind die Rippen zahlreicher und feiner. Bemerkenswert ist, daß Sutneria im Epsilon wieder häufiger wird. Sie war schon einmal, im oberen Beta und unteren Gamma, sehr häufig, erschien aber vom mittleren Gamma bis zum oberen Delta nur noch selten. In *Sutneria subeumela* SCHNEID liefert sie jetzt ein typisches Leitfossil. Die knieförmige Abknickung der Wohnkammer ist nur schwach ausgeprägt. Flache Radialrippen, auf der Flankenmitte nach vorn gebogen, verlieren sich auf der Wohnkammer, und auf der Außenseite ist eine Medianfurche vorhanden.

Auch im Epsilon ist die Begleitfauna sehr dürftig. Fragmente von Hibolitesrostren kommen vor. Selten findet sich das Fragment eines Muschelsteinkerns. Erwähnenswert sind wieder die im Delta relativ reich entwickelten Prosoponiden, die auch in den Epsilonkalken vorkommen.

Die Massenkalk- und Schwammfazies von Malm Alpha bis Epsilon im Schwäbisch-Fränkischen Jura

Wir haben schon darauf hingewiesen, daß sich der Weiße Jura in zwei Faziesausbildungen darbietet: in der normalen, gebankten Fazies und in der nur undeutlich geschichteten oder massigen Schwammfazies (S. 41), die durch alle Stufen hindurchgeht. Auf den vorhergehenden Seiten haben wir die Stufen von Malm Alpha bis Malm Epsilon in der gebankten, normalen Fazies kurz gekennzeichnet. Der Wechsel von Mergel- und Bankkalkstufen gestattet eine klare und übersichtliche stratigraphische Aufgliederung, die durch die Abfolge der sich wandelnden Ammonitenfaunen noch unterstrichen wird.

Das ist bei der Massenkalk- und Schwammfazies ganz anders. Sie geht mit fast gleichartiger Gesteinsausbildung durch alle Stufen und erlaubt daher keine im Gesteinswechsel klar ersichtliche stratigraphische Unterteilung. Auch die recht vielgestaltigen Fossilgemeinschaften gehen mit nur geringen Abwandlungen von unten nach oben durch. Die stratigraphische Einordnung in die Stufen der gebankten Normalfazies kann daher nur anhand der Ammoniten durchgeführt werden, die beiden Fazies gemeinsam sind. Wir besprechen daher in der Folge die Massenkalkfazies mit ihren in allen Stufen relativ gleichförmigen Fossilgemeinschaften gesondert und im Zusammenhang.

Wir erwähnten schon (s. S. 42), daß die Massenkalkfazies im Malm Alpha räumlich beschränkt in der Lochenalb einsetzt mit grusigen, mergelkalkigen, etwas bröckligen Gesteinen (Lochenfazies). Während des Beta werden die Massenkalke fester und kalkiger. Sie finden sich in etwas größerer Verbreitung in der Lochenalb und erscheinen in örtlichen, kleinen Vorkommen nun auch im oberen Donautal bei Fridingen – Beuron und an anderen Stellen der Westalb. Auch im Fränkischen Jura ist in diesen beiden unteren Malmstufen die Massenkalkfazies in örtlichen, wenig ausgedehnten Vorkommen immer wieder zwischen die normale Schichtfazies eingeschaltet, so etwa am Hahnenkamm am östlichen Riesrand.

Im Malm Gamma ist die Massenkalkfazies in der ganzen schwäbischen Westalb mit zahlreichen lokalen Vorkommen wesentlich verbreiteter. Die dem Gamma stratigraphisch zuzuordnenden Massenkalkvorkommen sind häufig wieder etwas mergeliger und bröckeliger, ähnlich wie die Lochenfazies des Malm Alpha. Die Felsenkränze im weiteren Umkreis der Lochenalb sind in der Hauptsache Beta-Gamma-Felsen. Auch in der Frankenalb treten während des Alpha und Beta nur lokale Vorkommen auf. Lediglich in der mittleren und nördlichen Frankenalb (Fränkische Schweiz) gibt es einige größere Massenkalkareale, die z. T. zu Barrieren zwischen den Bereichen der Schichtfazies zusammenwachsen. Im Malm Gamma jedoch vollzieht sich eine Ausweitung der Massenkalkfazies, besonders im Riesgebiet und in der östlichen und nördlichen Frankenalb. Die Gesteine sind z. T. dickbankig und rauh, z. T. massig entwickelt.

Im Malm Delta greift die Massenkalkfazies in weiter Verbreitung über die ganze Westalb und auch auf die mittlere Alb über. Die Felspartien im oberen Donautal zwischen Beuron und Tiergarten, im Umkreis von Ebingen, am Albtrauf von Reutlingen, Urach, Kirchheim u. T. und Geislingen a. d. Steige sowie auch bei Schwäb. Gmünd sind in der Hauptsache Deltafelsen, in deren unterer Partie z. T. auch noch Gamma beteiligt sein kann. Im Malm Epsilon erreicht die Massenkalkfazies ihre größte Ausdehnung. Sie ergreift den ganzen Bereich der Schwäbischen Alb, so daß nun die gebankte Epsilonfazies ganz zurücktritt und nur noch lokale Vorkommen zwischen diesen Massenkalken bildet, die QUENSTEDT als obere Felsen-

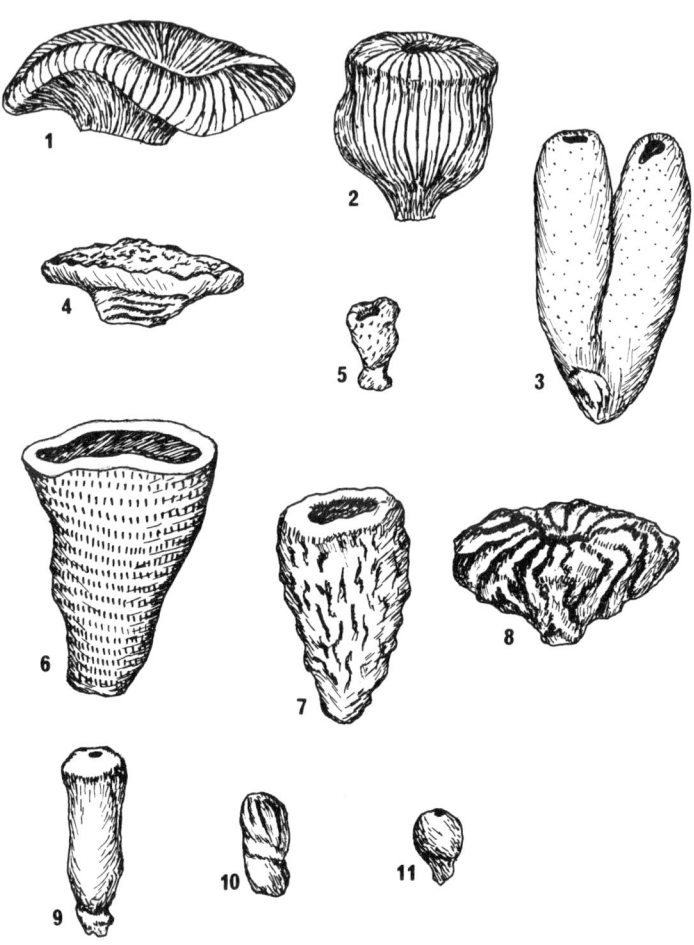

Schwämme des Massenkalkes Malm Alpha bis Epsilon: 1 Cnemidiastrum rimulosum; 2 *Cnemidiastrum stellatum*; 3 *Cylindrophyma*; 4 *Hyalotragos*; 5 *Sporadopyle*; 6 *Tremadictyon*; 7 *Cypellia*; 8 *Pachyteichisma*; – Kalkschwämme: 9 *Peronidella*; 10 *Blastinia*; 11 *Myrmecium*.

kalke bezeichnet. Diese Massenkalke sind meist löcherig, sehr splitterig, oft körnig umkristallisiert („zuckerkörnige Kalke" QUENSTEDT) und oft auch dolomitisiert. Die Felsen im Donautal von Tiergarten bis Sigmaringen, im unteren Schmeietal, im Laucherttal sowie auch im Blau-, Lone- und Brenztal sind zum großen Teil Epsilonfelsen. Die Felsgirlanden am Albsteilrand der mittleren Alb haben oft in ihrem obersten Teil noch eine Kappe von Epsilon.

Auch in der Frankenalb erreicht die Massenkalkfazies im Delta und Epsilon ihre größte Ausdehnung. In der mittleren und nördlichen Frankenalb tritt die Schichtfazies ganz zurück.

Mit der geschilderten extremen Ausweitung der Massenkalkfazies im Malm Epsilon klingt diese Entwicklung aus. Lokal reicht die Fazies noch in den unteren Teil der höchsten Malmstufe, des Malm Zeta, hinein. Sie verliert aber rasch an Bedeutung und kommt in den mittleren und höheren Lagen von Malm Zeta nicht mehr vor.

Die Massenkalke führen im allgemeinen eine vielgestaltige und reiche Fossilgemeinschaft. In dieser stehen die Ammoniten – es sind die gleichen, wie wir sie aus der normalen Schichtfazies kennen – mehr in der Rolle einer Begleitfauna, während sie in der Schichtfazies, die wir ja als Ammonitenfazies kennzeichneten, die vorherrschende Komponente der Fossilgemeinschaften sind. Der Fossilreichtum tritt vor allem in den Vorkommen in Erscheinung, in denen der Massenkalk etwas mergelig wird, leichter zerfällt und verwittert. Wo die Kalke härter und reiner sind, neigen sie zur Umkristallisierung und oft auch zur Dolomitisierung. Dadurch verschwinden die Fossilien weitgehend: in solchen Vorkommen kann der Massenkalk fossilleer erscheinen.

Die Massenkalkfazies ist eine Schwammfazies. Korallenriffe fehlen in den massigen Kalken von Malm Alpha bis Epsilon. Die Kalke wuchsen als dichte Schwammrasen, in denen eine reiche Fauna lebte. Sie wirkten als Sedimentfänger, das heißt, in ihnen setzte sich der Kalkschlamm beschleunigt ab. So wuchsen immer neue Schwammrasen übereinander. Die Sedimentation vollzog sich in der Schwammfazies also rascher als in der einfachen Schichtfazies. Die Mächtigkeiten werden größer; sie können bis aufs Doppelte der mittleren Normalmächtigkeit ansteigen. Die Folge sind die großen Mächtigkeitsschwankungen.

Wo Verschwammung auftrat, wuchs der Meeresboden daher stärker in die Höhe als außerhalb der verschwammten Partien: Es entstanden Erhöhungen auf dem Meeresboden, und in den Mulden dazwischen lagerten sich die geschichteten Mergel und Mergelkalke ab. Das kann man sehr deutlich da erkennen, wo solche „Schwammstotzen" in ihren Randpartien in die gebankte Fazies übergehen: Die gebankten Schichten lagern sich vom Schwammstotzen weg leicht abfallend an diesen an. Besonders schön ist das an den Fels-wänden der Lochenalb zu sehen. Von den Schwammstotzen ziehen Schuttfächer in die Schichtfazies: In den Übergangsschichten von der Schwamm- zur Schichtfazies bekommen die Mergel und Kalke daher ein rauheres Aussehen als in der einfachen Schichtfazies.

Da die gebankte Fazies im allgemeinen weniger widerstandsfähig ist, als es die Massenkalke sind, werden die gebankten Partien zwischen den Schwammstotzen rascher durch die Erosion ausgeräumt. Die Felsgirlanden am Albsteilrand, wie etwa in der Lochenalb, in der Kirchheimer und Uracher Gegend, in der Fränkischen Schweiz, oder an Talhängen, wie im oberen Donautal, im Blautal oder Alt-mühltal, sind in der Hauptsache solche herausgearbeiteten Massen-kalkpartien. Auf der kuppigen Albhochfläche treten die Schwamm-stotzen als rundliche Kuppen in Erscheinung. Wir haben damit hier im heutigen Landschaftsbild andeutungsweise das alte Meeresbo-denrelief vor Augen.

Da es sich um eine Schwammfazies handelt, sind Schwammreste ein beherrschendes Element in den Fossilgemeinschaften; sie finden sich immer häufig. Die Mehrzahl der Schwämme sind Kiesel-schwämme, d. h. Schwämme, deren Skelettelemente ursprünglich aus Kieselsäure bestanden. Das Skelett wird aus kleinen Einzel-teilen, den sogenannten Spikula, gebildet, die zu einem festen Netz-werk zusammenwachsen können. Wo ein solches zusammenhän-gendes Skelettgewebe vorhanden war, blieb der Schwammkörper auch fossil in seiner ursprünglichen Form erhalten.

Die **Kieselschwämme** verteilen sich auf zwei Gruppen: Die Lithisti-den haben einen massiven Schwammkörper, der von Kanälen durchzogen ist. Das Skelett besteht aus unregelmäßig gestalteten Spikula, die sich wurzelähnlich verzweigen. Durch diese Verzwei-gungen sind die Einzelspikula miteinander verflochten, so daß ein massives Netzwerk entsteht.

Die Schwämme der zweiten Gruppe, der Hexactinelliden, haben einen weniger massigen Körper, dem ein Kanalsystem fehlt. Ihr Skelett besteht aus Spikula, deren drei Achsen sich im Zentrum in einem rechten Winkel schneiden. Damit gehen von diesem Zentrum sechs senkrecht aufeinanderstehende Strahlen aus (Sechsstrahler). Die Strahlenden wachsen durch Kieselsäure fest zusammen; so ent-steht ein Netzgewebe mit rechten Winkeln. Zeigt sich auf der ange-witterten Oberfläche eines Schwammes die Feinzeichnung eines Gewebes mit rechtwinkligen Maschen, so hat man es mit einem An-gehörigen der Hexactinelliden zu tun. Sind auf der angewitterten

Oberfläche Anzeichen eines Kanalsystems erkennbar, das den Schwammkörper durchzieht, liegt ein Angehöriger der Lithistiden vor.

Da die Gestalt des Schwammkörpers außerordentlich stark variiert, ist die eindeutige Bestimmung meist nur mittels einer Untersuchung des Baues des Spikulagewebes möglich. Nur wenige Formen bringen typische Gestalten hervor, wie etwa der Lithistide *Cylindrophyma* mit seiner dickwandigen Zylinderform und den Radialkanälen, die die Wandungen durchsetzen; oder das kreiselförmige, ebenfalls zu den Lithistiden gehörige *Cnemidiastrum* mit übereinanderliegenden Radialkanälen, deren Öffnung auf der Außenseite senkrechte Rinnen bilden; oder der Lithistide *Hyalotragos* mit Teller- oder Schüsselform. Unter den Hexactinelliden könnte man etwa das trichterförmige *Tremadictyon* mit weiter Zentralhöhe oder die mehr becherförmige bis zylindrische *Craticularia* oder die sehr häufige, kreiselförmige *Cypellia* erwähnen.

Auch Kalkschwämme finden sich, d. h. also Schwämme, deren Spikulaskelett aus Kalk aufgebaut war. Sie bleiben kleiner, sind seltener und fallen auch weniger auf. Es sind im allgemeinen kleine, knollige Gebilde von unregelmäßiger Form.

Häufig sind nun auch die Brachiopoden. Wir erwähnen vor allem die verbreitete, auffällige, ziemlich groß werdende und dick gewölbte Rhynchonellide *Lacunosella* mit einer breiten Mittelfalte. Diese überlagern kräftige Radialrippen, die durch Schalenfaltung hervorgerufen sind. Infolgedessen bildet der freie Vorderrand der Schale eine breit gewellte Zickzacklinie. Nach Schalenform, Zahl und Breite der Radialrippen sind verschiedene Arten zu unterscheiden. Häufig ist auch die ebenfalls ziemlich groß werdende, glatte, länglich ovale, kräftig gewölbte Terebratel *Loboidothyris zieteni* (LORIOL) mit ganz flacher Wellung am Schalenvorderrand. Zu diesen beiden großen und auffälligen Typen kommen dann noch einige kleinere und zierliche Terebrateln, so die fast kreisförmige *Trigonellina pectunculus* (SCHLOTHEIM) mit einigen feinen Radialrippen und konzentrischer Streifung und *Ismenia pectunculoides* (SCHLOTHEIM) mit gerundet pentagonalem Umriß und einigen kräftigen, scharfkantigen, radialen Schalenfalten.

Die Muschelfauna ist nicht sehr reich. Gelegentlich finden sich Reste von kleineren Austern, und zwar sowohl von *Liostrea*, die der heutigen Speiseauster ähnelt, wie auch von *Lopha*, die durch kräftige Schalenfaltung gekennzeichnet ist. Auch eine kleine *Plicatula* mit unregelmäßig lamellöser Schale und gerundet dreieckigem Umriß

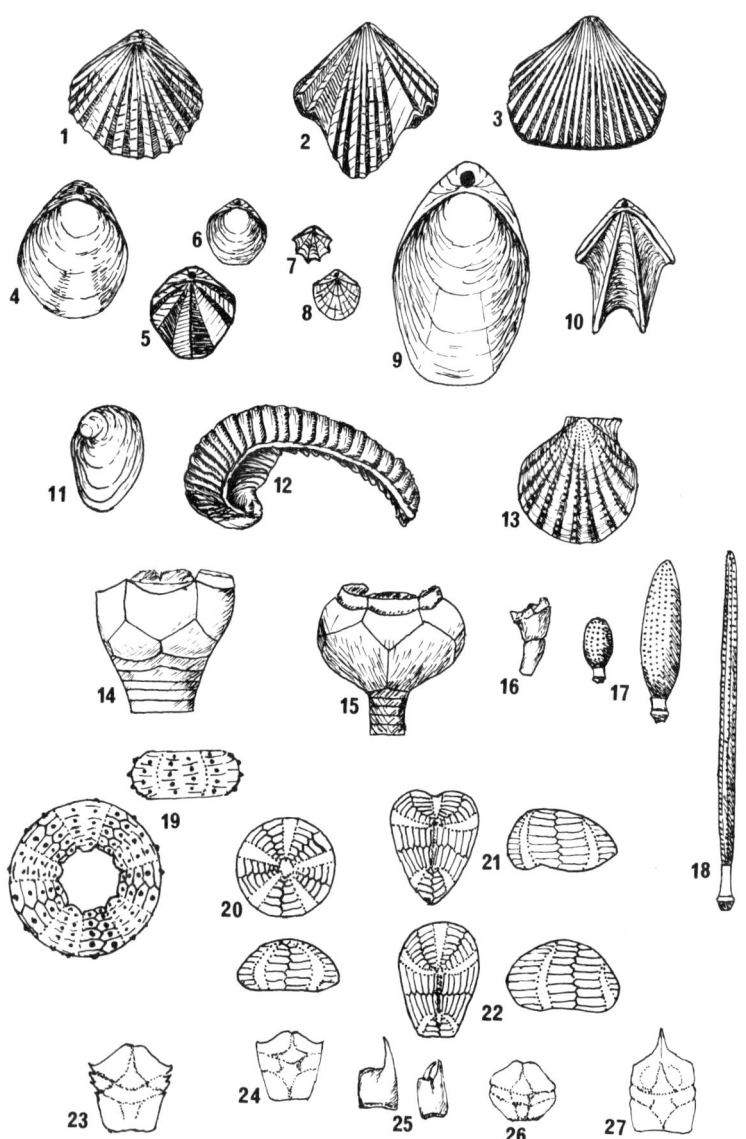

kommt gelegentlich vor, sowie die schief dreieckige, glatte *Plagiostoma*. Pectenschalen sind nicht allzu selten. Ebenso finden sich gelegentlich, meist verdrückt, Steinkerne von Pholadomyen. Eine noch geringere Rolle spielen die Schnecken. Wir erwähnen vor allem die z. T. ziemlich groß werdende *Pleurotomaria* mit konischer Schalenspirale – auch sie normalerweise nur als Steinkern. Das auffällige Zurücktreten von Muscheln und Schnecken in der sonst reichen und vielgestaltigen Fauna entspricht wohl kaum der ursprünglichen Faunengemeinschaft. Es ist wohl die Folge davon, daß die Mehrzahl der Muscheln und Schnecken ihre Schalen aus der leichter löslichen, aragonitischen Modifikation des Kalziumkarbonates bilden und die Schalen daher schon vor der Einbettung aufgelöst wurden. Diese Vorstellung wird dadurch nahegelegt, daß gerade die Muschelgruppen in der Fossilgemeinschaft besonders gut vertreten sind, die ihre Schalen aus der schwerer löslichen, kalzitischen Modifikation des Kalziumkarbonates bilden (Austern, Pectiniden, Spondyliden, Limiden). Dazu paßt auch, daß in den Fossilgemeinschaften die Brachiopoden, die ja auch eine kalzitische Schale haben, so gut vertreten sind.

So ist ebensowenig verwunderlich, wenn Reste von Stachelhäutern, deren Skelett ebenfalls kalzitisch ist, recht gut und formenreich vertreten sind. Die Seelilien sind durch die fünfeckigen Stielglieder des häufigen *Pentacrinus,* durch die kleineren, abgerundet fünfeckigen von *Balanocrinus* sowie durch die größeren, kreisrunden von *Apiocrinus* vertreten. Nicht allzu selten findet man auch die kleinen, runden Stielglieder von *Eugeniacrinus,* oft noch im Zusammenhang mit der kleinen Krone. Einzelne Skelettplättchen von See- und Schlangensternen kommen nicht selten vor, fallen aber als kleine, unscheinbare Gebilde wenig auf; nur der erfahrenere und geübtere Sammler wird sie beachten. Diese Einzelelemente des zerfallenen Skelettes sind auch schwer zu bestimmen. Wir erwähnen die etwas auffälligeren, fünfeckigen Plättchen eines Angehörigen der Seesterne, *Sphaeraster.*

Fossilien aus den Schwamm- und Korallenkalken: 1 *Lacunosella lacunosa;* 2 *Lacunosella trilobata;* 3 *Torquirhynchia inconstans;* 4 *Loboidothyris zieteni;* 5 *Ismenia pectunculoides;* 6 *Juralina humeralis;* 7 *Trigonellina loricata;* 8 *Trigonellina pectunculus;* 9 *Juralina insignis;* 10 *Terebratulina chrysalis;* 11 *Exogyra spiralis;* 12 *Arctostrea gregaria;* 13 *Chlamys subarmata;* 14 *Millericrinus münsterianus;* 15 *Millericrinus mespiliformis;* 16 *Eugeniacrinus;* 17 und 18 *Cidaris*-Stacheln; 19 *Pseudodiadema;* 20 *Holectypus depressus;* 21 *Disaster carinatus;* 22 *Disaster granulosus;* 23, 24, 26 Verschiedene Formen von Prosoponiden; 25 *Callianassa*-Scheren; 27 *Gastrosacus.*

Auffälliger und bemerkenswerter sind die Seeigelreste. Die Stacheln von *Cidaris* mit ihrer wechselnden, lang zylindrischen oder gedrungen kurzen bis fast keulenförmigen Gestalt, fast immer mit gekörnelter Oberfläche, und die langen Stacheln mit abgeplattetem Querschnitt von *Rhabdocidaris* gehören zu den häufigeren Fossilien. Gelegentlich findet man auch Plättchen oder Bruchstücke von der Skelettkapsel eines *Cidaris,* selten auch eine ganze Skelettkapsel. Sie ist durch ihren runden Umriß, ihre fünfstrahlige Radialität in der Plättchenanordnung und die kräftigen Warzen, auf denen die Stacheln saßen, unverkennbar. Seltener kann man auch die Skelettkapsel von einer *Salenia* finden. Sie bleibt wesentlich kleiner als die von *Cidaris* und zeichnet sich durch ihr großes und festes Scheitelschild aus. Auch Reste von *Pseudodiadema* kann man gelegentlich finden. Ihre Skelettkapseln unterscheiden sich von denen von *Cidaris* durch wesentlich stärkere Abplattung und durch breitere Ambulakralzonen, auf denen ebenfalls Stachelwarzen stehen.

Die sekundär bilateral-symmetrischen irregulären Seeigel sind vertreten durch *Holectypus depressus* PHILL. Er hat eine abgeflachte Unter- und konisch gewölbte Oberseite sowie kreisrunden Umriß. Der Scheitel liegt im Zentrum der Oberseite, der After ist auf die Unterseite verlagert. Häufiger treten vielfach die Collyritiden mit ihrem ovalen Umriß auf. Sie sind vor allem dadurch gekennzeichnet, daß sich die fünf Ambulakralzonen auf der Oberseite nicht im Scheitel treffen. *Collyrites bicordatus* (LESKE) hat einen herzförmigovalen Umriß. Der After liegt oben an der senkrecht abfallenden Hinterseite. *Disaster carinatus* (LESKE) hat einen länglich dreieckigen, hinten zugespitzten Umriß. Bei dem nahe verwandten *Disaster granulosus* (GOLDFUSS) dagegen ist der Umriß länglich oval und hinten quer abgestutzt.

Wir erwähnen schließlich noch, daß die unregelmäßig gestalteten Röhren von *Serpula* – ein Sammelbegriff für Kalkröhrchen ausscheidende Röhrenwürmer – nicht selten sind.

Auf Schalen findet sich gelegentlich Bryozoenbewuchs, und hin und wieder kommt auch ein Kopf-Brust-Panzer eines Prosoponiden vor. Die Prosoponiden sind freilich in der gebankten Normalfazies häufiger.

Der Frankendolomit

Dolomitisierung kann, vor allem im höheren Weißen Jura, örtlich in der geschichteten Normalfazies auftreten. Auch die Massen- und

Schwammkalke können, sowohl in der Schwaben- wie auch in der Frankenalb lokal dolomitisiert sein.

Im Frankendolomit sind größere, zusammenhängende Partien sowohl vertikal im Profil wie auch horizontal in der räumlichen Ausdehnung durchgreifend dolomitisiert. Er prägt daher in weiten Gebieten das Bild der Fränkischen Alb. Bekannt sind die bizarren Felsformen der Fränkischen Schweiz oder des Altmühltales. Aber auch das Aussehen der Kuppenalb wird durch ihn bestimmt.

Unter dem Begriff „Frankendolomit" versteht man massige Dolomite ohne horizontale Fugen, z. T. mit Kuppelbau (Riffdolomit), und überwiegend dickbankige Dolomite mit mehr oder weniger horizontal verlaufenden Fugen (tafelbankiger Dolomit). Dolomitisierte Normalfazies fällt nicht unter den Begriff Frankendolomit. Die Dolomite sind graubraun bis blaugrau und in verwittertem Zustand hell gefärbt. Sie sind deutlich fein- bis grobkörnig kristallinisch, z. T. luckig-porös und enthalten Hornsteine. Der Frankendolomit ist stratigraphisch nicht einheitlich. Er umfaßt Schichten des Malm Alpha bis Malm Zeta, wobei Malm Alpha nur gering beteiligt ist. Mit der Ausweitung der Verschwammung nimmt auch die Verbreitung des Dolomits zu; sie ist im Malm Delta und Epsilon am größten.

Die stratigraphische Zuordnung des Frankendolomits ist äußerst schwierig. Zum einen lebten in den Riffgebieten vor allem Tiergruppen, die für eine Zuordnung ungeeignet sind, wie Schwämme, Brachiopoden oder Echinodermen. Zum anderen wurden die Fossilien häufig durch die Dolomitisierung zerstört. Außerdem wies der Meeresboden bei starker Schwammbesiedlung ein erhebliches Relief auf, so daß die Zeitgrenzen vielfach schräg durch die Profile laufen. Die Gliederung des Dolomits muß daher mit anderen Methoden versucht werden, wie z. B. Beziehung zu benachbarter geschichteter Fazies mit bekanntem Alter oder die Lage zur Dogger-Malm-Grenze, wobei das Riffwachstum zu berücksichtigen ist. Auch die fazielle Ausbildung läßt sich heranziehen, da bestimmte Faziesausbildungen in verschiedenen Horizonten unterschiedlich häufig sind.

Die Mächtigkeit des Frankendolomits kann 200 m erreichen, schwankt jedoch beträchtlich. Die Mächtigkeit im einzelnen hängt davon ab, wie weit die Dolomitisierung in mehr oder weniger tiefe Zonen hinuntergreift.

Malm Zeta
Tithonium oder Oberkimmeridgium

Die drei Malmstufen Gamma, Delta und Epsilon entsprechen, wie wir ausführten, dem Unteren Kimmeridgium in der Form, wie es in England ausgeschieden und definiert worden ist. Mit der höchsten und umfangreichsten Stufe des süddeutschen Oberjura, dem Malm Zeta, kommen wir, der englischen Einteilung folgend, in das Oberkimmeridgium. Ihm folgt dann in der englischen Einteilung noch das Portlandium. Nur die allerjüngsten Schichten des süddeutschen Malm reichen noch in das unterste Portlandium hinein. Das Kimmeridgium würde im süddeutschen Jura damit einen viel größeren Umfang bekommen als die übrigen Jurastufen und würde den mittleren und oberen Malm einschließen. Aus diesem und anderen, hier nicht zu erörternden Gründen hat es sich als zweckmäßig erwiesen, das Kimmeridgium im süddeutschen Jura auf Malm Gamma, Delta und Epsilon, d. h. das Unterkimmeridgium zu beschränken und Malm Zeta als Tithonium abzugliedern. Der Begriff Tithonium stammt aus dem alpin-mediterranen Jura und bezeichnet zunächst eine bestimmte Kalkfazies des alpin-mediterranen Malm. Er ist stratigraphisch so definiert worden, daß das Untertithonium, von dem gelegentlich auch ein Mitteltithonium abgegliedert wird, dem Oberkimmeridgium entspricht und das Obertithonium dem Portlandium. Im Schwäbischen Jura folgt dem fast durchweg verschwammten oberen Felsenkalk des Malm Epsilon noch ein Schichtenstoß, der über 200 m Mächtigkeit erreicht und den Malm Zeta darstellt. Die Verschwammung, die im Malm Epsilon ihren Höhepunkt erreicht hat, geht nun rasch zurück. Sie reicht, vor allem in der Ostalb, noch in das untere Zeta hinein, um dann ganz zu verschwinden.
In der normalen Schichtfazies ist Malm Zeta in drei Abschnitten gegliedert. Den unteren Abschnitt bilden die Liegenden Bankkalke, deren Mächtigkeit von 40 m in der Westalb bis auf 80 m in der Ostalb zunimmt. Sie werden aus 20 – 30 cm mächtigen, durch feine Mergelfugen getrennten, regelmäßigen Kalkbänken aufgebaut. Gelegentlich sind sie als „Krebsscherenkalke" ausgebildet und können in Plattenkalke, die „Nusplinger Schiefer" übergehen. Darüber liegt eine mittlere, bröckelig zerfallende Mergelstufe, die sogenannten Zementmergel, deren Mächtigkeit von rund 30 m in der Westalb bis

Pterodactylus kochi (WAGNER), Tithon, Weißer Jura Zeta, Eichstätt (× 0,6).

154

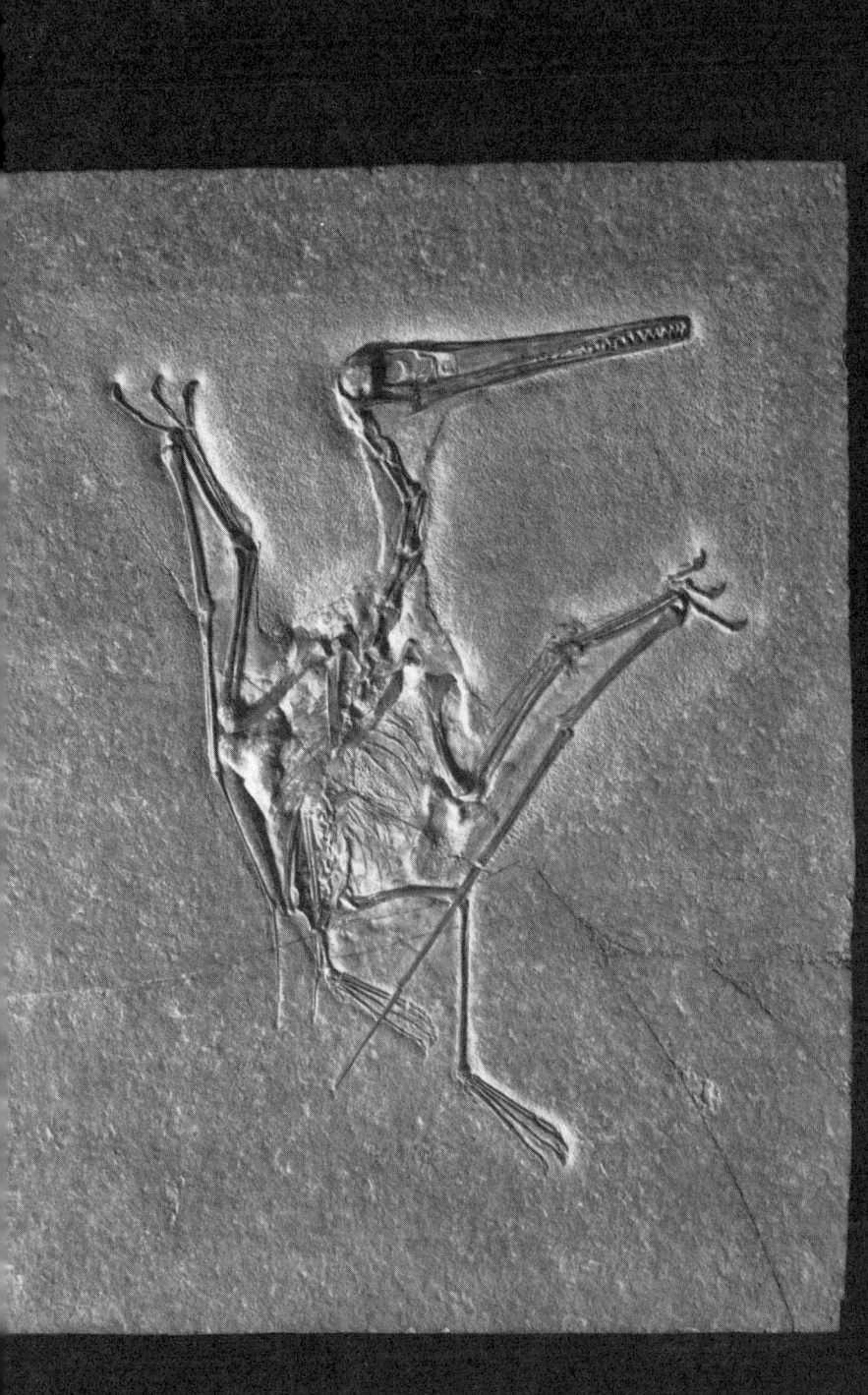

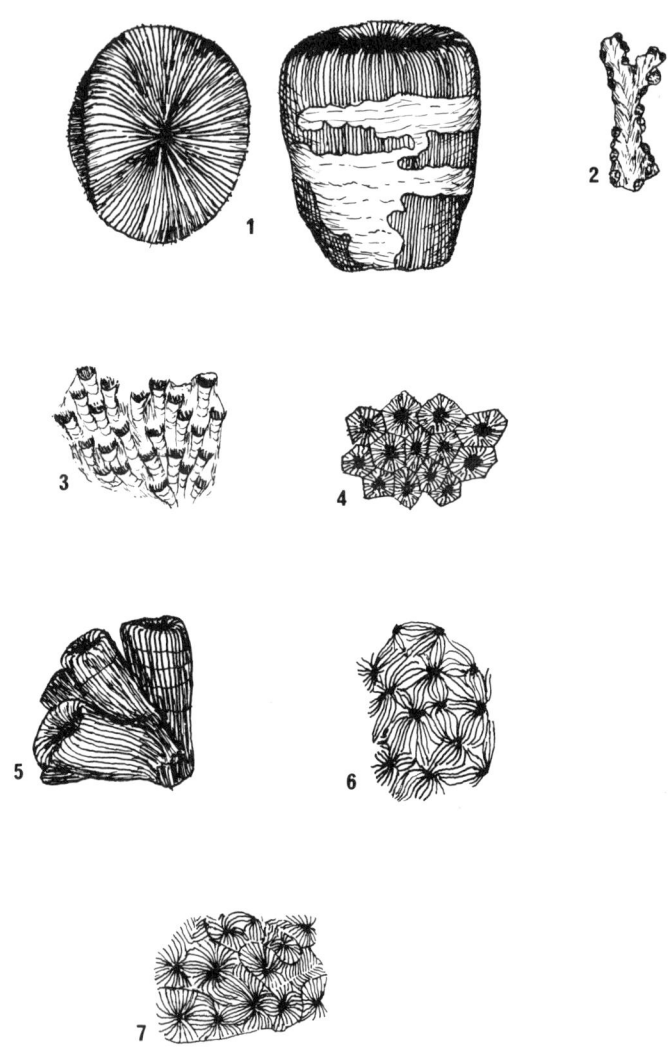

Korallen aus Malm Zeta: 1 *Montlivaltia obconica;* 2 *Enallhelia compressa;* 3 *Latusastraea alveolaris;* 4 *Isastraea crassisepta;* 5 *Thecosmilia trichotoma;* 6 *Thamnasteria;* 7 *Microphyllia sömmeringi.*

156

auf über 100 m in der Ostalb zunimmt. In sie können sich, vor allem im mittleren Abschnitt, einige Kalkmergelbänke einschalten. Den Abschluß bilden die Hangenden Bankkalke, eine Folge regelmäßig gebankter Kalke.

In der Westalb ist ausschließlich diese Normalfazies entwickelt. In der mittleren und vor allem der Ostalb dagegen kann die Verschwammung noch in die Liegenden Bankkalke hineinreichen, um dann in den Zementmergeln rasch zu verschwinden. Ein Teil der Felsen in der Ulmer und Heidenheimer Alb sind verschwammte Ausbildungen der Liegenden Bankkalke. Die Kalke sind oft sehr rein, vor allem in der Ulmer Alb. Im Malm Zeta treten nun auch Korallenriffe auf. Die Korallenfazies setzt mit dem Zurückgehen der Verschwammung ein. Korallenkalke sind in der Ostalb weit verbreitet, und zwar von Geislingen a. d. St. an nach Osten. Sie gehören den Liegenden Bankkalken an, reichen noch in den Zementmergelabschnitt und gelegentlich noch in die tieferen Lagen der Hangenden Bankkalke hinein. Der Korallenfazies zugeordnet sind die oolithischen Trümmerkalke der Ulmer Alb und der ähnliche Brenztaloolith der Gegend von Heidenheim. Es handelt sich um zusammengeschwemmte Schalentrümmer und Schalenzerreibsel, die oft schalig von Kalzit umkleidet sind und dadurch Ooidcharakter annehmen. Die Trümmeroolithe gehören stratigraphisch vor allem in den Zementmergelabschnitt von Zeta.

Die stärkere Faziesdifferenzierung in der Ostalb leitet zur Entwicklung des Malm Zeta im Fränkischen Jura über, die ein starker horizontaler und vertikaler Fazieswechsel kennzeichnet. Malm Zeta ist im Fränkischen Jura vorwiegend in der südlichen Frankenalb verbreitet. Man unterscheidet als Geisentalschichten einen untersten Abschnitt, Zeta$_1$, der aus oft grauen, gebankten Kalksteinen im Westen besteht und im Osten überwiegend von Plattenkalken gebildet wird. Die Mächtigkeit schwankt zwischen 10 und 40 m. Es folgen als Zeta$_2$ die Solnhofener Plattenkalke, die durch ihre zwar seltenen, aber oft ausgezeichnet erhaltenen Fossilien und als „lithographische Schiefer" bekannt geworden sind. Zwischen die fast reinen Kalke („Flinze") schalten sich tonreichere Lagen („Fäulen"). Die sogenannten „Krummen Lagen" sind durch Abgleiten des noch nicht oder nur schwach verfestigten Sedimentes entstanden. Das durch die Schwammstotzen bedingte Meeresbodenrelief bewirkt starke Mächtigkeitsschwankungen. Nach Osten treten Bankkalke und Plattenkalke auf, die Riffschutt führen können; außerdem treten massige Riffschuttkalke und Korallenkalke auf. Die Mörnsheimer Schichten (Zeta$_3$) mit einer Mächtigkeit von 50 – 60 m sind aufgebaut von hellen Plattenkalken (wie etwa bei Daiting), Bankkalken („Mörnsheimer Wilder Fels"), Papierschiefern (feingeschichtete Gesteine, die bei der Verwitterung papierartig aufblättern) sowie Mergel- und Schillkalken. Die Kalke können z. T. verkieselt sein und feinen Riffschutt führen. Die Usseltalschichten (Zeta$_4$) mit einer Mächtigkeit von rund 80 m kennt man nur aus dem Bereich des Usseltales in der südlichen Frankenalb. Sie sind gekennzeichnet durch einen Wechsel von hellen, grauen bis gelblichen Bankkalken, ähnlich gefärbten fein- bis dünnplattigen Kalken und Mergeln, die z. T. feinklastische Komponenten enthalten können. Gelegentlich kommen auch Schillkalke vor.

Zwei höchste Abschnitte, die Rennertshofener Schichten (Zeta$_5$) und die Neuburger Schichten (Zeta$_6$), sind auf das Gebiet um Neuburg a. D. beschränkt und stellen die jüngsten Glieder des süddeutschen Jura dar. Im Schwäbischen Jura haben sie kein Äquivalent. Die 110 m mächtigen Rennertshofener Schichten sind helle,

Aeger tipularius (SCHLOTHEIM), Tithon, Weißer Jura Zeta, Eichstätt (× 0,4).

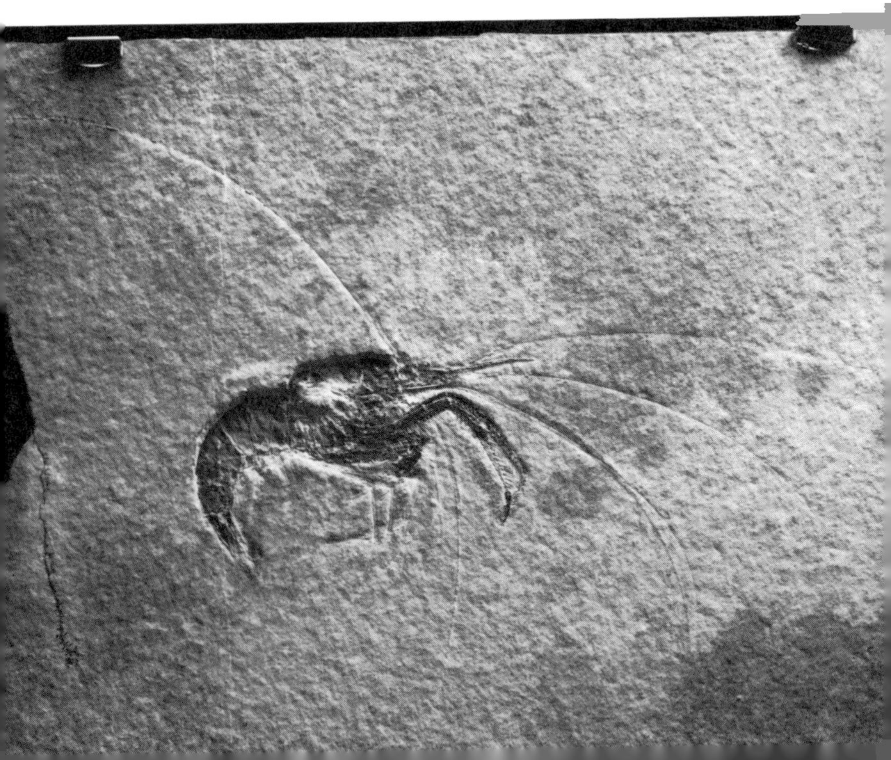

graue bis bräunliche, dünn- bis mittelbankige, gelegentlich feingeschichtete, teilweise mergelige Kalksteine mit Mergelzwischenlagen.
Die Neuburger Schichten, die rund 55 m mächtig werden, bestehen
im unteren Teil aus gut gebankten, meist dickbankigen, relativ weichen Kalksteinen in einzelnen Bänken mit reicher Ammoniten- und
Muschelfauna. Im oberen Teil bestehen sie aus dünnen bis mittel-
starken Kalkbänken mit z. T. unebenen Oberflächen. Zuoberst bestehen die dünnen Bänke aus feinkörnigem, zähem, hartem Kalkstein, der frisch braungrau bis bläulichgrau, angewittert aber ocker-
farben ist. Diese jüngsten Schichten weisen mit ihrem Fossilinhalt
auf den Rückzug des Jurameeres und seine randliche Aussüßung
hin.
Die Schichtfazies des Malm Zeta ist meist fossilarm und im wesentlichen eine Ammonitenfazies. In der Schwamm- und Korallenfazies,
den Trümmeroolith- und Riffschuttgesteinen ist die Fossilführung
reicher und vielfältiger, aber die Fossilien sind stratigraphisch wenig
bezeichnend. Das erschwert die Gliederung und den Vergleich dieses mächtigen Schichtenstoßes.
Die Haploceraten sind gut vertreten mit *Glochiceras,* das in den Liegenden und Hangenden Bankkalken mit mehreren Arten vorkommt. Dazu tritt, als berippter Vertreter der Gattung, *Glochiceras
lithographicum* (OPPEL) mit marginalen Knötchen. Das größer werdende, engnablige, glatte, hochmündige *Haploceras subelimatum*
FONTANNES ist etwas geblähter. *Haploceras elimatum* (OPPEL) und
Pseudolissoceras bavaricum BARTHEL kommen in den Neuburger
Schichten vor. Beide sind fast glatt und unterscheiden sich im Windungsquerschnitt und in der Lobenlinie. *Ochetoceras zio* (OPPEL)
hat kräftige, vorwärts geneigte Rippen auf der inneren Flankenhälfte, eine gut entwickelte Spiralfurche auf der Flankenmitte und weitstehende, nach rückwärts gebogene Rippen auf der äußeren Flankenhälfte, zwischen die sich außen Schaltrippen einfügen. *Neochetoceras steraspis* (OPPEL) in den Solnhofener Plattenkalken ist sehr engnablig mit hohem, extern gerundetem Querschnitt und mehr oder
weniger deutlicher Sichelberippung. Vorwiegend in den Rennertshofener Schichten kommt *Neochetoceras mucronatum* BERCKHE-
MER & HÖLDER vor. Es ist sehr schwach berippt und hat scharfe
marginale Kanten und Kiel. *Taramelliceras wepferi* (BERCKHEMER)
reicht aus dem Epsilon noch in die unteren Bankkalke hinein. *Taramelliceras prolithographicum* (FONTANNES) ist recht kräftig berippt.
Unter den Aspidoceraten erwähnen wir *Aspidoceras longispinum*
(SOWERBY) mit zwei Knotenreihen, das wir schon vom Malm Delta

Fossilien des Malm Zeta: 1 *Sublithacoceras penicillatum;* 2 *Sutneria eugyra;* 3 *Pseudolissoceras bavaricum;* 4 *Glochiceras lithographicum;* 5 *Taramelliceras prolithographicum;* 6 *Neochetoceras steraspis.*

her kennen. In den Neuburger Schichten kommt mit *Aspidoceras neoburgense* (OPPEL) eine mehr rundliche, engnablige Form ohne deutliche Skulpturmerkmale vor. Von *Hybonoticeras* erwähnen wir *Hybonoticeras hybonotum* (OPPEL) mit radialen Flankenrippen, die außen und innen in Knoten enden; die Art ist auf das untere Zeta beschränkt.

Die Gattung *Sutneria* kommt mit *Sutneria bracheri* BERCKHEMER in den unteren Bankkalken vor. Sie hat dicke, gerundet hochrechteckige Windungen, einen sehr schwachen Knick der Wohnkammerwindung und nur nahe dem Nabelrand schwach angedeutete, vorwärts geneigte Rippen. In den Solnhofener Plattenkalken und deren Äquivalenten kommen noch *Sutneria apora* (OPPEL) und *Sutneria eugyra* BARTHEL vor. Beide sind nur schwach ornamentiert, ebenso wie die in den Neuburger Schichten auftretende *Sutneria asema* (OPPEL).

Leitfossil in den Hangenden Bankkalken ist die recht groß werdende, ziemlich engnablige *Gravesia gigas* (ZIETEN). Ihre dick geblähten Windungen können dicker als hoch werden. Von ihrer dem Nabelrand genäherten Knotenreihe gehen mehrere Teilrippen aus, die über die breite Außenseite wegziehen. Die Art ist aber selten.

Unter den Perisphincten im engeren Sinn ist *Lithacoceras* zu nennen. Die Gattung wird schon in tieferen Malmstufen angeführt. Doch dürften die ersten echten Vertreter erst im Tithonium erscheinen, während die in den tieferen Malmstufen angegebenen Lithacocerasarten wohl anderen Perisphinctengruppen angehören. Es bleiben hier noch viele Fragen offen. *Lithacoceras* im engeren Sinn ist gekennzeichnet durch dichtstehende, feine, einfach gegabelte Rippen auf den inneren und Büschelrippen auf den äußeren Windungen. *Lithacoceras ulmense* (OPPEL) ist mäßig weitnablig und hochmündig; es ist Leitfossil im unteren Zeta. In den gleichen Schichten, auch noch in den Hangenden Bankkalken, kommt die Gattung *Subplanites* vor. Bei ihr sind die Innenwindungen denen von *Lithacoceras* ähnlich; aber die Außenwindung hat keine Büschelrippen, sondern drei- bis vierspaltige Rippen mit Schaltrippen und einen ohrförmigen Fortsatz am Mündungsrand. In den Usseltalschichten erscheint neben anderen Formen die Gattung *Usseliceras* mit mittelgroßem bis großem Gehäuse. Die Rippen der Innenwindungen sind einfach oder doppelt gegabelt. Auf der Außenwindung sind die inneren Rippenteile knotenartig ausgebildet, die Außenrippen büschelig, gegabelt oder dreispaltig, z. T. auch ganz verschwunden, so daß nur die Innenrippen zu sehen sind.

161

Belonostomus muensteri AGASSIZ (ein *Aspidorhynchus*-Verwandter), Tithon, Weißer Jura Zeta, Zandt (× 0,4).

Auch in den Rennertshofener Schichten erscheinen neue, bisher unbekannte Perisphinctiden wie etwa *Franconites*. Bei dieser mittelgroßen Gattung sind die Rippen auf den inneren Windungen relativ fein, doch deutlich ausgeprägt, dichtstehend, gegabelt oder ungespalten. Auf der Außenwindung treten büschelförmige, oft geschwungene Rippen auf. Auch in den Neuburger Schichten sind zahlreiche Perisphincten vorhanden. Einige dieser Formenkreise treten schon in den Rennertshofener Schichten auf wie *Sublithacoceras* mit dichtstehenden Rippen mit z. T. mehreren Spaltpunkten, die auf der Alterswindung abgeschwächt sind, oder *Parapallasiceras* mit meist gegabelten, aber auch dreispaltigen oder ungegabelten Rippen, einem ohrförmigen Mündungsfortsatz und mitunter einer Furche auf der Außenseite. Erwähnt sei noch die Gattung *Isterites*, die sich durch unregelmäßige Skulptur mit z. T. mehreren Rippenspaltpunkten auszeichnet. Diese jüngsten Malmschichten zeigen eine bemerkenswerte Formenfülle von Perisphincten. Zu erwähnen bleibt noch, daß im unteren Teil der Neuburger Schichten auch entrollte Ammoniten vorkommen.

Kleine Krebsscheren mit flachem, rechteckigem Scherenballen und kurzen geraden Fingern, die durch ihre weiße, kreidige Schale auffallen, sind in den Liegenden Bankkalken der östlichen Alb nicht selten. QUENSTEDT sprach daher von Krebsscherenkalken. Diese Scheren gehören zu der Krebsfamilie der Thalassiniden, bei denen nur die Scheren kräftig gepanzert sind und der Kopf-Brust-Panzer weichhäutig bleibt.

Die Solnhofener Plattenkalke sind zwar nicht sehr fossilreich, aber mit Recht berühmt durch ihre gut erhaltenen Fische und Krebse. Auch Insektenreste kommen vor und, wie im Holzmadener Posidonienschiefer selten, Flugsaurierreste sowie sogar – der berühmteste Fund – der Urvogel *Archaeopteryx*. Die Nusplinger Schiefer der Schwäbischen Westalb haben eine ähnliche, aber weniger reiche Fauna geliefert.

Gyrodus frontatus AGASSIZ, Tithon, Weißer Jura Zeta, Kelheim (× 0,6).

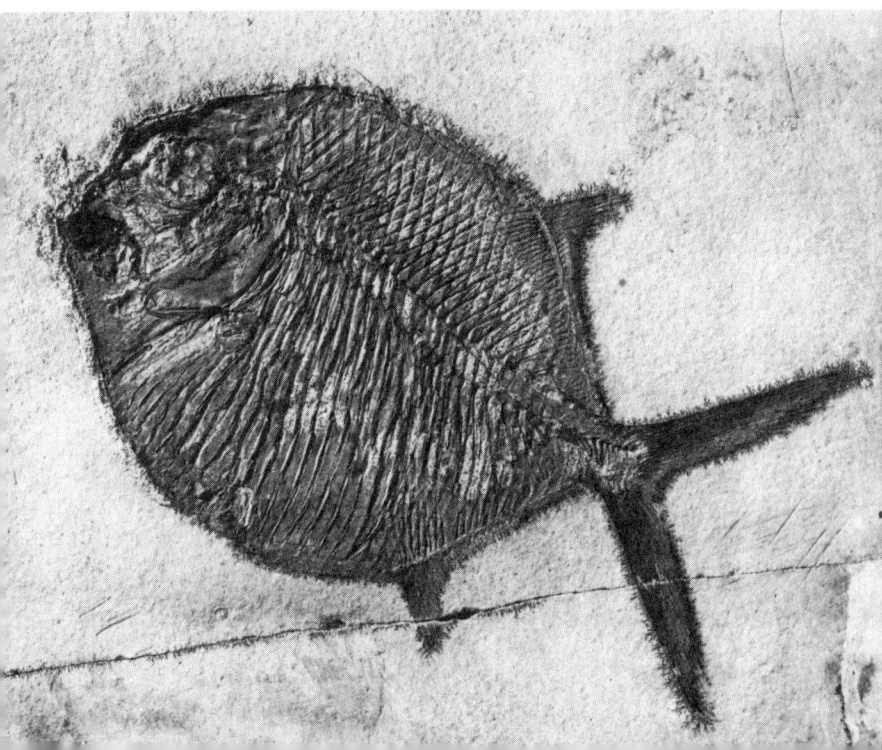

Fossilien des Malm Zeta: 1 *Subplanites moernsheimensis;* 2 *Parapallasiceras praecox;* 3 *Usseliceras franconicum;* 4 *Franconites vimineus.*

Anaethalion knorri (BLAINVILLE) (früher *Leptolepis*), Tithon, Weißer Jura Zeta, Eichstätt (×0,7).

Gelegentlich finden sich in den Bankkalken und auch in den Mergelbänken der Zementmergel nicht sehr gut erhaltene Muschelreste sowie die schlanken Rostren von *Hibolites*. In einigen Bänken der Neuburger Schichten sind die Auster *Exogyra virgula* (DEFRANCE) mit seitlich eingerolltem Wirbel und die dreieckige *Pinna quadrata* SCHNEID nicht selten.

Fossilreicher ist die Schwamm-, Korallen- und Riffschuttfazies. In der verschwammten Fazies ist eine ähnliche Fauna von Lithistiden und Hexactinelliden vorhanden, wie wir sie aus der Schwammfazies der tieferen Stufen kennen und schon kurz gekennzeichnet haben.

In der Korallenfazies sind neben Schwämmen vor allem Korallen in erheblicher Formenfülle vorhanden. Ihre Bestimmung ist wegen der großen Gestaltvariabilität oft schwierig und muß auf dem Bau des Skelettes begründet werden. Wir erwähnen die ästigen Kolonien von *Enallhelia compressa* (GOLDFUSS), bei denen die kleinen Poly-

165

pen in den massiven, verzweigten Ästen sitzen, die ziemlich groß werdende Einzelkoralle *Montlivaltia obconica* (MÜNSTER) mit becherförmigem Kelch, kräftiger Außenwand und zahlreichen Radialsepten, die koloniebildende *Thecosmilia trichotoma* (GOLDFUSS), bei der die gut entwickelten Einzelkelche mit zahlreichen Septen ohne Außenwand mit ihren basalen Teilen zusammenhängen, sowie *Stylina delabechi* (EDW. & HAIME) und einige nahestehende Arten mit massigen Kolonien, die aus relativ kleinen Polypen zusammengesetzt sind, wobei die Polypen nur wenige und kurze Septen haben. Bei den Kolonien von *Microphyllia sömmeringi* (GOLDFUSS) verfließen die septenreichen Polypen ohne scharfe Grenze ineinander; sie bilden auf der Stockoberfläche unregelmäßig gebogene Reihen. Bei *Latomeandra dubia* (GOLDFUSS) zeigen die Polypen ähnliches Verhalten, aber der Stock bleibt klein und kreiselförmig.

Gut vertreten in der Schwamm- und Korallenfazies sind die Brachiopoden. Die kräftig radial berippte Rhynchonellide *Lacunosella trilobata* (ZIETEN) zeichnet sich dadurch aus, daß am Vorderrand der Mittelteil gegenüber den Seitenteilen stark vorgezogen ist. Bei der breiteren und etwas feiner berippten *Torquirhynchia inconstans* (SOWERBY) sind die beiden Seitenteile nach verschiedenen Richtungen aus der Schalenebene abgebogen. Unter den Terebrateln ist die große, glatte, länglichovale *Juralina insignis* (SCHÜBL.) eine weit verbreitete, häufige und auffällige Form. *Juralina pentagonalis* (MANDL.) bleibt kleiner und hat einen breiteren, annähernd kreisförmigen Umriß. *Cheirothyris trigonella* (SCHLOTH.) mit pentagonalem Umriß hat vier kräftige Radialkanten, die sich in Spitzen über den Vorderrand verlängern. *Trigonellina loricata* (SCHLOTH.) ist eine fast kreisförmige, kleine, zierliche Form mit 6, in Spitzen am Vorderrand auslaufenden Radialkanten und deutlicher, konzentrischer Streifung. Die kleinen, zierlichen *Trigonellina pectunclus* (SCHLOTH.) und *Ismenia pectunculoides* (SCHLOTH.) reichen aus dem Epsilon noch in Zeta hinein.

Auch die Stachelhäuter sind ein formenreiches und sehr bezeichnendes Element der Fossilgemeinschaften. Unter den Seelilien erwähnen wir die auch hier vorkommenden Stielglieder von *Balanocrinus* sowie den kleinen *Eugeniacrinus*. Vor allem aber ist zu nennen der größer werdende *Millericrinus mespiliformis* (SCHLOTH.), dessen runde Stielglieder häufig sind und von dem sich auch nicht allzu selten die breit schüsselförmigen Kelche finden. *Millericrinus münsterianus* (ORBIGNY) bleibt kleiner, der Kelch ist mehr kreiselförmig. In den Solnhofener Plattenkalken ist häufig die ungestielte

Saccocoma. Auch Plättchen von *Sphaeraster* kommen im Zeta vor. Seeigeln begegnen wir nicht allzu selten. Neben den verschieden gestalteten Stacheln von *Cidaris* und *Rhabdocidaris* findet man mit Glück ein vollständiges Exemplar eines *Cidaris*. *Hemicidaris* unterscheidet sich bei ähnlicher Gestalt u. a. durch ein kleineres Scheitelschild und eine mit 10 Einschnitten versehene Mundfeldumrandung von den Cidariden. *Pseudodiadema* hat eine niedrige, kreisrunde Skelettkapsel. Die Ambulakralzonen sind breit und haben auf ihre ganze Erstreckung größere Stachelwarzen. *Glypticus* bleibt ziemlich klein, hat eine abgeflachte Unter- und eine konisch gewölbte Oberseite. Im Umkreis des Scheitelschildes ist die Gehäusewand mit unregelmäßig wulstigen Erhebungen bedeckt. *Hemipedina* wird wieder etwas größer, hat eine abgeflachte Unter- und eine konisch gewölbte Oberseite. Die breiten Ambulakral- und Interambulakralzonen tragen zahlreiche, kleine Stachelwarzen. Unter den irregulären Seeigeln treffen wir wieder die Gattungen *Holectypus, Collyrites* und *Disaster.* Dazu kommt noch *Echinobrissus* mit ovalem Umriß, abgestutztem Hinterrand und einer tiefen, vom Scheitelschild nach hinten verlaufenden Furche, in der die Afteröffnung liegt.

Muscheln spielen nun auch wieder eine größere Rolle. Unter den Austern fällt vor allem die langgestreckte *Arctostrea gregaria* (SOWERBY) auf mit einer Mittelkante, von der zahlreiche Schalenfalten nach beiden Seiten abgehen. Dazu kommt *Exogyra spiralis* (QUENSTEDT) mit dem in der Schalenebene seitlich eingerollten Wirbel. Verschiedene Pectinidenarten kommen vor, so *Chlamys subarmata* (MÜNSTER) mit stachelbesetzten Radialrippen. Verschiedene Arten von Arciden mit gerundet dreieckiger oder verlängerter Schale, Radialrippung und einem geraden Schloßrand mit zahlreichen Schloßzähnchen sind ebenfalls zu finden. Dazu kommen Vorläufer der heutigen Herzmuscheln, Lucinaarten mit fast kreisförmigem Umriß und flacher Schale und Astartiden. Besonders erwähnt werden müssen die ziemlich groß werdenden Diceraten mit dicker Schale und hornartig oder spiralig gedrehtem Wirbel. Sie finden sich vor allem in den Riffschuttsedimenten, ebenso wie von den Schnecken die schlanken, turmförmigen Nerineen mit charakteristischen Falten auf der Spindel. Daneben sind u. a. Pleurotomarien vertreten. Zu erwähnen sind noch die kleinen Kopf-Brust-Panzer der Prosoponiden.

Die nachjurassischen Ablagerungen auf der Schwäbisch-Fränkischen Alb

Mit dem Vordringen des Liasmeeres hatte für das Gebiet der Schwäbisch-Fränkischen Alb eine lange Zeit fast kontinuierlicher Meeresbedeckung begonnen. Am Ende des Oberjura wurde das Meer jedoch durch Heraushebung im Norden fortschreitend nach Süden abgedrängt. Es setzte eine überwiegend festländische Periode mit Abtragung und Verkarstung ein, die im wesentlichen bis heute andauert und nur durch kurzfristige Meeresvorstöße während der Oberkreide und des Jungtertiärs unterbrochen wurde.

Die nachjurassische Erdgeschichte der Alb wurde fortan bestimmt durch ihre Lage im Süden des Trias-Jura-Schichtstufenlandes, unmittelbar am Rande des voralpinen Molassebeckens, das ab dem Alttertiär (Eozän) langsam absank. Herrschten im Schichtstufenland Heraushebung und Abtragung vor, so im Molassebecken Absenkung und Sedimentation. Diese gegenläufigen Bewegungen erfolgten aber nicht stetig, sondern mit zeitlichen und räumlichen Veränderungen. Wirkten sich stärkere Heraushebungen im Schichtstufenland bis weit ins Molassebecken hinein durch Hebung, Sedimentationsunterbrechung und Erosion aus, so beeinflußten andererseits Absenkungen im Molassebecken auch das Vorland: Südliche Bereiche der Schwäbisch-Fränkischen Alb wurden vorübergehend in den Ablagerungsraum einbezogen, in nördlichen Bereichen wurde die Heraushebung und Abtragung wenigstens vermindert.

Die Kreideablagerungen auf der Schwäbisch-Fränkischen Alb

Nach der den obersten Jura und die Unterkreide umfassenden Festlands- und Abtragsperiode wirkten sich zu Beginn der Oberkreide Absenkungsbewegungen, die vom sogenannten helvetischen Trog der Alpen ausgingen, bis in das Schichtstufenland aus. So wurden

Stufe		Ablagerungsraum	
		Regensburg – Oberpfalz	SW – Frankenalb
	Campan	Albenreuther Schotter	
	Santon	Auerbacher Kellersandstein	
Oberkreide Coniac	ob. mittl. unt.	glaukonit- und glimmerführender Feinsandmergel Knölling-Jedinger-Sandstein Cardienton Grenzbank, Transgressionskonglomerat	
Turon	ob. mittl. unt.	Weilloher Mergel Großberger Sandstein Pulverturmschichten Glaukonitmergel Eisbuckelschichten Hornsandstein Knollensand Reinhausener Schichten	Hangende Feinsande Neuburger Kieselweiß
Ceno-man	ob. mittl.	Eibrunner Mergel Regensburger Grünsandstein Schutzfelsschichten	Feinsand, Mörnsheimer Bryozoensandstein, Grünsand Grobsand
	unt.	Amberger Erzformation	Neuburger Ton
Unterkreide			

das Regensburg-Oberpfälzer Becken und – von hier sich westwärts ausweitend – weite Teile der südlichen Frankenalb Ablagerungsgebiet einer zeitweisen fluviatilen, vorwiegend aber marinen Kreidesedimentation. Die Ablagerungen im Regensburger Raum reichen in ihrer charakteristischen Ausbildung und in flächenhafter Verbreitung vom Rand des ostbayerischen Grundgebirges gegen Westen bis in das Gebiet von Kelheim. Nur noch in Relikten erhalten sind hingegen die Oberkreidegesteine auf der südwestlichen Frankenalb zwischen Neuburg a. d. Donau, Eichstätt, Solnhofen und dem Ries. Sie unterscheiden sich von denen des Regensburger Raumes vor allem durch gröberes Korn und die ausgesprochene Seltenheit von Glaukonit.

Die Kreidesedimente des Regensburg-Oberpfälzer Beckens

Die unter dem Begriff „Regensburger Kreide" zusammengefaßten Schichten treten zwischen dem Ostrand des Fränkischen Jura und dem Westrand des Oberpfälzer und Böhmer Waldes zutage. Infolge raschen Fazieswechsels, tektonischer Zerstückelung und Erosion ist die stratigraphische Einstufung der Einzelvorkommen erschwert, was wiederum zu Schwierigkeiten bei der Rekonstruktion des ehemaligen Ablagerungsraumes führt. Nach heutigen Erkenntnissen stellte dieser eine Randsenke des Kreidemeeres im Alpenraum dar, deren Senkungszentrum im niederbayerischen Innviertel lag.

Das Kreidemeer drang ab dem Untercenoman von Südosten kommend allmählich nach Norden vor und erreichte im Coniac (höhere Oberkreide) sogar das Obermaingebiet. Zeitweise dehnte es sich auch nach Westen bis auf die Schwäbische Ostalb aus. Entsprechend der damaligen Landoberfläche überflutete das Meer verschiedene Schichten des Jura, der Trias oder das Grundgebirge.

Eine verstärkte Herauswölbung des Oberpfälzer und Böhmer Waldes drängte ab Santon das Meer in den niederbayerischen Raum zurück, wo mächtige Kreidesedimente bis in das Obercampan nachgewiesen sind. Im Raum Regensburg sind noch etwa 170 m dieser Oberkreidesedimente erhalten. Entsprechend den Senkungs- und Hebungsvorgängen im Ablagerungsraum und in seiner Umgebung findet man nur im Süden im niederbayerischen Innviertel eine lükkenlose Folge rein mariner und küstenferner Sedimente (durch Bohrungen nachgewiesen). Im Regensburger Raum umfaßt die Schichtfolge dagegen marin-brackische Ablagerungen und im anschließenden nördlichen Bereich eine Wechselfolge marin-brackischer und limnisch-terrestrischer Schichten.

Die Schichtfolge der Regensburger und Oberpfälzer Kreide ist derart vielfältig, daß im folgenden nur eine grobe Übersicht gegeben werden kann.

Im unteren Cenoman führte das erste Vordringen des Meeres entlang einer schmalen Furche im Bereich des Pfahles, einer bedeutenden tektonischen Linie im Bayerischen Wald (Grafenau – Pösing b. Cham), zur Bildung der bis zu 70 m mächtigen **Amberger Erzformation.** Es handelt sich um eine Wechselfolge von Braun- und Spateisenerzen mit Ockern, Ockertonen, dunklen Tonen mit Glaukonit und Ooiden, Sanden und Konglomeraten. Der Eisengehalt dürfte aus Verwitterungsprodukten des Weißen Jura stammen, die beim Eindringen des Meeres verfrachtet und sortiert wurden. Die Erzkörper entstanden in Meeresbuchten im Bereich von Karsttälern und in süßwassergefüllten Poljen (Großdolinen).

Durch Herauswölben des ostbayerischen Grundgebirges wurde das Meer verdrängt. Es kam zu einer weiträumigen fluviatilen Eindekkung mit kaolinitischen feldspatführenden Quarzsanden, Kaolintonen und Bunten Tonen. Diese Ablagerungen werden als **Schutzfelsschichten** bezeichnet. Von ihnen sind noch über 50 m mächtige Serien erhalten. Vorkommen in Karstbildungen zeigen die ehemalige flächenhafte Verbreitung an.

Nach erneutem Absinken wurde als marines Beckensediment der bis zu 16 m mächtige **Regensburger Grünsandstein** abgelagert. Es ist ein fein- bis mittelkörniger, kalkig gebundener, glaukonitführender und daher grün gefärbter Sandstein, der Pectiniden und *Exogyra columba* (LAMARCK) als häufige Fossilien enthält. Aus dem Regensburger Grünsandstein sind so bekannte Bauwerke wie der Regensburger Dom und die Alte Pinakothek in München errichtet.

Im Unterturon erweiterte sich der Meeresraum noch etwas. Es kam zu Sandsteinbildungen, die gegen das Hangende hin im Korn gröber werden (z. B. **Reinhausener Schichten**). Im Mittelturon wurden Mergelkalke, Mergelsandstein, Tonmergel, Feinsandmergel, z. T. glaukonit- und glimmerführend, abgelagert (u. a. **Pulverturmschichten**). Die weitere Heraushebung des Oberpfälzer und Böhmer Waldes brachte im Oberturon erneut kräftige Sandschüttungen bis weit hinein in das Becken. Es bildeten sich Quarz-Feldspat-Sandsteine, Kalksteine, sandige Tonmergel bzw. Kalkmergel mit Glaukonit wie etwa der **Großberger Sandstein**. Das Turon ist schichtweise fossilreich und enthält vor allem Muscheln. Die Mächtigkeit schwankt zwischen 100 und 190 m.

Im Coniac erfolgte der letzte und weiteste Vorstoß des Oberkreidemeeres, wobei sich längs des Ostrandes des Fränkischen Jura eine untermeerische Erosionsrinne bildete. Es wurden grobkörnige Quarz-Feldspat-Sandsteine, dunkelgraue, feinschichtige Mergel und glaukonit- und glimmerführende Feinsandtone abgelagert. Diese 80 – 120 m mächtigen Schichten finden sich nur in der Oberpfälzer Bucht. Aus dem Bereich von Regensburg sind sie bisher nicht bekannt geworden, d. h. sie sind entweder vollständig abgetragen oder nie abgelagert worden. Die weitere Heraushebung des Oberpfälzer und Böhmer Waldes verdrängte das Meer endgültig aus der Oberpfälzer Bucht. So konnte es zur Bildung des ca. 40 m mächtigen, fluviatil-limnischen **Auerbacher Kellersandsteines** kommen.

Die jüngsten Kreideablagerungen im Bereich der Fränkischen Alb stellen die **Albenreuther Schotter** (über 150 m mächtig) bei Erbendorf dar, die zum Campan gerechnet werden. Es handelt sich um Fanglomerate mit Kristallinkomponenten bis 70 cm Durchmesser. In ihrem unteren Teil sind Feinsande und Tone eingeschaltet, die eine Oberkreideflora enthalten. Fanglomerate sind Gesteine des ari-

Die Verbreitung der Oberkreideablagerungen auf der Schwäbisch-Fränkischen Alb.
····· marines Obercenoman – Mittelturon; — ·· — ·· Coniac – Campan.

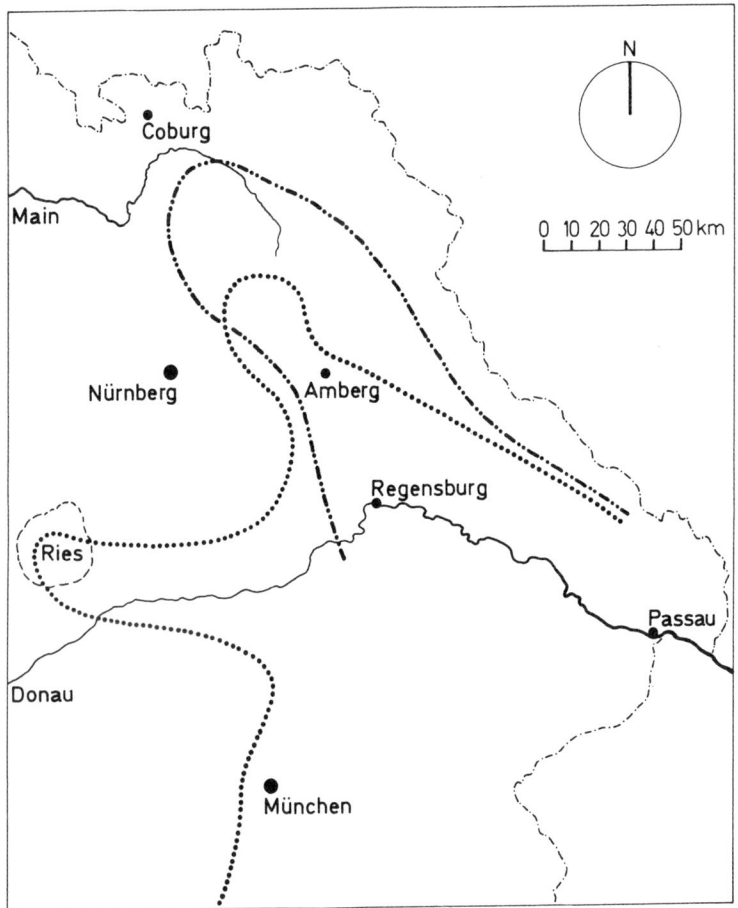

den Klimabereiches. Bei seltenen, aber gewaltigen Regengüssen entstehen aus dem Verwitterungsschutt Schlammströme, die oft fächerartige Schlammbrekzien bilden.

Die Kreidesedimente der südwestlichen Frankenalb

Flächenhaft sind heute Oberkreidegesteine in ursprünglicher Lagerung im Gebiet der südwestlichen Frankenalb nirgends mehr vorhanden. Größere zusammenhängende Vorkommen finden sich nur noch im Raum Neuburg – Rennertshofen – Wellheim als Füllungen großer dolinenartiger Karsthohlräume (bis über 150 m Breite und über 100 m Tiefe). Die Gesteine wurden nicht primär in ihnen abgelagert, sondern müssen – aufgrund ihrer Lagerung – epigenetisch (nachträglich) in sie eingesackt sein. Die Schichtfolgen sind wegen der wirtschaftlichen Bedeutung des „Neuburger Weiß" (siehe unten) durch mehrere Tage- und Tiefbaue gut bekannt. Ihnen müssen auch Restblöcke zugeordnet werden, die in der lehmigen Überdeckung der Alb vorkommen.

Das älteste Oberkreideschichtglied in der südwestlichen Frankenalb bilden die **Neuburger Tone**. Es handelt sich um maximal 10 m mächtige, braunrote oder ockerfarbene, gelegentlich hell- oder weinrote, violette, grünliche, weißgraue oder tiefschwarze, fossilleere, plastische Kaolintone mit dünnen Quarzsandzwischenlagen, Chalzedonbrocken und Einschaltungen schaliger Limonitkonkretionen. Sie sind als rote Residualtone zu deuten, die von der Albhochfläche in größeren Tümpeln und Seen zusammengeschwemmt wurden. Die eingeschalteten Sande stellen eine zusätzliche fluviatile Sedimentlieferung von der Böhmischen Masse dar, wie sie der über dem Neuburger Ton folgende **Grobsand** fast zur Gänze vertritt. In anstehenden Resten ist dieser bis Emskeim und Ammerfeld nachweisbar; als umgelagerte Relikte in tertiären Karstfüllungen sogar über die Grenzen mariner Sedimentation (vgl. Abb.) hinaus bis auf die Schwäbische Ostalb (bzw. ins westl. Vorries). Der Grobsand erreicht bis über 25 m Mächtigkeit und besteht aus einem schichtungslosen, kaum sortierten, fein- bis grobkörnigen, kaolindurchstäubten Quarzsand und -kleinkies (Korngröße bis über 10 mm) von weißgrauer bis ockergelbhellbrauner Farbe. Stellenweise ist er etwas verfestigt und z. T. stärker eingekieselt. Nicht selten treten auch weißgraue oder blaßrote und ockergelbe, quarzführende Kaolintonschmitzen, verwitterte Malmhornsteine von der Albhochfläche und limonitische Partien auf.

Mit dem **Feinsand,** der den Grobsand überlagert, liegt die erste vollmarine Oberkreideschicht der südwestlichen Frankenalb vor. Ein weiter Vorstoß des obercenomanen Grünsandsteinmeeres westwärts bis ins Ries führte zu seiner im einzelnen sehr uneinheitlichen, auf engstem Raum wechselnden Sedimentation, die von der Meerestiefe und der Fazies der liegenden Schichten geprägt ist. Der kaolindurchstäubte Feinsand führt weiße Kaolintonschmitzen und unterscheidet sich vom liegenden Grobsand vor allem durch hellere Farbe und feineres Korn (Durchmesser um 1 mm).

Von der in den Lagerstätten des Neuburger Weiß noch im stratigraphischen Verband erhaltenen Feinsandschicht lassen sich – sowohl faziell wie faunistisch – mehrere altersgleiche Gesteinsvarietäten ableiten. Sie sind heute nur mehr in Form von zahlreichen Reliktblöcken auf der Alb vorhanden und im Norden etwa bis zur Linie Eichstätt – Solnhofen sowie westwärts bis ins Ries verbreitet: zuckerkörniger Quarzitsandstein von Kreut, Mörnsheimer Bryozoensandstein, Muschelsandstein von Mühlheim, Opalsandstein von Siglohe, Weißer Quarzitsandstein der Konsteiner Sandgrube. Unterschiede sind vor allem in der Korngröße, im Grad der Einkieselung und in der Faunenzusammensetzung vorhanden.

Zu den auffälligsten und am weitesten verbreiteten Varietäten gehört der **Mörnsheimer Bryozoensandstein.** Es handelt sich um ein ungeschichtetes, glaukonitarmes, helles bis blaßrotes Gestein aus gerundeten, schrot- bis erbsengroßen Quarzen mit kaolinisierten Feldspäten in kieseligem Bindemittel. Besonders häufig ist es auf der Albhochfläche zwischen Mörnsheim und Solnhofen in Reliktblöcken bis über 1 m³, findet sich gelegentlich aber selbst in den aus dem Nördlinger Ries ausgeworfenen Trümmermassen.

Die marine Fauna dieser Obercenomansandsteine ist fast durchweg relativ kleinwüchsig und artenarm. Sie setzt sich aus Schwämmen, Korallen, Bryozoen, Brachiopoden, Muscheln und Echinodermen zusammen.

Tafel 8
Exogyra columba (LAMARCK), Oberkreide, Mittelturon, Dechbetten bei Regensburg (× 0,5); *Lyropecten arlesiensis* (WOODS), Oberkreide, Cenoman, Regensburger Grünsandstein, Enkenbrunn bei Regensburg (× 2,5); *Inoceramus*, Oberkreide, Unterturon, Neuburger Kieselweiß, Wellheim / Franken (× 0,7); Fledermaus, Unterkiefer, Tertiär, Sarmat, Riesseekalk, Nördlinger Ries (× 2,5); *Chlamys gigas* (SCHLOTHEIM), Tertiär, Burdigal, Obere Meeresmolasse, Ortenburg / Niederbayern (× 0,3); oben *Cepaea silvana silvana* (KLEIN), Tertiär, Torton, Obere Süßwassermolasse, Dischingen; unten *Planorbarius cornu mantelli* (DUNKER), Tertiär, Torton, Obere Süßwassermolasse, Dischingen.

175

Noch jüngere marine Sedimente der Oberkreide sind auf der Fränkischen Alb westwärts nur bis in das Gebiet um Neuburg a. d. Donau bekannt geworden. Hier folgt in den Kreideabbauen über dem Feinsand das **Neuburger Weiß,** eine äußerst feinkörnige, kryptokristalline, leuchtend weiße Kieselerde. Das nur in den Großdolinen mit 10 – 20 m Mächtigkeit erhaltene Material ist von wirtschaftlicher Bedeutung und vielseitiger technischer Verwendbarkeit (Metallschleiferei, Farben, Zahnpasta usw.). Das „Kieselweiß" enthält viele, teilweise angereicherte weiße bis graue Hornsteinknollen, die früher als Wellheimer Inoceramenquarzit ausgegliedert wurden. Diese können eine reiche, prächtig erhaltene marine Fauna, vor allem Muscheln, führen: *Exogyra, Ostrea, Inoceramus.*

Aus dem „Kieselweiß", das besonders rein in den unteren Lagen ist, entwickeln sich durch langsame Zunahme des Sandgehaltes zum Hangenden die **Hangenden Feinsande.** Diese hellen, feinkörnigen Sande mit Kaolintonschmitzen werden in das Unterturon gestellt. Gesicherte Zeugen jüngerer Kreideablagerungen sind auf der südwestlichen Frankenalb – im Gegensatz zum Regensburger – Oberpfälzer Becken – nicht bekannt.

Die Tertiärablagerungen auf der Schwäbisch-Fränkischen Alb

Seit Ende der Jurazeit wurde die Schwäbisch-Fränkische Alb herausgehoben (nur mit einer Unterbrechung zur Zeit der tieferen Oberkreide in ihrem östlichen Bereich), was starke Abtragung und tiefgreifende Verkarstung zur Folge hatte. Auf der Albhochfläche reicherten sich tonige Lösungsrückstände der Malmkalkverwitterung (Residualtone) zu mächtigen Roterdedecken mit Bohnerzen, kieseligen Malmrelikten (u. a. Hornsteinen) und umgelagerten Resten von Quarzgeröllsanden der Kreide an. Diese an der Oberfläche stets veränderten, braun und ockergelb verfärbten alten Bodenbildungen treten zwar noch häufig flächenhaft auf der Hochalb als sogenannte „Lehmige Albüberdeckung" auf, sind aber im Pleistozän vielfach umgelagert und mit Lößlehm vermengt worden.

In wenig veränderter Form sind jene Lösungsreste erhalten, die bevorzugt im Alttertiär in verschiedenartige Karsthohlformen eingespült wurden. Hier kam es lediglich durch Karstwasser teilweise zur Farbänderung der ursprünglich roten Residualtone. Die Mehrzahl der **tonigen Karstfüllungen** ist fossilfrei. Stellenweise aber führen sie

Tabelle 3. Die Tertiär-Ablagerungen auf der Schwäbisch-Fränkischen Alb (schematische Übersicht)

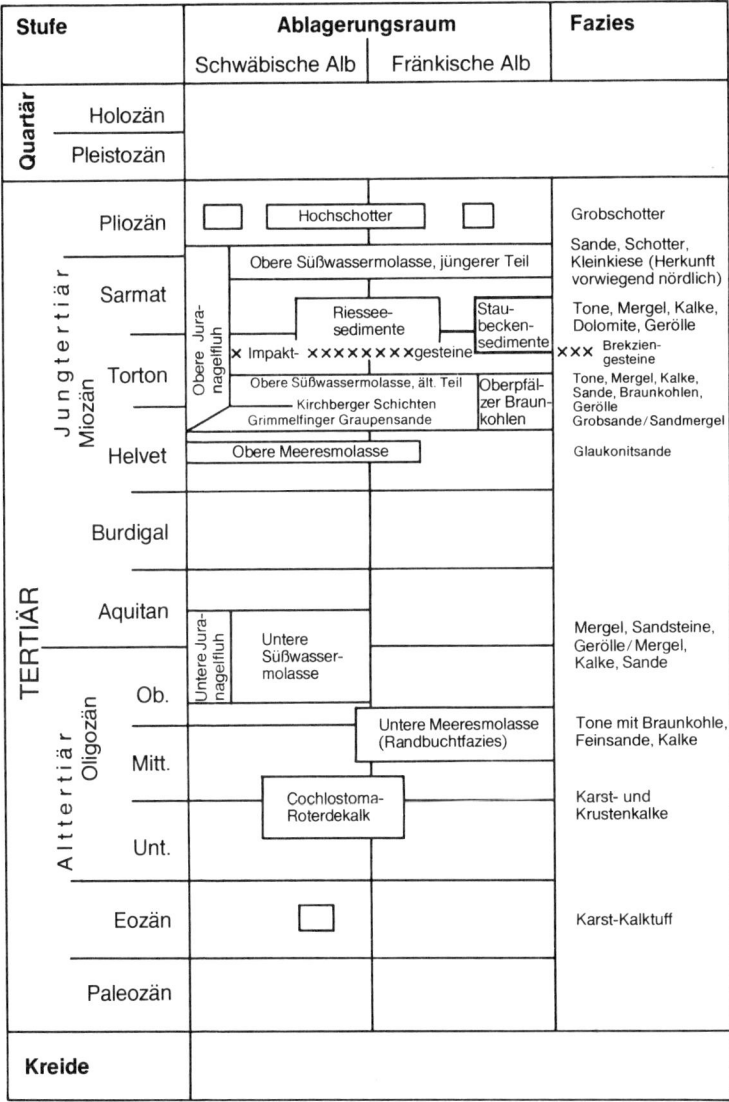

Stufe		Ablagerungsraum		Fazies
		Schwäbische Alb	Fränkische Alb	
Quartär	Holozän			
	Pleistozän			
TERTIÄR — Jungtertiär / Miozän	Pliozän	☐ Hochschotter ☐		Grobschotter
	Sarmat	Obere Süßwassermolasse, jüngerer Teil		Sande, Schotter, Kleinkiese (Herkunft vorwiegend nördlich)
		Riessee-sedimente	Staubecken-sedimente	Tone, Mergel, Kalke, Dolomite, Gerölle
	Torton	Obere Jura-nagelfluh ✕ Impakt- ✕✕✕✕✕✕✕ gesteine	✕✕✕ Brekzien-gesteine	
		Obere Süßwassermolasse, ält. Teil	Oberpfäl-zer Braun-kohlen	Tone, Mergel, Kalke, Sande, Braunkohlen, Gerölle
		― Kirchberger Schichten Grimmelfinger Graupensande		Grobsande/Sandmergel
	Helvet	Obere Meeresmolasse		Glaukonitsande
TERTIÄR — Alttertiär / Oligozän	Burdigal			
	Aquitan	Untere Jura-nagelfluh Untere Süßwasser-molasse		Mergel, Sandsteine, Gerölle/Mergel, Kalke, Sande
	Ob.			
			Untere Meeresmolasse (Randbuchtfazies)	Tone mit Braunkohle, Feinsande, Kalke
	Mitt.	Cochlostoma-Roterdekalk		Karst- und Krustenkalke
	Unt.			
	Eozän	☐		Karst-Kalktuff
	Paleozän			
Kreide				

reichlich Überreste der Lebewelt, die damals das Festland bewohnte (vor allem Wirbeltiere und Schnecken). Sie geben so Hinweise zur Landschaftsgeschichte der Alb, zum Klima und zur Entwicklung der Flora und Fauna im Tertiär. Derartige fossilführende „Spaltenfüllungen" sind auf der Schwäbisch-Fränkischen Alb – dem in dieser Beziehung reichhaltigsten Gebiet der Erde – vorwiegend aus der Zeit vom Obereozän bis zum Mittelmiozän bekannt. Eine besondere Häufung ist im tieferen Oligozän festzustellen. Daraus und aus dem Umstand, daß die Anlage der Karsthohlräume durch Lösungsverwitterung bevorzugt an tektonischen Klüften entstand, kann auf eine Zunahme der tektonischen Aktivität zu dieser Zeit geschlossen werden. Sie ging möglicherweise vom Rheintalgraben aus, der ab dem Mitteleozän langsam absank.

In den meisten Karstfüllungen ist ein geringer Kalkgehalt in Form von mergeligen Partien oder kalkigen Konkretionen zu beobachten. Zu stärkeren Kalkabscheidungen und Bildung von **kalkigen Karstfüllungen** kam es aber nur bei hochreichendem Karstwasserstand als Folge einer Absenkung der Alb.

Auf einen ersten kurzfristigen Karstwasseranstieg während des Mitteleozäns mit lokaler Sedimentation in einem seichten Dolinensee weist die Karstfüllung aus hellem Kalkstein mit Nebengesteinssplittern und einer reichen Gastropodenfauna auf der Schwäbischen Ostalb bei Bachhagel hin. Im tieferen Oligozän setzte – ausgelöst durch einen Anstieg des Karstwasserspiegels im Zuge der herannahenden Überflutungsperiode der Unteren Meeresmolasse – in größeren oberflächennahen Karstwannen die Bildung von örtlich fossilreichen Karst- und Krustenkalken ein, so im weiteren Gebiet um Ulm und im Nördlinger Ries. Diese **Cochlostoma-Roterdekalke** (früher „unteroligozäne Bohnerzkalke" genannt) sind ein vorwiegend ziegelrotes Gestein mit Bohnerzkörnern und zahlreichen hellen Massenkalksplittern des Malm. Sie werden häufig von tiefroten Bohnerztonen und -mergeln begleitet.

Bereits ab dem Mitteloligozän gelangte die Schwäbisch-Fränkische Alb, zumindest mit ihrem südlichen Teil, in den Einflußbereich des Molassebeckens, das sich vom Obereozän an langsam ausformte. Unter seinem Einfluß sollte sie dann bis zum tiefsten Pliozän bleiben.

Die von der Alpenvorsenke ausgehende regionale Absenkung führte im höheren Mitteloligozän zu einem Vordringen des Meeres der **Unteren Meeresmolasse** (UMM) auf die Alb. Dabei kamen im östlichen Bereich des späteren Rieskraters und im Westteil der Frankenalb nordwärts bis Pappenheim und Treuchtlingen in einer Ries- und Ost-Vorriesbucht Sedimente (Feinsande, Braunkohlentone, Süßwasserkalke) zum Absatz. Sie sind zwar vorwiegend von Norden beziehungsweise Osten geschüttet und haben limno-fluviatilen Charakter, können aber aufgrund ihrer Altersstellung und Verbreitung sowie schwacher Brackwassereinflüsse nur als randliches Äquivalent der Unteren Meeresmolasse gedeutet werden. Die in der Randbucht zunächst abgelagerten Feinsande wurden im Osten vom Urmain (Altisheimer Sande) und im Westen von der Urwörnitz (Feinsandschichten) geliefert.

Die **Altisheimer Sande** treten östlich Donauwörth bei Altisheim als grüngraue, tonig-mergelige Feinsande und Staubsandmergeltone zutage. Untergeordnet führen sie reinere Tone, selten gröbere Sande mit Kleinkieseinschaltungen. Die Sande weisen stets einen gewissen Kalkgehalt auf, sind aber in der Regel ausgesprochen arm an Glimmer und Feldspat. Geröll- und Schwermineralanalysen belegen ihre außeralpine Herkunft mit Einzugsgebieten im Schichtstufenland bis in den Frankenwald und damit die Existenz eines Nord-Süd-gerichteten Urmains schon in der Zeit des Mitteloligozäns.

Die **Feinsandschichten** sind den Altisheimer Sanden sehr ähnlich und unterscheiden sich nur durch einen höheren Anteil an Tonen, noch geringeren Gehalt an Feldspat und Glimmer sowie das Fehlen von Grobsand und Feinkiesen. Auch sie wurden aus einem nördlichen Liefergebiet geschüttet und zwar von der weiter im Westen in die Randbucht der Unteren Meeresmolasse einmündenden Urwörnitz.

Die mitteloligozänen **Braunkohlenschichten** können als fazielle Äquivalente der Feinsande, abgelagert in ruhigeren randlichen Buchten, betrachtet werden. Sie bilden wie die Feinsandschichten einen häufigen Bestandteil der Riestrümmermassen, finden sich aber auch noch in ursprünglicher (autochthoner) Lagerung im Treuchtlinger Raum bei Möhren. Sie bestehen vorwiegend aus graugrünen Tonen mit Einschaltungen von hellgrauen bis schwärzlichen Kohlentonen und unreinen Braunkohlenflözchen mit Mächtigkeiten bis 2,5 m. Auf letztere wurden früher Bergbauversuche unternommen, so bei Wemding in der ehemaligen Concordia-Zeche. An Fossilien finden sich Samenreste von Wasserpflanzen sowie Land- und Süßwasserschnecken, von denen nur *Pomatias arneggense* WENZ wegen ihres stratigraphischen Leitwerts erwähnt sei.

Die **Pomatias-Süßwasserkalke** (früher „oberoligozäne Süßwasserkalke" genannt) sind teilweise mit den Feinsand- und Braunkohlenschichten verzahnt, überlagern diese aber meist als jüngere Bildung. Sie treten als Schollen in den Riestrümmermassen und autochthon im Raum Treuchtlingen – Möhren – Pappenheim (etwa am Heunischhof) auf. Sie sind zumeist hellgelblich bis braun gefärbt und als Süßwasserkalke, terrestrische Krustenkalke, Travertine, Knollenkalke u. a. ausgebildet. Zusammen mit ihnen finden sich in den autochthonen Vorkommen mächtige Tone und Mergel. Fossilien sind häufig; neben Algenresten zeigen sich zahlreiche Süßwasserschnecken *(Planorbarius, Gyraulus, Radix* u. a.) und eingeschwemmte Landschnecken *(Pomatias, Archaeo zonites, Cepaea),* von denen die letzteren die Altersstellung – höheres Mitteloligozän – belegen.

Bereits im Oberoligozän begann sich das Gebiet des späteren Rieskraters und der westlichen Frankenalb wieder herauszuheben. Tiefreichende Verkarstung und beginnende Abtragung der mitteloligozänen Sedimente waren die Folge.

Eine vollkommen gegenläufige Entwicklung machte die Schwäbische Alb durch. Im Mitteloligozän relativ hochgelegen, begann sie vom Oberoligozän an abzusinken, was zum Übergreifen der Molassesedimentation nach Norden auf ihren Südrand und ostwärts bis ins südwestliche Vorries führte. Dabei wurde eine limnische Randfazies der **Unteren Süßwassermolasse** (USM) abgelagert. Der oberoligozäne Anteil der USM wird als „Ehinger Schichten" (Ramondischichten) bezeichnet, der weiter verbreitete untermiozäne Anteil als Ulmer Schichten (Omphalosagdaschichten). Deren Wechselfolge von bunten Mergeln und Sandsteinen im Inneren des Molassebekkens geht gegen den subjurassischen Rand im Norden in die überwiegend mergelig-kalkige Fazies der Thalfinger Schichten über. Sie ist der des Pomatiassüßwasserkalks sehr ähnlich: hellgelbliche bis hellgraue, gelegentlich ockergelbe oder dunkelblaugraue, bituminöse Süßwasserkalke, Knollenkalke und terrestrische Krustenkalke mit Malmkalkkomponenten und gelegentlich Hornsteinbändern. Etwas weiter im Süden herrschen weißliche bis blaßrote, kreidige Mergel vor, die zum Teil reich an Malmkalkgeröllen und Aufarbeitungsprodukten (Intraklasten) sind, sowie ockergelbe bis hellgrünliche, untergeordnet violette Tone. Der äußerste Süden der Alb wurde noch von feinkörnigen alpinen Glimmersanden erreicht, die der axialen, West-Ost-gerichteten Napfschüttung angehören. Fossilien sind vor allem in den Süßwasserkalken enthalten, wobei neben Süßwasserschnecken *(Planorbarius, Gyraulus, Radix* u. a.) auch Landschnecken (insbesondere Heliciden) auftreten. Für die Altersbestimmung sind *Pomatias antiquum* (BRONGNIART) und *Caseolus ramondi*

(BRONGNIART) für den oberoligozänen, *Pomatias bisulcatum* (ZIE-TEN) und *Omphalosagda subrugulosa* (QUENSTEDT) sowie andere Heliciden für den untermiozänen (aquitanen) Anteil zu erwähnen. Mit der kalkig-mergeligen Randfazies der USM kann sich örtlich – vor allem im Gebiet des Hegau – die **Ältere** bzw. **Untere Juranagelfluh** verzahnen, die aus einer unregelmäßigen Wechselfolge von Geröll-, Sandstein- und Mergellagen besteht. Die überwiegend braungelben, vereinzelt auch grauen oder roten Mergel sind Ablagerungen von Flüssen, die nach Verlassen von Engtalstrecken auf der Alb ihre Fracht in einem südwärts gelegenen, breit-wannenförmigen Ablagerungsraum in Form flacher Schuttkegel abgeladen haben. Die unsortierten, häufig strukturlosen Lagen und Linsen aus Malmkalkgeröllen hingegen weisen auf episodische Überflutungen in einem semiarid-subtropischen Klima hin, wobei grobes Geröll sogar mehrere Kilometer weit ins Beckeninnere transportiert werden konnte.

Noch im höheren Untermiozän kam es auch auf der Schwäbischen Alb wieder zu einer Heraushebung, was zur Abtragung und Verkarstung der kurz zuvor abgelagerten Gesteine der USM führte. Diese Hebungs- und Erosionsphase zwischen USM und der später folgenden Oberen Meeresmolasse verstärkte sich noch im unteren Mittelmiozän (Burdigal) und wirkte sich weit ins Molassebecken aus.

Erst im Laufe des oberen Mittelmiozäns (Helvet) stieß die Molassesedimentation infolge erneuter kräftiger Absenkung wieder weit nach Norden auf die Schwäbische Alb vor und erreichte auch noch den äußersten Südwesten der Frankenalb. Das Meer der **Oberen Meeresmolasse** (OMM) griff zunächst nur zögernd bis zu einer inneren Küstenlinie (1. Sedimentationszyklus), dann aber in einem 2. Sedimentationszyklus bis über den ehemaligen Beckennordrand der USM nach Norden vor. Es wurden dabei fein- bis mittelkörnige, glimmer- und glaukonitreiche, graugrüne Quarzsande abgelagert, deren Kalkgehalt in härteren, gesimsartig auswitternden Bänken angereichert ist (Pfohsande). Im Hegau und Randengebiet wird ein grobes Muschelagglomerat von geringer Mächtigkeit als Randengrobkalk beschrieben, dessen Liegendes örtlich die Ältere Juranagelfluh bildet (siehe oben). Das Vordringen des Meeres erfolgte unter kräftiger Abrasion (flächenhafte Abtragung durch Brandung) der Malmkalke der Alb und noch erhaltener USM-Gesteine. Dabei entstand die fast tischebene Abrasionsfläche der Flächenalb, der sich im Norden die Kuppenalb mit ihrem viel älteren, kräftigen Relief anschließt. Getrennt werden beide Landschaftseinheiten durch das bis über 80 m hohe Kliff, in dem eine längere Stillstandsphase der Transgression zum Ausdruck kommt. Die Klifflinie verläuft auf der Schwäbischen Alb ziemlich geradlinig von Blumberg und Geisingen im Südwesten zunächst nordostwärts bis Dischingen, dann ostwärts über Amerdingen bis Ebermergen im Wörnitztal. Von hier ab dürfte sie auf der südwestlichen Frankenalb gegen Graisbach ziehen.

Die fossile Steilküste des tertiären Molassemeeres mit ihren von Bohrmuscheln und -schwämmen angebohrten Brandungsschorren und -geröllen, die teilweise dicht mit Seepocken besetzt sind, ist besonders eindrucksvoll bei Heldenfingen und Dischingen erhalten. Ursprünglich verlief die OMM-Küste horizontal in Meeresspiegelniveau, etwa parallel zum Verlauf der Alb. Posthelvetische Heraushebungen und Verstellungen des süddeutschen Raumes – besonders vom tieferen Pliozän an – lassen heute jedoch die Klifflinie ganz im Westen in Höhen um 800 m NN und, gegen Osten abtauchend, bei Graisbach um 370 m NN verlaufen. Beeindruckend ist dabei nicht nur der enorme Hebungsbetrag innerhalb eines relativ kurzen Zeitabschnittes, sondern auch die Abkippungstendenz der Alb durch eine im Westen wesentlich stärkere Heraushebung.

Die Klifflinie der OMM markiert nach neuesten Untersuchungen nicht den weitesten Vorstoß des Molassemeeres. Dieser reichte vielmehr in Gestalt eines 3. Sedimentationszyklus noch um einige hundert Meter bis wenige Kilometer darüber hinaus und bis mindestens 50 m höher in das Gebiet der Kuppenalb, wo sich eine äußerste Fjordküste bildete. Seine Ablagerungen beginnen nach einer kurzen Sedimentationsunterbrechung mit einer basalen Schillage. Darüber folgen deutlich feinere, glaukonitarme, glimmerreiche Schluffsande, Tone und Mergel („Schluffsande"). Die arten- und individuenreiche Megafauna der OMM umfaßt Ostreiden (besonders häufig ist *Crassostrea crassissima* (LAMARCK)), Pectiniden und andere Muscheln, Schnecken wie *Turritella turris* BASTEROT (berühmt von der Erminger Turritellenplatte), Seepocken (Balaniden), Haifischzähne u. a. Mit Hilfe der spärlichen Mikrofaunen (Foraminiferen) ist eine Alterseinstufung ins Mittelhelvet möglich.

Nur wenig später erfaßte eine erneute, vom Schichtstufenland ausgehende, verstärkte Heraushebung auch wieder den Südrand der Schwäbischen Alb und den Nordteil des Molassebeckens, wodurch das OMM-Meer weit gegen Süden zurückgedrängt wurde. Etwa im Gebiet des heutigen Donautales entstand dabei eine Ostnordost-Westsüdwest-verlaufende, zwischen Ingolstadt und dem Bodensee-

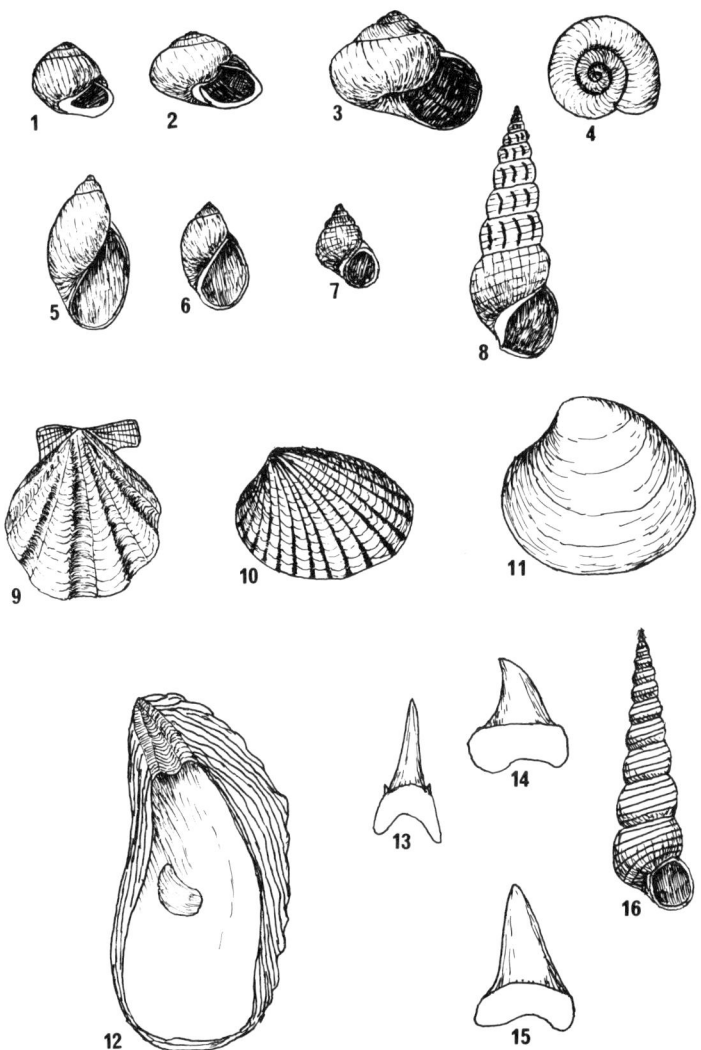

Fossilien aus der albüberdeckenden Molasse: 1 *Cepaea rugulosà;* 2 *Cepaea silvanà;* 3 *Archaeozonites subverticillus;* 4 *Planorbarius cornu;* 5 *Radix subovatus;* 6 *Radix pachygaster;* 7 *Pomatias bisulcatuum;* 8 *Brotia escheri;* 9 *Aequipecten palmatus;* 10 *Cardita jouannetti;* 11 *Tapes ulmensis;* 12 *Crassostrea giengensis;* 13, 14, 15 Haifischzähne; 16 *Turritella turris.*

Gebiet nachweisbare Entwässerungsrinne mit Seitentälern aus dem Schichtstufenland, die **Graupensandrinne.** Ihre Eintiefung betrug im Raum Donauwörth bis 100 m, bei Ulm mehr als 100 m – wobei sie sich bis in den Weißjura eingrub –, ihre Talbreite 10 km.

Aber noch im jüngsten Mittelmiozän (Oberhelvet) führte eine vom Molassebecken ausgehende erneute Absenkung zur Sedimentation in der Graupensandrinne und zu ihrer schrittweisen Verfüllung. Zunächst wurden von der Böhmischen Masse im Osten, untergeordnet auch vom Schichtstufenland, die fluviatilen **Grimmelfinger Graupensande** geschüttet. Das sind feldspatreiche, Quarz- und Lyditgerölle führende Sande. Fossilien kommen häufiger nur ganz im Westen vor, wobei Austern und Haifischzähne die Nähe des schweizerischen Meeres zur Helvetzeit anzeigen. Über den Grimmelfinger Graupensanden folgten die brackischen **Kirchberger Schichten,** die einen letzten Meeresvorstoß von Westen her anzeigen. Sie bestehen aus grauen, feinsandigen Mergeln mit zahlreichen Brackwasserfossilien wie *Congeria, Viviparus, Hydrobia, Melanopsis* und Ostracoden. Diese noch mittelmiozänen Sedimente blieben auf die tiefen Flußrinnen beschränkt; die Schwäbisch-Fränkische Alb selbst war weiter Hochgebiet.

Aber nicht nur am Südrand, auch am Ostrand der Alb war eine tiefe Flußrinne entstanden, das **Urnaabtalsystem,** das sich aus der Gegend um Regensburg nach Norden erstreckte. In ihm begann sich zur gleichen Zeit, vielleicht auch schon etwas früher, bei vorwiegend limno-fluviatiler Sedimentation, die **Oberpfälzer Braunkohle** zu bilden. Das „Braunkohlentertiär", das die abbauwürdigen ostbayerischen Kohlenlager führt, geht allmählich aus dem „Liegendtertiär" (überwiegend fluviatile Ablagerungen wie Tonsande und Feldspatsande) hervor und wird vom „Hangendtertiär" mit Sanden und bunten Tonen diskordant überlagert. Es kann in eine Unterflöz- und eine Oberflözgruppe gegliedert werden. Beide sind jeweils ca. 25 m mächtig und durch eine 15 m mächtige tonige und sandige Einschaltung, das „Hauptzwischenmittel", voneinander getrennt. Mächtigere Braunkohlen treten verbreitet allerdings nur in den Seitentälern des Urnaabsystems auf. Gegen deren Einmündung in die Hauptrinne und in dieser selbst, vor allem gegen Süden, werden sie zunehmend von Tonen und Sanden verdrängt. Tierreste sind in den Braunkohlen der Umgebung von Schwandorf – Burglengenfeld durch die Humussäuren fast ausnahmslos zerstört worden. Hingegen sind an Pflanzen durch Baumstämme, Stubben, Früchte, Samen und Pollen weit über 150 Arten belegt. Anhand der Funde läßt sich der damalige Lebensraum mit seinen Seen, Sümpfen, Mooren, Aue- und Regenwäldern rekonstruieren. Sie lassen aber auch ersehen, daß der mittelmiozäne Braunkohlenwald unter feuchten, warmtemperierten bis subtropischen Klimaverhältnissen wuchs.

Mit weiterer Absenkung zu Beginn des Obermiozän wurde das Talsystem der Urnaab rasch verfüllt, und Tone und Feinsande von der Böhmischen Masse überdeckten zunehmend größere Bereiche. Aber auch jetzt waren die Bedingungen für die Bildung von Braunkohlenmooren noch sehr günstig. Im Raum um Kelheim und Regensburg entstanden Kohlelager, in denen die zerstörenden Humussäuren durch Kalk des nahen Weißjura neutralisiert wurden. So sind nicht nur Pflanzen erhalten, sondern insbesondere von den Lokalitäten Viehhausen, Undorf und Dechbetten auch überaus reiche Schnecken- und Säugetierfaunen, daneben u. a. Fische, Frösche, Schlangen, Schildkröten und Krokodile. Diese (alt)obermiozänen Braunkohlen der Umgebung von Regensburg gehören bereits zur **Oberen Süßwassermolasse** (OSM).

Auch am Südrand der Alb war der limno-fluviatile Ablagerungszyklus der Oberen Süßwassermolasse (OSM) eingeleitet worden. Seine Sedimente griffen nach Verfüllung der Graupensandrinne langsam auf die Schwäbisch-Fränkische Alb über, weil eine verstärkte Absenkung des Molassebeckens zu Beginn des älteren Obermiozäns (Torton) stattfand. Auf der Schwäbischen Alb erreichten diese Sedimente schon bald wieder die Küstenlinie der OMM und überschritten sie stellenweise sogar noch etwas. Im Bereich der südlichen Frankenalb stießen sie auf die seit der Oberkreide nicht wieder mit Sedimenten bedeckten Albhochfläche bis zur Linie Treuchtlingen – Titting – Riedenburg und von hier in Richtung Kallmünz ins Oberpfälzer Tertiärgebiet vor. Ein erster Sedimentationsabschnitt im tieferen Torton wurde durch eine längere Hebungs- und Erosionsphase beendet, in die im Obertorton vor 15 Millionen Jahren auch die Entstehung des Ries- und des Steinheimkraters durch Meteoriteneinschlag (siehe S. 189) fiel. Anschließend kehrte die OSM-Sedimentation vorübergehend nochmals mit ihrem jüngeren Anteil zurück und verblieb bis ins tiefe Pliozän.

Die **älteren Anteile der OSM** können in eine vorwiegend tonig-mergelig-kalkige untere Einheit und eine bevorzugt sandige höhere gegliedert werden. Die untere Einheit besteht aus graugrünen und roten Tonen sowie hellen bis ziegelroten Mergeln mit Einschaltungen ähnlich gefärbter Algenknollenkalke („Lepolithkalke"), die Einschlüsse von Bohnerzen, Malmkalksplittern und Landschnecken enthalten. In tieferen Ablagerungsbereichen, vor allem im Süden der Alb, treten zunehmend weißliche Mergel und helle, poröse Süßwasserkalke mit zahlreichen Land- und Süßwasserschnecken hinzu. *Tropidomphalus incrassatus incrassatus* (KLEIN), *Cepaea silvana silvana* (KLEIN), *Pomatias consobrinum* (SANDBERGER) u. a. sind charakteristische Leitformen dieser Serie. Besonders berühmt sind diese sogenannten (mittleren) Silvanaschichten von Hohenmemmingen und Dischingen. Mit der höheren Einheit der älteren OSM griff das von Südosten kommende Urenns-Salzach-Schwemmfächersystem mit seinen äußeren Ausläufern weit auf die Alb über. Es weitete zuletzt seinen Einfluß bis nahe an die Nordgrenze des OSM-Ablagerungsraumes aus und drängte dabei außeralpine Einschüttungen weit zurück. Seine Ablagerungen setzen sich vorwiegend aus grüngrauen, angewittert grünlichgelben bis ockergelben, mittel- bis grobkörnigen, glimmer- und chloritreichen, alpinen Flinzsanden zusammen. Man kann sie von der südlichen Frankenalb westwärts über Oggenhausen (Lokalität der bekannten „Oggenhausener Sande") bis in den Ulmer Raum verfolgen; sie weisen im Osten noch Kleinkieseinschaltungen auf. Gleichzeitig machen sich auf der Südfrankenalb bis ins Gebiet um Ingolstadt feldspatreiche Materiallieferungen von der Böhmischen Masse bemerkbar.

Infolge einer neuerlichen kräftigen Heraushebung des Schichtstufenlandes zog sich die Molassesedimentation noch im tieferen Torton weit nach Süden zurück. In dieser Abtragungs- und Reliefbildungsphase, in die zeitlich auch die Entstehung der süddeutschen Meteoritenkrater fällt, erodierte das Flußnetz im Bereich der Alb zumeist bis unter die heutigen Talsohlen, örtlich sogar weit über 150 m tief ins Anstehende. Die flächenhafte Abtragung (Denudation) zwischen den Haupttälern war auf der südlichen Frankenalb relativ gering, so daß die Sedimente der älteren OSM in größeren Bereichen erhalten blieben. Auf der Schwäbischen Alb hingegen wurden insbesondere die OSM-Sande bis auf kleinste Erosionsreste (etwa Oggenhausen) abgetragen. Die Landschaft damals war von der heutigen deutlich verschieden. Vor allem verlief der Weißjurastufenrand („Albtrauf") der Schwäbisch-Fränkischen Alb noch wesentlich weiter nördlich im Vorland; und zumindest im heutigen Liasgebiet waren Gesteine des Braunen Jura, örtlich mit Resten des Weißjura, noch flächenhaft verbreitet.

Ausgelöst durch eine letzte kräftige Absenkung des Molassebeckens kehrte die alpine Sedimentation an der Wende von Miozän zu Pliozän wieder in das Gebiet der Schwäbisch-Fränkischen Alb zurück und übertraf mit dem **jüngeren Anteil der OSM** noch den Ablagerungsbereich der älteren OSM. Allerdings machten sich jetzt vermehrt außeralpine Einschüttungen von Norden bemerkbar, die die axiale Urenns-Salzach-Schüttung bis in den Donauraum zurückdrängten. Vom äußersten Südrand der südwestlichen Frankenalb (Graisbach östlich Donauwörth) ist so auch das bisher einzige Erosionsreliktvorkommen dieser jüngsten OSM bekannt geworden. Es handelt sich um fluviatile Flinzglimmersande mit Kleinkieslagen, deren Zusammensetzung weitgehend mit den Geröllspektren der OSM im tertiären Hügelland zwischen Donau, Lech und Inn übereinstimmt. Weite Teile der Schwäbisch-Fränkischen Alb selbst und ihr anschließendes nördliches Vorland aber wurden flächenhaft von den **Schwemmfächerschüttungen** der großen von Norden kommenden Flüsse überdeckt, wobei das jungobermiozäne Relief mit örtlich bis über 150 m mächtigen Sedimenten zugefüllt wurde („postriesische Reliefplombierung").

Im Bereich der südlichen Frankenalb verschütteten die Monheimer Höhensande als Ablagerungen eines großen Schwemmfächers des Urmains, der noch ins Molassebecken entwässerte, weite Gebiete. Erosionsrelikte in ungestörter Lagerung finden sich heute davon nur noch im Raum Hafenreut – Buchdorf sowie vor allem nördlich und südlich Monheim. Die Monheimer Höhensande bestehen aus lebhaft schräggeschichteten, hellgelblich-ockerfarbenen bis rostbraunen Mittel- bis Grobsanden mit zahlreichen Kleinkieseinschaltungen. Untergeordnet treten Linsen feinsandiger Tone von grünlicher bis ockergelber Farbe auf, die sich auch aufgearbeitet, zusammen mit den gröbsten Anteilen der Geröllfraktion, an der Basis der Schüttungskörper finden. Besonders kennzeichnend sind ferner dezimeterdicke Eisen-Mangan-Oxidbänder, bevorzugt an den Grenzen der Tone zu den Sanden. Leicht- und Schwermineralzusammensetzung sowie die Geröllspektren, die neben der Hauptkomponente Quarz aus paläozoischen Lyditen, Malmhornsteinen und Sandsteinen der Trias bestehen, belegen für die Monheimer Höhensande ein Liefergebiet im Norden, das vom Schichtstufenland bis in den Frankenwald reicht. An Fossilien fand sich in ihnen bisher erst ein einziger Backenzahnrest eines Tertiärelefanten (*Dinotherium giganteum* KAUP). Dieser sichert aber eindeutig die Altersgleichheit mit der jüngeren Schichtserie der OSM im Molassebecken und damit eine Einstufung ins höchste Miozän und tiefste Pliozän.

Im Bereich der Schwäbischen Alb wurden von Norden die Kalkgeröllsande der Urwörnitz und vor allem der Ureger geschüttet. Ihr

Verbreitungsgebiet grenzt etwa entlang des heutigen Ostrandes des Rieskraters westlich an das der Monheimer Höhensande. Infolge stärkerer pliozäner Abtragung im Bereich der schwäbischen Ostalb sind allerdings nur noch vereinzelte Reste erhalten geblieben, so am „Barrenberg" (heute Barnberg) bei Röttingen sowie in der Nähe von Harburg. Die Flußablagerungen bestehen aus gelb- bis rostbraunen, mittel- bis grobkörnigen Quarzsanden mit lagenweise angereicherten, gut gerundeten Geröllen aus Malmhornsteinen, ockergelb infiltrierten Malmkalksteinen, Angulatensandstein und anderen Gesteinen des Jura und der Trias sowie Quarzen bis Nußgröße. Sie erweisen sich als Ablagerungen größerer Flußsysteme, deren Einzugsgebiet im nordwestlich vorgelagerten Schichtstufenland lag; die heutigen Flüsse Eger und Wörnitz sind nur als ganz bescheidene Nachfolger dieser Flußsysteme aufzufassen. Auch die Urbrenz, die altersgleiche Geröllsande in Form einer mächtigen Schwemmfächerschüttung noch weiter im Westen über die Schwäbische Alb breitete, muß einst ein viel gewaltigeres Flußsystem als heute gewesen sein.

Im Bereich der westlichen Schwäbischen Alb war während der Sedimentationszeit der älteren und jüngeren Oberen Süßwassermolasse (Torton bis Pliozän) die bis zu 400 m mächtige **Jüngere** oder **Obere Juranagelfluh** geschüttet worden. Zunächst erfolgte ihre Ablagerung nur in der Graupensandrinne, nach deren Verfüllung aber dann im ganzen nördlichen Teil des Molassebeckens herauf bis zum Niveau der Kliffoberkante. Die Obere Juranagelfluh besteht, wie schon die Untere (siehe S. 181), überwiegend aus Mergeln mit Lagen aus Malmkalkgeröllen, die die aus Norden und Nordwesten kommenden Flüsse über cañonartig bis tief in den Weißjura eingeschnittene Zufuhrrinnen bei stark wechselnden Transportverhältnissen anlieferten.

Noch im Unterpliozän setzte eine überregionale, ganz Süddeutschland und vor allem die Alpen betreffende Heraushebung ein, die die Sedimentation der jüngeren OSM und ihrer Nordschüttungen beendete und die **Ausformung der heutigen Landschaft** einleitete. Im Bereich des Fränkischen Schildes sowie der westlich anschließenden Schwäbischen Alb war die Heraushebung besonders stark. Dies ist aus dem heute gegen Osten zunehmenden Absinken der mittelmiozänen Klifflinie der Oberen Meeresmolasse zu ersehen und vor allem auch aus der Anlage einer erstmals West-Ost-gerichteten Hauptentwässerungsrinne. Die ältesten Zeugen dieses Flußsystems der heutigen Donau, in die neben Aare und Rhein auch der Urmain floß, sind Hochschottergeröllrelikte. Sie finden sich etwa entlang des heutigen Donautales am Südrand der Schwäbischen Alb zwischen Donaueschingen und Ulm (z. B. am „Eselsberg") sowie auf der Südlichen Frankenalb entlang des Wellheimer Trockentales und Altmühltales zwischen Dollnstein und Kelheim, in welchem die Donau bis in die Rißeiszeit verbleiben sollte. Ihr bedeutendster nördlicher Nebenfluß war der Urmain, dessen Lauf sich ebenfalls anhand von Hochschotterrelikten vom Frankenwald bis auf die südwestliche Frankenalb verfolgen läßt. Deren Geröllbestand umfaßt neben gut gerundeten Quarzen vor allem Lydite, Quarzite und Malmhornsteine, während im Geröllspektrum der früheren „Altmühldonau" (Wellheimer Tal und Altmühltal unterhalb Dollnstein) vereinzelt alpine Radiolarite auftreten.

Die Gerölle, die wir heute noch finden, stellen allerdings nur noch die verwitterungsbeständigsten Reste der ehemaligen Hochschotter dar. Sie sind in der Regel mehr oder weniger herabprojiziert (d. h. durch Verwitterung und Abtragung der liegenden weicheren Schichten sinkt das resistente Geröll aus der ursprünglichen Ablagerungshöhe in immer tiefere Niveaus) oder durch Solifluktion (Bodenfließen) hangabwärts verfrachtet. Westlich der Hochschotterrelikte des Urmains sind auf der östlichen Schwäbischen Alb solche der Eger und anderer Flüsse verbreitet. Eine Rekonstruktion des zugehörigen Gewässernetzes ist allerdings zumeist schwierig, weil die Geröllvergesellschaftungen keine typischen Bestandteile führen.

Im Zuge weiterer, kontinuierlicher und starker Heraushebung während des Pleistozäns bis in jüngste Zeit wurde dann das heutige Landschaftsbild geschaffen.

Die Meteoritenkrater auf der Schwäbisch-Fränkischen Alb

Zu den besonderen Strukturen auf der Schwäbisch-Fränkischen Alb gehören die Meteoritenkrater Nördlinger Ries und Steinheimer Bekken.

Das **Nördlinger Ries** ist eine annähernd kreisrunde Ebene von 25 km Durchmesser, die durchschnittlich 100 m tief in die umgebende Hochfläche von Schwäbischer und Fränkischer Alb eingesenkt ist. Lange Zeit wurde die Bildung des Rieskessels mit den verschiedensten vulkanischen Vorgängen in Verbindung gebracht. Heute jedoch ist aufgrund spezieller morphologischer Merkmale und des Nachweises von Hochdruckmineralien (von Quarz: Coesit und Stishovit; von Kohlenstoff: Chaoit) seine Entstehung durch den Einschlag eines extraterrestrischen Körpers (Impakt) gesichert. Sogar die Natur der kosmischen Bombe ist nunmehr als Steinmeteorit erkannt worden. Das beweisen die hohen Chromanteile unter den in kristallinen Trümmermassen gefundenen Spuren metallischer Kondensate (Eisen, Nickel, Chrom).

Vor knapp 15 Millionen Jahren (im höheren Torton) schlug demnach ein Steinmeteorit von ca. 1 km Durchmesser mit ungefähr 100 000 km/h auf der Landoberfläche auf. Durch die Katastrophe entstand im Ries ein kreisrunder Einschlagkrater von zunächst 3 km Tiefe und nur 12 km Durchmesser. Unmittelbar anschließend wurde dieser aber durch komplexe Ausgleichsbewegungen – langsames Hochquellen des Kraterbodens im Zentralbereich und gleichzeitiges Absinken einer breiten Randzone – zu einem flacheren, weniger als 1000 m tiefen, aber auf etwa 25 km Durchmesser vergrößerten Krater umgeformt. Mindestens 150 km³ an zertrümmertem und teilweise sogar aufgeschmolzenem Gestein wurden mit hoher Geschwindigkeit aus dem Krater ausgeworfen. In den Riestrümmermassen ist Sediment- und Grundgebirgsmaterial teilweise bis in feinste Korngrößen zerschlagen und bunt durcheinandergemengt („Bunte Breccie"). Im Suevit, einer Grundgebirgsbrekzie, bilden die beim Einschlag neu gebildeten glasigen Aufschmelzungsprodukte („Riesgläser", „Ries-Bomben", „Flädle") eine kennzeichnende Komponente.

Der ausgesprengte Gesteinsschutt breitete sich bis in über 40 km Entfernung vom Einschlagszentrum als geschlossene Decke gleichmäßig aus und verschüttete das gesamte bestehende Entwässerungsnetz. Im Krater selbst bildete sich ein abflußloser See, der nur von Niederschlagswässern innerhalb des Kraterbereiches und seiner nächsten Umgebung gespeist wurde. Bei dem im Jungtertiär herrschenden trockenen Klima hielten sich Zufluß und Verdunstung etwa die Waage, so daß die Wassertiefe nie sehr groß war. Die aus den Riestrümmermassen gelösten Mineralstoffe reicherten sich im See an und führten zu einer im einzelnen zwar rasch wechselnden, durchschnittlich aber relativ starken Versalzung. Reine Süßwasserablagerungen treten daher nur an wenigen Stellen auf.

Die Sedimentationsrate im Riessee war bei geringem Wasserzufluß und nur langsamem Abtrag im Vorries nicht allzu hoch. Daher dauerte die allmähliche Anfüllung der Kraterhohlform mit vorwiegend tonigem Material bis zu einer Mächtigkeit von maximal 500 m ungefähr 2 Millionen Jahre. Die Kraterfüllung besteht aus dunkelgrauen bis graugrünen, dünnblättrigen Tonen sowie feinstgeschichteten graugrünen Tonmergeln mit rhythmischem Wechsel von Ton und

Kalkhäutchen (20 – 60 Folgen pro cm). In den Rhythmen spiegelt sich ein jahreszeitlicher Wechsel von Regen-(Tonlagen) und Trockenzeiten (Kalkhäutchen) wider, der zusammen mit Fossilresten Aussagen über Klima und Vegetation zur Zeit des Jungobermiozäns und zur Dauer des Riessees gestattet.

An den Rändern und auf Untiefen im Riessee aber lagerten sich teils schichtige, teils massig-stotzenartige Kalke und Dolomite ab, die vorwiegend von hellgelblicher Farbe und luckig-porösem, travertinartigem Gefüge sind. Noch im Sarmat war die gesamte Kraterhohlform bis zum Niveau der Albhochfläche herauf mit Seesedimenten zugefüllt. Im Zuge der plio-pleistozänen Denudation (Abtragung) der Landoberfläche aber wurden die weichen Tone bis zum heutigen Niveau wieder aus dem Rieskessel ausgeräumt. Die härteren Kalkstotzen widerstanden und treten heute in der weiten Ebene des Rieses vereinzelt als Hügel hervor (z. B. Wallerstein).

Nur etwa 40 km südwestlich des Rieses liegt bei Heidenheim/Brenz ein weiterer Meteoritenkrater, das **Steinheimer Becken.** Die annähernd kreisförmige Struktur hat einen Durchmesser von nur 3,5 km und ist durchschnittlich etwa 120 m tief in die umgebende Hochfläche der Schwäbischen Ostalb eingesenkt. Da eine Entstehung der annähernd altersgleichen Astrobleme (Strukturen, die durch Einschlag außerirdischer Körper entstehen) Ries- und Steinheimkrater durch zwei voneinander unabhängige Impaktvorgänge angesichts der Seltenheit derartiger Ereignisse kaum vorstellbar ist, wurde schon frühzeitig an einen einzigen Bildungsvorgang durch mehrere Bruchstücke ein- und desselben großen Himmelskörpers gedacht.

Wie das Nördlinger Ries ist auch das Steinheimer Becken aufgrund seines für kleinere Impaktstrukturen typischen Zentralhügels (Steinhirt-Klosterberg) sowie des Auftretens von plastischen Deformationen („planaren Elementen") in Quarzkörnern als Meteoritenkrater gesichert. Der in der Mitte des Beckens aufragende Zentralberg besteht aus stark gestörten, mergelig-tonigen Gesteinen des Doggers und unteren Malms, die nicht selten als Strahlenkalke („shatter cones") ausgebildet sind. Am Kraterrand sind die Weißjurakalke stellenweise stärkstens zertrümmert, andere nach außen bewegte Gesteinsschollen sind zwar in kleinere Komplexe zerlegt und gegeneinander verdreht, erscheinen aber insgesamt doch weniger beansprucht. Im Beckeninneren selbst liegt ein mächtiges Trümmergestein aus kleinstückigen Jurakomponenten („Primäre Beckenbrekzie").

Auch im Steinheimer Becken war während des Jungobermiozäns

ein seichter See entstanden. Die Seeablagerungen – vorwiegend hellgraue bis weißliche Mergel mit mehr oder weniger bituminösen Kalksteineinschaltungen – verfüllten einst die Hohlform bis herauf zum Niveau der Albhochfläche, wurden aber im Plio/Pleistozän wieder bis zur heutigen Situation ausgeräumt. Sie haben neben Pflanzen und Wirbellosen vor allem Vertreter sämtlicher Wirbeltierklassen geliefert und gehören damit zu den reichsten Tertiärfundschichten des süddeutschen Raumes. Unter den zahllosen Evertebraten hat die kleine Süßwasserschnecke *Gyraulus trochiformis* Weltberühmtheit erlangt, weil die fast kontinuierlichen Formveränderungen ihres Gehäuses im Vertikalprofil einst als erstes paläontologisches Indiz der damals noch jungen und heftig umstrittenen Abstammungslehre Charles Darwins gewertet wurden. Neuere Untersuchungen haben jedoch gezeigt, daß die Gehäuseabänderungen von dünnschalig-planispiral zu dickschalig-trochispiral und wieder zurück zur dünnschalig-planispiralen Ausgangsform (mit zahlreichen Übergangs- und Nebenformen) Reaktionsformen auf veränderte Bedingungen im See – insbesondere langsame Erhöhung der Salinität durch Eindampfung unter aridem Klima, anschließend wieder Normalisierung des Seebiotops – darstellen. Als man noch an eine vulkanische Entstehung des Steinheimer Beckens glaubte, sah man die Ursache für die Umwandlungen der *Gyraulus*-Gehäusemorphologie in einer durch heiße Quellen im See hervorgerufenen Temperaturerhöhung.

Wahrscheinlich entstanden Nördlinger Ries und Steinheimer Becken durch Einschläge von Bruchstücken ein- und desselben Körpers. Damit jedoch sind grundsätzlich noch weitere kleine, zeitgleiche Krater in der Umgebung des Rieses zu erwarten, und es wurde auch schon eifrig nach derartigen Strukturen gesucht. Insbesondere auf der südlichen Frankenalb mit ihrer noch weitgehend erhaltenen obermiozänen Landoberfläche mit zahlreichen rundlich-wannenförmigen Vertiefungen sowie der Existenz zahlreicher Obermiozänablagerungen, deren ungenaue Alterseinstufung noch einen gewissen Freiraum übrig ließ, glaubten einige Geologen derartige riessynchrone Impaktstrukturen gefunden zu haben, wie das Pfahldorfer Becken, Mendorf, Sausthal, Viehhausen und viele andere. Kritische Betrachtungen all dieser Hohlformen zeigen jedoch, daß in keinem einzigen Fall auch nur der geringste Hinweis auf einen Einschlagkrater vorliegt. Die Morphologie der „Krater" ist vielmehr durch alte Talbildungen und vor allem Verkarstung (Dolinen, Karstwannen) zu erklären. Ihre „Füllung" – soweit überhaupt vorhanden –

gehört entweder zur älteren Oberen Süßwassermolasse oder zum Braunkohlentertiär der Oberpfalz und ist damit älter als die Rieskatastrophe. Auch haben die „Alemonite", angeblich „Einkieselungen durch einen kosmischen Kieselsäureregen aus der Schweifregion eines hypothetischen Rieskometen", mit echten Impaktgesteinen nichts zu tun.

Der tertiäre Vulkanismus auf der Schwäbischen Alb

Auch ohne die früher vulkanisch gedeuteten Meteoritenkrater Nördlinger Ries und Steinheimer Becken gibt es auf der Alb zahlreiche Zeugen tertiärer vulkanischer Tätigkeit.

Im südlichen Oberrheingraben entstand das kleine **Vulkangebirge des Kaiserstuhls.** In seiner Umgebung ist eine Anzahl weiterer Tuffschlote und -gänge bekannt. Eine einzigartige Erscheinung sind die über 250 Durchschlagsröhren der **Gasvulkane im Kirchheim-Uracher-Gebiet,** die man auch als „Schwäbischen Vulkan" bezeichnet. Die Ausbruchsröhren vulkanischer Gase sind in der Regel mit Tuff sowie Gesteinstrümmern des Grund- und Deckgebirges erfüllt. Lokal kam es aber auch zu liquidmagmatischen Nachschüben (zumeist Melilithiten). Mit einem Durchmesser von über 1000 m ist das Randecker Maar der größte „Vulkanembryo" des Gebietes. Sein obermiozäner See war wie der Riessee ein abflußloser und seichter Endsee, der bei dem damals herrschenden heißen Klima stark erhöhten Salzgehalt aufwies. Reiche Fossilfunde – Pflanzenreste, Schnecken, Insekten, Amphibien, Reptilien, Vögel und Säugetiere – belegen ein tortonisches bis sarmatisches Alter seiner Seeablagerungen.

Erwähnt sei auch noch der **Vulkanismus im Hegau,** der vom älteren Obermiozän bis ins Unterpliozän dauerte. Er kann in eine ältere phonolithische und eine jüngere melilithitische Förderphase gegliedert werden. Die vulkanischen Bildungen umfassen im Hegau „Vulkanberge", Tuffschlote, Gasexplosionsschlote und sogar Deckentuffe. Berühmt geworden sind die Funde von Wirbeltieren (u. a. *Hipparion*) in den unterpliozänen Tuffen und Seekalken des Höwenegg.

Das Quartär auf der Schwäbisch-Fränkischen Alb

Gegen Ende des Tertiärs und zu Beginn des Quartärs hatte die im Unterpliozän begonnene Heraushebung Süddeutschlands beträchtlich zugenommen, worauf die Flüsse mit kräftigem Einschneiden reagierten. Im Bereich der Alb hatten die größeren von ihnen schon etwa Zweidrittel der heutigen Taltiefen erreicht und waren so gezwungen, sich an Ort und Stelle in die Malmkalke einzuschneiden. So floß die Donau auf der Schwäbischen Alb bis in die Rißeiszeit in einem epigenetischen Durchbruchstal, welches heute nur noch teilweise von Schmiech bzw. Ach und Blau benützt wird, von Untermarchtal über Ehingen und Blaubeuren nach Ulm. Im Bereich der südlichen Frankenalb durchfloß die Donau weiterhin das heutige Wellheimer Trockental und das Altmühltal unterhalb Dollnstein bis Kelheim (vgl. S. 189). Sie wurde schließlich aber ebenfalls in der Rißeiszeit östlich Rennertshofen in den heutigen Lauf gezwungen. Der ihr zufließende Urmain schuf im ältesten Pleistozän noch das heutige Altmühltalstück zwischen Treuchtlingen und Dollnstein, bevor er schon bald darauf westlich von Bamberg angezapft und in den heutigen Main einbezogen wurde.

Im Bereich der aus harten, verkarstungsfähigen Gesteinen aufgebauten Albhochfläche im Süden erfolgte die Abtragung überhaupt mehr linienhaft, und die Entwässerung war außerhalb der tief eingeschnittenen Täler großenteils unterirdisch. Das hatte auf der Hochalb eine relativ geringe Denudation zur Folge, so daß hier auf der südlichen Frankenalb größere Reste der älteren Oberen Süßwassermolasse und sogar der mio/pliozänen Schwemmfächerschüttungen und der aus dem Rieskrater ausgeworfenen Trümmermassen erhalten blieben. Selbst auf der wesentlich stärker herausgehobenen Schwäbischen Alb blieben Reste davon von der Abtragung verschont.

Im nördlich anschließenden, vorwiegend aus Tonen und Sandsteinen aufgebauten Albvorland hingegen erfolgte die Entwässerung ausschließlich oberflächlich, was in den weichen Gesteinen zu einer starken Denudation führte. Dabei wurden nicht nur die Monheimer Höhensande und ihre Äquivalente nahezu vollständig entfernt, sondern im Bereich des Nördlinger Rieses auch die Riesauswurfsmassen. Vor allem aber wurden in dem heute ausschließlich aus Keuper und Lias aufgebauten Albvorland die damals dort noch großflächig verbreiteten Doggergesteine (örtlich mit Resten bis in den unteren Malm) allmählich bis auf geringe Reste abgetragen und so die Landoberfläche um viele Zehnermeter tiefergelegt. Gleichzeitig wanderte die nördliche Steilstufe der Malmtafel, der Albtrauf, gegen Süden bis zur heutigen Lage zurück.

Im Pleistozän („Eiszeitalter") hatte die Intensität vor allem der mechanischen Verwitterung, bedingt durch den zyklischen Wechsel von Kalt- und Warmklimaphasen, beträchtlich zugenommen. Davon wurde auch das Gebiet der Alb betroffen, das noch außerhalb der alpinen Vereisungszonen im periglazialen Bereich lag. In Höhen über 700 m NN bildeten sich auf der Schwäbischen Alb lediglich örtlich kleinere Firnanhäufungen in halbkreisförmigen, nach Osten geöffneten Mulden mit Durchmessern bis über 100 m. Besonders intensiv waren mechanische Verwitterung und Abtrag, aber auch Sedimentation in den Kaltzeiten, während die Warmzeiten demgegenüber eher als Perioden der Ruhe mit vorwiegend chemischer Verwitterung und Bodenbildung erscheinen. Zu den spezifischen kaltzeitlichen Bildungen (Löß, Fließerden, Frostschuttdecken u. a.) treten Terrassenablagerungen (Sande, Schotter) der sich weiter einschneidenden Flüsse.

Die bei weitem häufigste pleistozäne Ablagerung auf der Alb bildet der **Löß**, der allerdings nur noch teilweise in frischem, kalkhaltigem Zustand vorliegt. Der frische Löß besteht aus einem hellockergelben bis gelbgrauen, feinstkörnigen (schluffigen) Staubsediment äolischer Herkunft mit zahlreichen feinen Wurzelröhrchen (von den ehemaligen kaltzeitlichen Steppengräsern), stellenweise knolligen Kalkkonkretionen („Lößkindl") und individuenreichen Schneckenfaunen. Bezeichnend sind *Trichia hispida* (LINNÉ), *Pupilla muscorum* (LINNÉ) und *Succinea oblonga* DRAPARNAUD. Besonders Lösse älterer Kaltphasen und solche in Hanglage erweisen sich häufig als umgelagert und dadurch mit Verwitterungslehm, Fein- und Grobsand sowie gröberen Schuttkomponenten des Nebengesteins vermengt. Während die Hauptverbreitungsgebiete dieses so verunreinigten und entkalkten Decklehms im Albvorland liegen, kommt der Löß bevorzugt am Südrand der Alb gegen das Donautal vor.

Auf der Alb treten entsprechend ihrer Natur als Karstgebirge neben anderen Kalklösungsphänomenen auch zahlreiche Karstfüllungen und Höhlensedimente pleistozänen Alters auf. Sie sind zwar volumenmäßig unbedeutend, jedoch durch ihren häufigen Reichtum an Wirbeltierresten, seltener sogar des prähistorischen Menschen für die Rekonstruktion der pleistozänen Lebewelt und ihrer Evolution von ganz besonderer Bedeutung. So lieferte etwa die Bärenhöhle bei Erpfingen auf der Schwäbischen Alb eine Fauna des ältesten Pleistozäns (Villafrancium) mit Höhlenbär, Leopard, Hyäne, Hirsch, Nashorn und Pferd.

Ablagerungen in den Ofnethöhlen bei Holheim im Ries enthielten neben zahlreichen Resten pleistozäner Wirbeltiere Werkzeuge des prähistorischen Menschen von der Moustierstufe (zu Beginn der

Tabelle 4. Die Entwicklung der Tierwelt – schematische Übersicht.

196

Crinoideen
Seeigel
Ganoidfische
Knochen-fische
Schildkröten
Squamaten
Meeressaurier
Dinosaurier
Säuger
Vögel
Pterido-phyten
Gymno-spermen
Angio-spermen
Blastoideen
Stegocephalen
Psilo-phyten

Würmeiszeit) bis zur Magdalenstufe (am Ende der Würmeiszeit). Aus der letzteren Stufe, vor etwa 13 000 Jahren, stammen auch 33 menschliche Schädel, die unterschiedliche Form aufweisen: Langschädel und Rundschädel. Ebenfalls gefundene Mischtypen von beiden bedeuteten eine wissenschaftliche Sensation, weil hier der erste Nachweis für Rassenmischungen in der Menschheitsgeschichte vorliegt.

Von entscheidender Bedeutung für das Werden der heutigen Landschaft aber waren die flächenhaft wirksamen periglazialen Solifluktionsvorgänge (Bodenfließen) in den Kaltzeiten, die auf der Alb und ihrem Vorland zur Umlagerung größerer Gesteinsmassen und damit zur Überformung des Kleinreliefs (Abtrag am Oberhang, Anhäufung am Unterhang) geführt haben.

Demgegenüber spielen die holozänen (nacheiszeitlichen) Bildungsprozesse, die sich vor allem auf geringe Auffüllungen der Täler, auch schwache Vermoorung oder Kalktuffbildungen beschränkten, nur noch eine untergeordnete Rolle.

Hinweise zum weiteren Studium

Bei etwas eingehenderer Beschäftigung mit der Geologie und Paläontologie der Schwäbisch-Fränkischen Alb und vor allem auch bei geologischen Wanderungen ist es zweckmäßig, die geologischen Spezial- und Übersichtskarten zu Rate zu ziehen, die von den geologischen Landesämtern von Baden-Württemberg (für die Schwäbische Alb) und Bayern (für die Fränkische Alb) herausgegeben werden. Die Karten sind über den Buchhandel zu beziehen.

Eine Darstellung der Geologie der Schwäbischen Alb findet sich in O. F. GEYER und M. P. GWINNER, Einführung in die Geologie von Baden-Württemberg (Verlag Schweizerbart).

Von den gleichen Verfassern liegt auch ein geologischer Exkursionsführer durch die Schwäbische Alb vor, erschienen als Bd. 40 der Sammlung Geologischer Führer (Bornträger, Stuttgart).

Für Fossilbestimmungen weisen wir hin auf den Neudruck von E. FRAAS, Der Petrefaktensammler, der 1972 erschienen ist und zu dem H. RIEBER in einem Register die heute gültige Terminologie der Fossilnamen zusammengestellt hat.

R. SCHLEGELMILCH hat die „Ammoniten des süddeutschen Lias" (Verlag G. Fischer, 1976) zusammenfassend dargestellt.

Eine sehr gute und klare Zusammenfassung über die heutigen Kenntnisse von Organisation und Lebensweise der Ammoniten gibt U. LEHMANN, Ammoniten. Ihr Leben und ihre Umwelt (F. Enke – Verlag, 1976).

Eine ausgezeichnete Darstellung der Geologie der Fränkischen Alb findet sich in: Erläuterungen zur geologischen Karte von Bayern 1 : 500 000, herausgegeben vom Bayerischen Geologischen Landesamt, München. 2. Auflage 1964.

Zum Problem des Nördlinger Rieses sei auf die vom Bayerischen Geologischen Landesamt, München, herausgegebenen Bände der Geologica Bavarica **61** (1969), **75** (1977) und **76** (1978, Karte 1 : 50 000 mit Erläuterungen) hingewiesen.

Kleines Lexikon geologisch-paläontologischer Fachausdrücke

Abrasion: flächenhafte Abtragung an Meeresküsten durch Brandung

allochthon: vom Bildungsort entfernt, ortsfremd

Ammoniten: ausgestorbene Gruppe der Kopffüßer (Cephalopoden)

Aptychen: deckelartige Gebilde der Ammoniten

Aragonit: Kalziumkarbonat, $CaCO_3$, rhombische Modifikation

Astroblem: Struktur, die durch Einschlag eines außerirdischen Körpers entsteht

Ausstrich (-sbreite): Schnitt eines Gesteinskörpers (z. B. Kalkbank) mit der Erdoberfläche

autochthon: an Ort und Stelle entstanden

Belemniten: ausgestorbene Gruppe der Kopffüßer (Cephalopoden)

Bitumen: aus organischen Stoffen (Eiweiß, Fette) natürlich entstandene, brennbare Produkte wie Erdgas, Erdöl, Asphalt

Bohnerz: erbsen- und bohnenförmige, schalig aufgebaute Körner aus Brauneisenerz (Limonit)

Brachiopoden: Armfüßer; schalentragende, doppelklappige Tiere aus der Gruppe der Tentaculata

brackisch: Salz- und Süßwasser vermischt, z. B. an der Einmündung von Flüssen ins Meer

Brekzie: Gestein aus eckigen Komponenten, die durch ein Bindemittel verkittet sind

Bryozoen: Moostierchen; koloniebildende Tiere aus der Gruppe der Tentaculata, die z. T. ein kalkiges Außenskelett ausscheiden

Buntsandstein: unterste Abteilung der Trias-Formation

Chlorite: Gruppe von gesteinsbildenden Eisen-Magnesium-Aluminium-Silikaten

Denudation: flächenhafte Abtragung

Dolomit: gesteinsbildendes Mineral, Kalzium-Magnesium-Karbonat, $CaMg(CO_3)_2$

Erosion: linienhafte Abtragung durch Wasser, Eis, Wind

Fanglomerat: Schlammbrekzie; entsteht in ariden Gebieten bei seltenen, aber gewaltigen Regengüssen

Fazies: alle das Gestein und dessen Fossilinhalt betreffende Merkmale einer Ablagerung

Feldspäte: wichtige gesteinsbildende Mineralien; Alkali- und Tonerdesilikate

flaserig: Bezeichnung für dünnlinsenförmiges Gesteinsgefüge

fluviatil: vom fließenden Wasser (Bäche, Flüsse) abgelagert oder dort lebend

Foraminiferen: schalentragende Urtierchen (Einzeller)

Formation: längerer geologischer Zeitraum und/oder die während dieser Zeit abgelagerten Schichtfolgen

Fossil: Überrest eines vorzeitlichen Organismus (= Versteinerung)

Gehängeschutt: durch Verwitterung an Hängen entstandener Gesteinsschutt, am Fuß der Hänge angehäuft

Geoden: kugelige bis linsenförmige Mineralkonzentrationen in Sedimentgesteinen

Geröllfraktion: Gerölle bestimmter Größe

Geröllspektrum: in einer Ablagerung vorhandene Geröllgrößen und -arten

Glaukonit: grünliches Mineral, Eisen-Aluminium-Silikat; bildet sich unter bestimmten Bedingungen im Meer

Glimmer: wichtige gesteinsbildende Aluminiumsilikate mit ausgezeichneter Spaltbarkeit

Hangendes: Schicht, die über einer betrachteten Gesteinsfolge liegt

Hochschotter: Schotter, die heute hoch über einem Tal liegen, abgelagert durch ehemals in dieser Höhe verlaufende Flüsse. Entstanden auf der Alb im jüngsten Abschnitt des Tertiärs (Pliozän)

Hornstein: Knollen aus Kieselsäure in Sedimentgesteinen

Impakt: Einschlag eines kosmischen Körpers auf der Erdoberfläche

Kalk, Kalkstein: Gestein aus bis 95% Kalk und bis 5% Ton

Kalkmergel: Gestein bestehend aus einem Gemisch von bis 65% Kalk und bis 35% Ton

Kalzit: Kalkspat, $CaCO_3$, Mineral mit trigonaler Kristallstruktur

Kaolin: Porzellanerde; besteht hauptsächlich aus dem Mineral Kaolinit, einem Aluminiumhydrosilikat

Keuper: oberste Abteilung der Triasformation

Kies: Sedimentgestein mit der vorherrschenden Korngröße von 2 – 20 mm Durchmesser; Komponenten durch Transport in fließendem Wasser gerundet

Kieselknollen: Knollen, die aus Kieselsäure (SiO_2) bestehen (s. Hornstein)

klastisch: zerbrochen; Bezeichnung für Gesteine, die aus Trümmern älterer Gesteine bestehen

Konkretion: oft unregelmäßig geformte Mineralkonzentration in Sedimentgesteinen

Kreuzschichtung: die Schichten fallen wechselnd ein, so daß sie in spitzem Winkel gegeneinander stoßen

kristallin: aus ganz oder teilweise ausgebildeten Kristallen aufgebautes Gestein

Kupferfelsbank: die Schicht enthält Kiese (= Sulfide) verschiedener Metalle, u. a. von Kupfer (Alter: Lias Alpha 3)

Laibsteine: brotlaibförmige, lagenweise angereicherte Konkretionen

Leitfossil: eine bestimmte geologische Zeit kennzeichnendes Fossil

Liegendes: Schicht, die unter einer betrachteten Gesteinsfolge liegt

Ligament: elastisches Band, das die Klappen bei Muscheln verbindet

limnisch: in Seen lebend, abgelagert

Limonit: Brauneisenstein; Gemenge verschiedener oxidischer Eisenverbindungen

liquidmagmatisch: auf flüssiges Magma (Gesteinsschmelze) bezogen

Lößlehm: entsteht durch Verwitterung aus Löß (Entkalkung, Bildung von Tonmineralien)

Lydit: schwarzer Kieselschiefer

marin: zum Meer gehörig (Organismen, Sedimente)

Massenkalk: im wesentlichen ungeschichteter, massiver Kalkstein

Mergel: Gestein bestehend aus einem Gemisch von bis 35% Kalk und bis 65% Ton

Mergelkalk: Gestein bestehend aus einem Gemisch von bis 75% Kalk und bis 25% Ton

Mitteldeutsche Schwelle: Festland im Bereich von Mitteldeutschland während des Erdmittelalters

Molasse: meist klastische Ablagerungen (Tone, Sandsteine, Konglomerate) im Vorland der Alpen

Molassetrog, -becken: Vortiefe, die sich im Tertiär im Vorland der Alpen bildete und mit dem Abtragungsschutt der Alpen angefüllt wurde

Muschelkalk: mittlere Abteilung der Trias-Formation

Ooid: konzentrisch-schalige, radialfaserige Kügelchen

Oolith: Gestein, an dessen Aufbau ein hoher Anteil an Ooiden beteiligt ist

Paläogeographie: beschreibt die geographischen Verhältnisse der geologischen Vorzeit

periglazial: Bereich um Gletscher und Inlandeis

Phosphorit: Sammelbezeichnung für sedimentäre, kryptokristalline Apatit-Varietäten (Kalziumphosphat mit Beimengungen)

Profil: senkrechter Schnitt durch übereinanderliegende Gesteinsschichten

Pyrit: Schwefelkies, Eisenkies, Eisensulfid, FeS_2

Quarz: wichtiges gesteinsbildendes Mineral, SiO_2, mit trigonaler Kristallstruktur

Quarzit: im wesentlichen aus Quarz bestehendes metamorphes Gestein; wird fälschlich auch im Sinne von verkieseltem Sandstein gebraucht

Radiolarit: Sedimentgestein, das aus Radiolarienschlamm entstanden ist

Rät: oberste Stufe der Triasformation

Residualton: toniger Lösungsrückstand der (Malm-) Kalkverwitterung

Rhynchonellen: Gruppe der Brachiopoden mit berippten Schalen

Sand: Lockergestein aus Körnern mit Durchmessern von 0,02 – 2 mm; häufig aus Quarzkörnern bestehend

Sandkalk: Kalkstein mit Sandbeimengung

Sandstein: verfestigter Sand

Schiefer: in dünnen, mehr oder weniger ebenen Platten brechendes Gestein

Schloßrand: bei Muscheln oberer Rand der Schloßplatte, die die Schloßzähne trägt

Schrägschichtung: Schichtung verläuft in einem Winkel zur Horizontalen; entsteht bei Ablagerung in bewegtem Wasser oder bewegter Luft

Schwermineral: verwitterungsbeständige Mineralien mit einem spezifischen Gewicht über 2,9 (z. B. Granat, Zirkon)

Sediment: Ablagerungsgestein, z. B. aus Wasser abgesetzt

irregulärer Seeigel: After liegt außerhalb des Scheitelschildes

regulärer Seeigel: After liegt innerhalb des Scheitelschildes

Seepocken: Balaniden; festsitzende Gruppe der Crustaceen (Krebse)

Septarien: linsenförmige bis knollige, innen durch Risse zerteilte Konkretionen; die Risse können durch Mineralien ausgefüllt sein

Serpel, Serpula: Sammelbegriff für Kalkröhrchen von Würmern

sessil: aufgewachsen, festsitzend

Siderit: Eisenspat, Eisenkarbonat, $FeCO_3$

sideritisch: Bindemittel aus Eisenspat

Spatkalk: Kalkstein, bei dem deutlich die Spaltflächen des Kalzits auf der Bruchfläche zu erkennen sind. Oft bei Kalksteinen mit hohem Anteil an Resten von Stachelhäutern

Spikulum: im Gewebe eingelagerte Skelettelemente, z. B. bei Schwämmen

Steinkern: zu Stein verfestigte Sedimentfüllung von Schalen oder Hohlräumen organischer Herkunft, z. B. Ammonitengehäuse

Stinkkalk: riecht beim Zerschlagen nach Bitumen

Stratigraphie: befaßt sich mit der zeitlichen Aufeinanderfolge der Schichten und Formationen, ihrem Gesteins- und Fossilinhalt

Tafeljura: nicht gefalteter Teil des schweizerischen Juragebirges

Terebrateln: überwiegend glattschalige Gruppe der Brachiopoden

terrestrisch: dem Land angehörig, das Land betreffend

Ton: Gestein, das aus einem Gemenge von Tonmineralien besteht; entstanden bei der Verwitterung feldspathaltiger Gesteine (z. B. Granit)

Toneisenstein: durch Tonmineralien verunreinigter Spateisenstein (Siderit)

Tonmergel: Gestein bestehend aus einem Gemisch von bis 25% Kalk und bis 75% Ton

Trümmererz: durch mechanische Aufarbeitung älterer Lagerstätten entstandenes Erzvorkommen

variszische Gebirgsbildung: Gebirgsbildung, deren Hauptphase in Mitteleuropa zwischen Unter- und Oberkarbon fällt; Entstehung u. a. von Harz und Böhmerwald

Verkarstung: Bildung von Spalten und Höhlen durch Lösungsvorgänge in leicht löslichen und zerklüfteten Gesteinen, etwa Kalksteinen

Verkieselung: Durchtränkung eines Gesteins mit Kieselsäure (SiO_2), die sich als Quarz oder Hornstein abscheidet
verkiest: durch Metallsulfide (Kiese) vererzt, z. B. durch Pyrit
Vindelizische Schwelle: Festlandsschwelle zwischen Schwarzwald und Böhmerwald, die vor allem in der Triaszeit das in Deutschland bestehende Germanische Becken von der Tethys trennte
Windkanter: Gerölle, denen durch mit Sand beladenem Wind Kanten angeschliffen wurden

Sachregister